Lambacher Schweizer

Mathematik für berufliche Gymnasien
Wirtschaft

Aufgaben zur Analysis

erarbeitet von
Antonius Kamphaus

unter Mitwirkung von
Ute Reinhardt
Jörg Stark

Ernst Klett Verlag
Stuttgart · Leipzig

1. Auflage 1 6 5 4 3 2 | 2015 14 13 12 11

Alle Drucke dieser Auflage sind unverändert und können im Unterricht nebeneinander verwendet werden.
Die letzte Zahl bezeichnet das Jahr des Druckes.

Autor: Antonius Kamphaus
Mitwirkung: Dr. Ute Reinhardt, Jörg Stark

Redaktion: Hartmut Günthner, Herbert Rauck
Herstellung: SMP Oehler, Remseck

Bildkonzept Umschlag: Soldankommunikation, Stuttgart
Umschlagsgestaltung: Tina Hornung, Stuttgart
Umschlagsfotografie: Masterfile Deutschland GmbH
Illustrationen: Sandra Oehler, Remseck
Satz: SMP Oehler, Remseck
Druck: Medienhaus Plump, Rheinbreitbach

Printed in Germany
ISBN 978-3-12-732615-4

9 783127 326154

Inhaltsverzeichnis

Vorwort

Die vorliegende Aufgabensammlung bietet ein großes Spektrum anwendungs- und berufsbezogener Aufgaben aus dem Teilgebiet Analysis. Den nach Anwendungsbezügen gegliederten Aufgaben sind jeweils Begriffswiederholungen und Einführungsbeispiele vorangestellt, so dass eine intensive Wiederholung der geforderten Kenntnisse und Fähigkeiten möglich ist.

Das letzte Kapitel bietet Ihnen komplexe Aufgaben im Umfang des Zentralabiturs aus allen vorher behandelten Anwendungsgebieten.

Der Anhang der Aufgabensammlung enthält ausführliche Lösungen zu allen Aufgaben. Damit bietet Ihnen dieses Übungsbuch die Möglichkeit, Ihre Fähigkeit, anwendungs- und berufsbezogene Aufgaben der Analysis lösen zu können, selbstständig zu überprüfen und gegebenenfalls zu verbessern.

Die Aufgabensammlung richtet sich besonders an Schülerinnen und Schüler der beruflichen Gymnasien Wirtschaft sowie Gesundheit und Soziales in Niedersachsen und der Berufskollegs – Fachbereich Wirtschaft und Verwaltung – in Nordrhein-Westfalen. Sie wurde auf das neue Kerncurriculum in Niedersachsen und die neuen Bildungspläne in Nordrhein-Westfalen abgestimmt. Aber auch allen anderen wirtschaftlich Interessierten bietet sie einen guten Wiederholungsfundus.

1 Kostentheorie

1.1 Lineare, neoklassische und ertragsgesetzliche Kostenfunktionen

Überblick über die wichtigsten Kostenbegriffe

Gesamtkostenfunktionen

Unter den Gesamtkosten versteht man die in Abhängigkeit von der Ausbringungsmenge (Produktionsmenge) innerhalb einer Zeitperiode (z. B. Monat, Jahr) entstehenden Kosten eines Betriebes. Die Funktion, die jeder Ausbringungsmenge (x in ME) die zugehörigen Kosten (K in GE) zuordnet, heißt **Gesamtkostenfunktion**.

$K: x \mapsto K(x)$

Als **Kostenfunktionen** werden bevorzugt lineare (Fig. 1), quadratische (Fig. 2) und kubische (Fig. 3) Funktionen verwendet. Seltener werden die Gesamtkosten durch gebrochenrationale Funktionen oder e-Funktionen dargestellt.

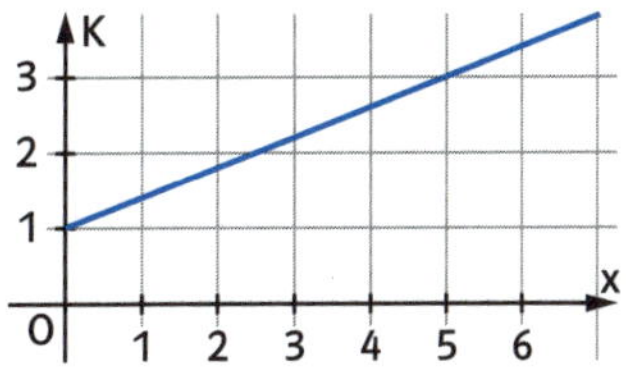

Fig. 1

$K(x) = ax + b$

linear

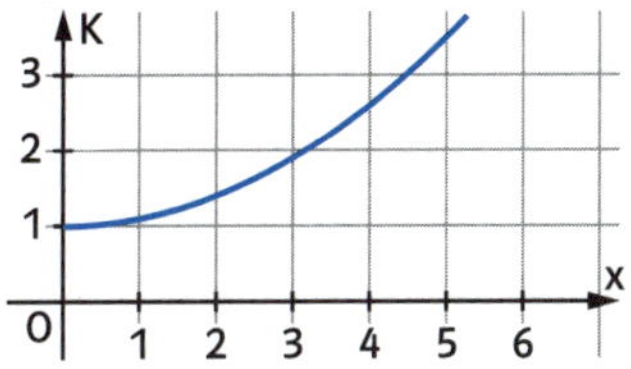

Fig. 2

$K(x) = ax^2 + bx + c$

neoklassich

Fig. 3

$K(x) = ax^3 + bx^2 + cx + d$

ertragsgesetzlich

Die (totalen) Gesamtkosten lassen sich in der Regel in fixe und variable Kosten aufteilen.
Bei den **fixen Kosten** handelt es sich um Kosten, die unabhängig von der produzierten Menge entstehen.

$K(x) = K_v(x) + K_f$
$K_f = K(0)$

Die **variablen Kosten** sind von der Produktionsmenge abhängig.
Sie können mit zunehmender Menge konstant, degressiv oder progressiv steigen.

$K_v(x)$

Proportionale Kosten steigen und fallen in gleichem Maße wie die Produktionsmenge (Ursprungsgerade, Fig. 4).

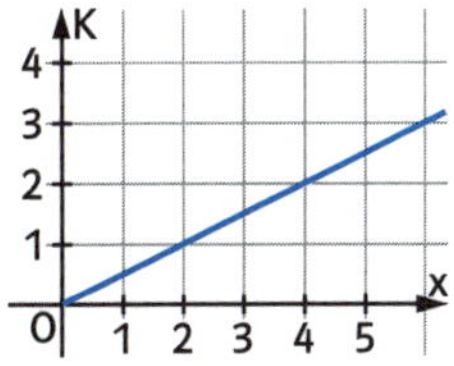

proportional Fig. 4

Nehmen die Kosten**zuwächse** ab, so spricht man von einem **degressiven** Kostenverlauf. Erhöhen sich die Kosten in schwächerem Maße als die Produktionsmenge, so steigen sie **unterproportional** (Fig. 5).

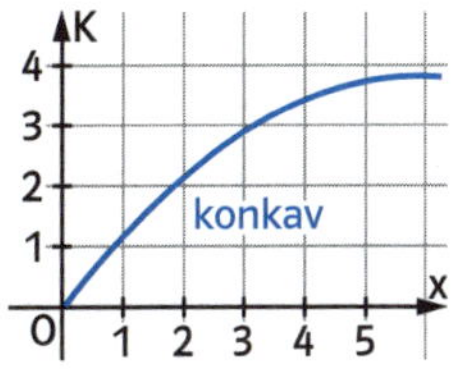

degressiv Fig. 5

Nehmen die Kosten**zuwächse** zu, so spricht man von einem **progressiven** Kostenverlauf. Erhöhen sich die Kosten in stärkerem Maße als die Produktionsmenge, so steigen sie **überproportional** (Fig. 6).

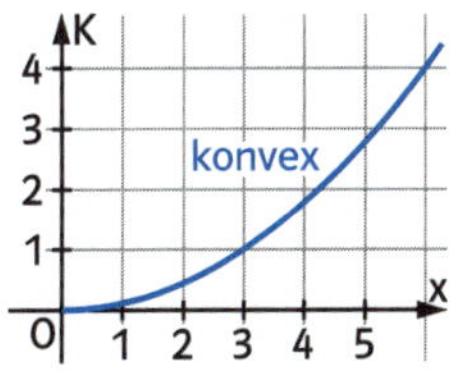

progressiv Fig. 6

Da nur positive und durch die Kapazitätsgrenze (x_{Kap}) begrenzte Mengen produziert werden können, ergibt sich daraus der sinnvolle **ökonomische Definitionsbereich** ($D_{ök}$) der Gesamtkostenfunktion.

$D_{ök} = [0; x_{Kap}]$

$k(x) = \frac{K(x)}{x}$

$k_v(x) = \frac{K_v(x)}{x}$

$k_f(x) = \frac{K_f}{x}$

Wenn nur von Stückkosten gesprochen wird, sind in der Regel die totalen Stückkosten gemeint.

Stückkostenfunktionen

Eine Stückkosten- oder Durchschnittskostenbetrachtung kann sich auf den Durchschnitt

- der Gesamtkosten
  (**totale Stückkosten** = Gesamtkosten geteilt durch die Menge),
- der variablen Kosten
  (**variable Stückkosten** = variable Gesamtkosten geteilt durch die Menge)

oder

- der fixen Kosten
  (**fixe Stückkosten** = Fixkosten geteilt durch die Menge)

beziehen.

$\frac{\Delta K}{\Delta x} = \frac{K(x_2) - K(x_1)}{x_2 - x_1}$

$K'(x) = \frac{dK}{dx}$

Grenzkostenfunktionen

Teilt man die Kostendifferenz zweier Ausbringungsmengen durch die Differenz der Ausbringungsmengen, so erhält man mit diesem Differenzenquotienten die mittlere Änderungsrate (Differenzenkosten) der Gesamtkostenfunktion K, welche die durchschnittlichen zusätzlichen Kosten je zusätzlicher Produktionseinheit angibt. Analytisch betrachtet werden die **Grenzkosten** über die **Ableitung der Gesamtkostenfunktion** bestimmt. Man ermittelt die lokale Änderungsrate (Differenzialkosten) der Gesamtkosten in einem Punkt. Dieser Wert kann wie folgt interpretiert werden: Wird die Produktion, ausgehend von einer bestimmten Produktionsmenge, um eine möglichst kleine Einheit vergrößert (oder verkleinert), entstehen näherungsweise Mehrkosten (bzw. Minderkosten) in Höhe dieser Änderungsrate.

Aufgaben

1 Ermitteln Sie die Gesamtkostenfunktion, mit der die jeweilige Kostensituation modelliert werden kann.

$K(x) = ax + b$

a)

Menge	…	30	40	50	60	70	…
Kosten	…	2500	3000	3500	4000	4500	…

$K(x) = ax^2 + bx + c$

b)

Menge	…	30	40	50	60	70	…
Kosten	…	3400	4600	6000	7600	9400	…

$K(x) = ax^3 + bx^2 + cx + d$

c)

Menge	…	30	40	50	60	70	…
Kosten	…	5870	6040	6250	6560	7030	…

$K(x) = k_v \cdot x + k_f$

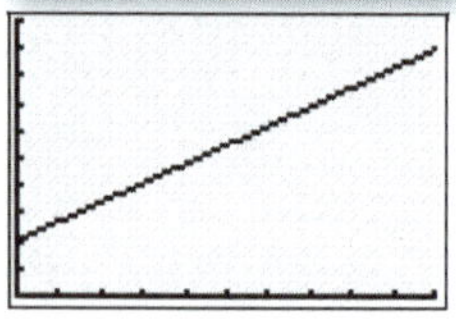

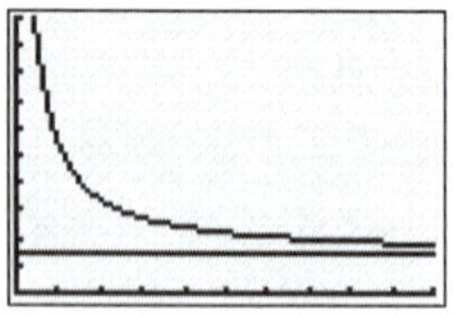

2 Die Lahrmann GmbH aus Hagen stellt als einziges Produkt Kühlaggregate her. Es ergeben sich folgende Kostensituationen:

Stück	100	200	250	280
Gesamtkosten	17000 €	24000 €	27500 €	29600 €

a) Kann eine lineare Abhängigkeit der Kosten angenommen werden?

b) Bestimmen Sie die Funktionen der Gesamt- und Grenzkosten sowie der totalen und variablen Stückkosten.

c) Skizzieren Sie die Kurvenverläufe, die Kapazitätsgrenze sei 500 Stück.

d) Zeigen Sie, dass sich die Stückkostenfunktion für $x \to \infty$ der Funktion der variablen Stückkosten asymptotisch nähern würde. Wie groß ist die Differenz dieser Kosten an der Kapazitätsgrenze? Interpretieren Sie das Ergebnis ökonomisch.

3 Ermitteln Sie die Funktion der

	$K(x) = 500x + 10000$	$K(x) = x^2 + 5x + 500$	$K(x) = 0{,}5x^3 - 4x^2 + 12x + 50$
… variablen Gesamtkosten			
… fixen Gesamtkosten			
… totalen Stückkosten			
… variablen Stückkosten			
… fixen Stückkosten			
… Grenzkosten			
… Grenzstückkosten			

4 Ein Ein-Produkt-Unternehmen produziert für alle Ausbringungserhöhungen mit progressiv steigenden Gesamtkosten. Gegenwärtig werden 10 ME mit Gesamtkosten von 1600 GE und Fixkosten von 1000 GE hergestellt. Die Grenzkosten betragen derzeit 65 GE/ME.
Bestimmen Sie eine ganzrationale Gesamtkostenfunktion.

Aus dem progressiven Gesamtkostenverlauf kann auf den Grad der Kostenfunktion geschlossen werden.

5 Die Herstellung eines elektronischen Bauteils erfolgte anfangs mit degressiv steigenden Kosten, bis die Kostenprogression erreicht wurde. Die variablen Stückkosten erreichten für 12,5 ME ihren minimalen Wert von 443,75 GE/ME, bei einer Ausbringungsmenge von 20 ME erfolgte die Produktion zu minimalen Stückkosten von 800 GE/ME. Der Fixkostenanteil betrug dabei 300 GE/ME.

a) Bestimmen und skizzieren Sie die ganzrationale Gesamtkostenfunktion.

b) Ermitteln und skizzieren Sie ebenfalls die Grenz- und Stückkostenfunktionen. Errechnen Sie die sich ergebenden Schnittpunkte.

6 Gegeben ist der Graph einer Gesamtkostenfunktion.

a) Begründen Sie, warum die jeweiligen Aussagen wahr oder falsch sind.

(I)

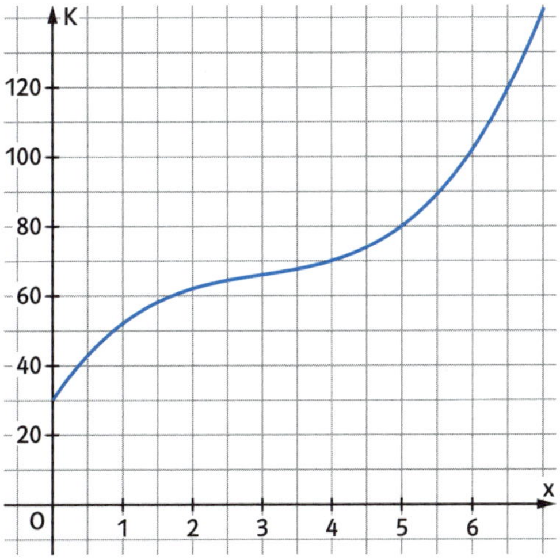

1. Für 3 ME ist der Kostenzuwachs am geringsten.
2. Die Stückkosten werden für eine Ausbringungsmenge von 5 ME minimal.
3. Bis zu 3 ME sind die variablen Kosten degressiv.

(II)

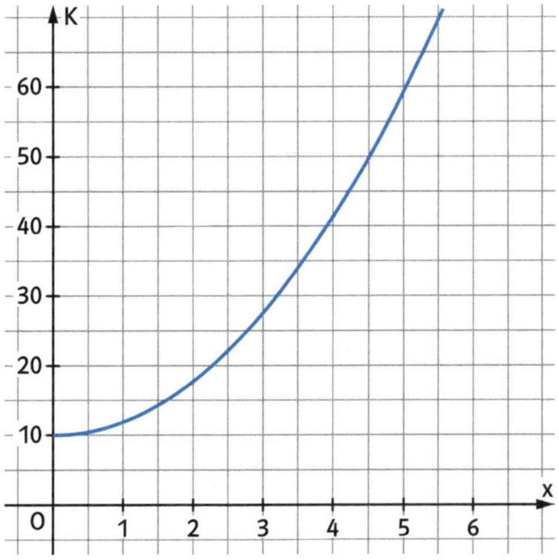

1. Mit zunehmender Ausbringungsmenge x sinkt der Kostenzuwachs.
2. Die Stückkosten werden für eine Ausbringungsmenge von 1,5 ME minimal.
3. Die variablen Kosten verlaufen progressiv.

b) Übertragen Sie den Graphen der gegebenen Kostenfunktion ins Heft. Skizzieren Sie dann die Graphen der Grenzkosten-, Stückkosten- und variablen Stückkostenfunktion.

7 Aus ökonomischer Sicht müssen für eine ertragsgesetzliche Kostenfunktion folgende Bedingungen erfüllt sein:

(I) K ist für $x \geqq 0$ monoton steigend.

(II) K besitzt keine Extremwerte.

(III) K besitzt im 1. Quadranten einen konkaven/konvexen[1] Wendepunkt S (Schwelle des Ertragsgesetzes), d. h., in S sind die Grenzkosten K′ minimal.

(IV) Es existieren positive (höchstens verschwindende) Fixkosten, d. h. $K(0) \geqq 0$.

Prüfen Sie, ob die beiden Kostenfunktionen einen ertragsgesetzlichen Verlauf aufweisen.

a) $K(x) = 0{,}1x^3 - 5x^2 + 90x + 100$ b) $K(x) = 0{,}1x^3 - 5x^2 + 80x + 100$

1.2 Betriebsminimum und Betriebsoptimum

Überblick über die wichtigsten Begriffe

BM
$k_v'(x) = 0$
oder
$k_v(x) = K'(x)$
$KPU = k_v(x_{BM})$

Betriebsminimum (BM)

Das **Minimum der variablen Stückkosten** bzw. der zugehörige x-Wert x_{BM} heißt **Betriebsminimum**. Der Graph der Funktion der variablen Stückkosten wird in diesem Punkt von dem Graphen der Grenzkostenfunktion geschnitten. Ist der Marktpreis für die Erzeugniseinheit geringer als die variablen Stückkosten im Betriebsminimum, so muss die Produktion eingestellt werden, da nicht einmal die variablen Kosten vom Preis gedeckt werden. Das Betriebsminimum gibt damit die **kurzfristige** bzw. absolute **Preisuntergrenze** eines Betriebes an. Es entstehen Verluste in Höhe der fixen Kosten. Der Punkt wird auch Produktionsschwelle genannt, weil kurzfristig auf die Deckung der Fixkosten verzichtet werden kann, wenn Aussicht auf einen wieder steigenden Marktpreis besteht.

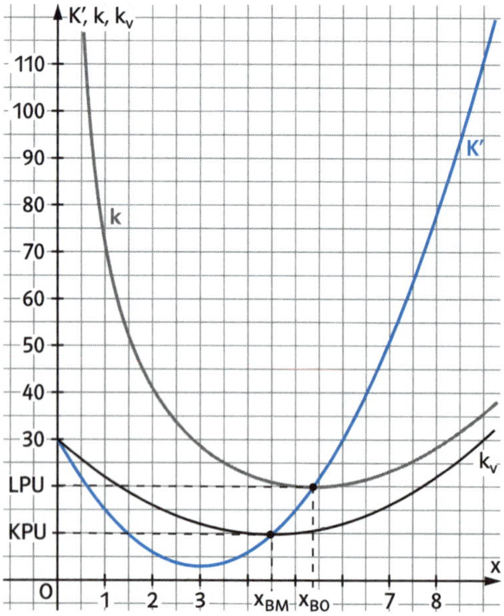

BO
$k'(x) = 0$
oder
$k(x) = K'(x)$
$LPU = k(x_{BO})$

Betriebsoptimum (BO)

Das **Minimum der Stückkosten** bzw. der zugehörige x-Wert x_{BO} heißt **Betriebsoptimum**. Der Graph der Stückkostenfunktion wird in diesem Punkt von dem Graphen der Grenzkostenfunktion geschnitten. Im Betriebsoptimum erreicht das Verhältnis zwischen Gesamtkosten und Ausbringung den günstigsten Wert. Entspricht der Marktpreis im Betriebsoptimum den Stückkosten, so werden gerade die Gesamtkosten gedeckt, daher ergibt sich hier die **langfristige Preisuntergrenze.**

1. konkav = rechtsgekrümmt; konvex = linksgekrümmt

Beispiel

Gegeben sei die ertragsgesetzliche Kostenfunktion K mit $K(x) = x^3 - 9x^2 + 30x + 50$. Es sollen das Betriebsminimum und -optimum sowie die kurz- und langfristige Preisuntergrenze bestimmt werden.

Begriffe

Der Graph der ertragsgesetzlichen Kostenfunktion hat einen s-förmigen Verlauf.

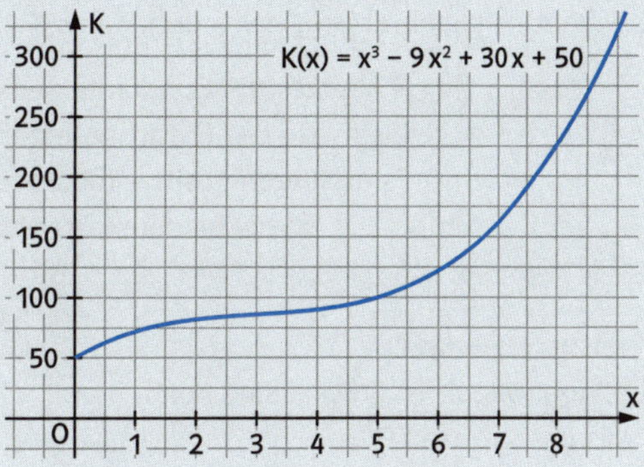

Bestimmung von Grenzkosten-, Stückkosten- und variabler Stückkostenfunktion

Grenzkostenfunktion

Die Grenzkostenfunktion K′ ist die 1. Ableitungsfunktion der Gesamtkostenfunktion K.

$K'(x) = 3x^2 - 18x + 30$

Stückkostenfunktion

Die Stückkosten berechnet man, indem man die Gesamtkosten durch die Anzahl der produzierten Einheiten teilt. Entsprechend gilt für die Funktion:

$k(x) = \frac{K(x)}{x}$

$k(x) = x^2 - 9x + 30 + \frac{50}{x}$

Variable Stückkostenfunktion

Die variablen Stückkosten berechnet man, indem man die variablen Gesamtkosten durch die Anzahl der produzierten Einheiten teilt. Entsprechend gilt für die Funktion:

$k_v(x) = \frac{K_v(x)}{x}$

$k_v(x) = x^2 - 9x + 30$

Graphen

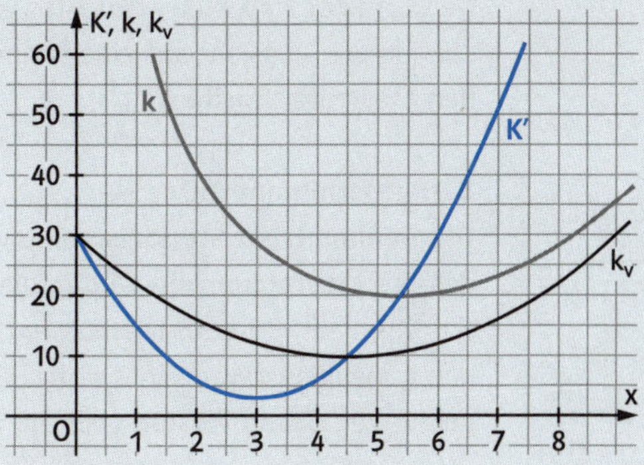

Bestimmung von Betriebsminimum, Betriebsoptimum, kurz- und langfristiger Preisuntergrenze

Betriebsminimum

Es gibt zwei Möglichkeiten zur Berechnung des Betriebsminimums:
Man bestimmt das Minimum der variablen Stückkosten oder man berechnet den Schnittpunkt der Graphen von K' und k_v.

$k_v(x) = x^2 - 9x + 30$
$k_v'(x) = 2x - 9$
$k_v''(x) = 2$
1. Ableitung null setzen.
$2x - 9 = 0$
$x_{BM} = 4{,}5$
Wegen $k_v''(x) = 2$ für alle x liegt ein Minimum vor.
Das Minimum der variablen Stückkosten liegt also bei $x_{BM} = 4{,}5$ ME.

Kurzfristige Preisuntergrenze

Die zu x_{BM} gehörigen variablen Stückkosten nennt man kurzfristige Preisuntergrenze KPU.
Die kurzfristige Preisuntergrenze KPU erhält man also, indem man x_{BM} in k_v einsetzt.

$k_v(4{,}5) = 4{,}5^2 - 9 \cdot 4{,}5 + 30 = 9{,}75$
Die kurzfristige Preisuntergrenze ist
KPU = 9,75 GE/ME.

Betriebsoptimum

Es gibt zwei Möglichkeiten zur Berechnung des Betriebsoptimums:
Man bestimmt das Minimum der Stückkosten oder man berechnet den Schnittpunkt der Graphen von K' und k.

$k(x) = x^2 - 9x + 30 + \frac{50}{x}$
$k'(x) = 2x - 9 - \frac{50}{x^2}$
$k''(x) = 2 + \frac{100}{x^3}$
1. Ableitung null setzen.
$2x - 9 - \frac{50}{x^2} = 0 \quad | \cdot x^2 \text{ für } x \neq 0$
$2x^3 - 9x^2 - 50 = 0$
Ein Näherungsverfahren liefert $x_{BO} \approx 5{,}4$.
Wegen $k''(x_{BO}) > 0$ liegt ein Minimum vor. Das Minimum der Stückkosten liegt also bei $x_{BO} \approx 5{,}4$ ME.

Langfristige Preisuntergrenze

Die zu x_{BO} gehörigen Stückkosten nennt man langfristige Preisuntergrenze LPU.
Die langfristige Preisuntergrenze LPU erhält man also, indem man x_{BO} in k einsetzt.

$k(5{,}4) = 5{,}4^2 - 9 \cdot 5{,}4 + 30 + \frac{50}{5{,}4} \approx 19{,}82$
Die langfristige Preisuntergrenze ist
LPU ≈ 19,82 GE/ME.

Graphen

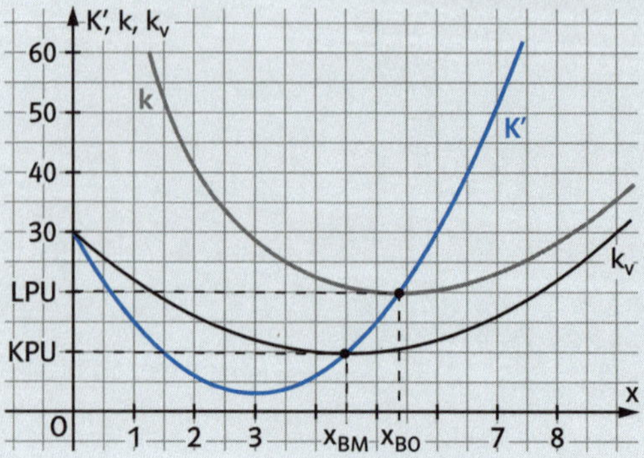

Bestimmung des Betriebsminimums und Betriebsoptimums mit dem GTR (TI-84)

Bestimmung von Grenzkosten-, Stückkosten- und variabler Stückkostenfunktion

Die Gesamtkostenfunktion wird als Y1 in den Y-Editor eingegeben.
Y2 ist die Grenzkostenfunktion,
Y3 ist die Stückkostenfunktion und
Y4 die Funktion der variablen Stückkosten.
Wir wählen folgende Window-Einstellung für die Darstellung der nebenstehenden Graphen:

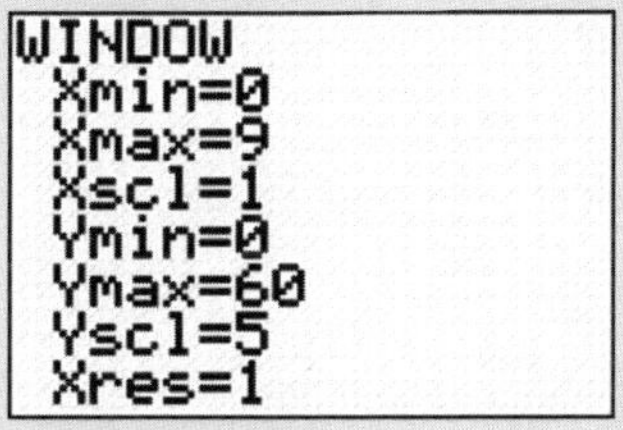

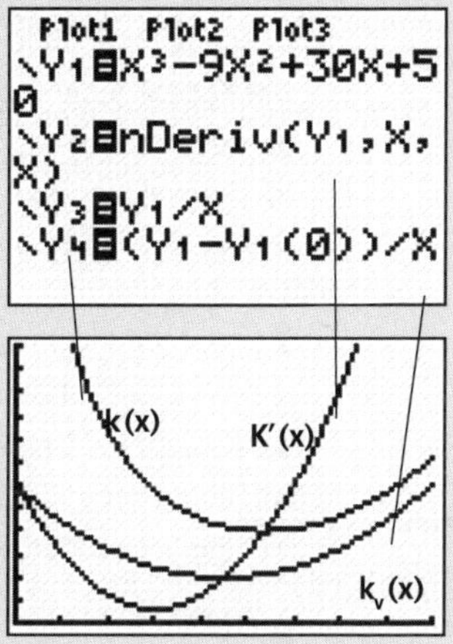

Bestimmung von Betriebsminimum, Betriebsoptimum, kurz- und langfristiger Preisuntergrenze

Betriebsminimum und kurzfristige Preisuntergrenze

Wir berechnen den Schnittpunkt der Graphen von K' und k_v (Y2 und Y4) und erhalten X=4.499999 und Y=9.75.
Das Betriebsminimum liegt bei x_{BM} = 4,5 ME und die kurzfristige Preisuntergrenze ist KPU = 9,75 GE/ME.

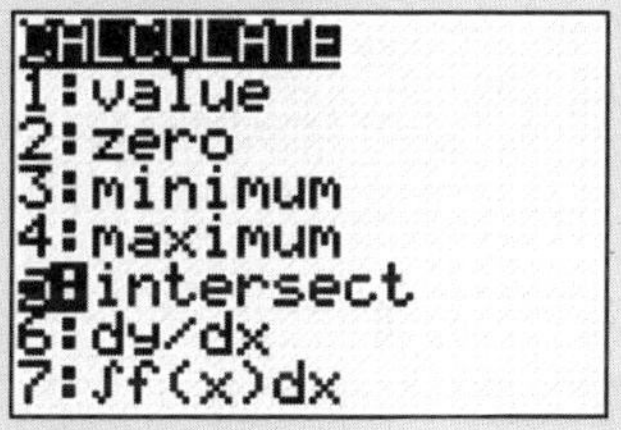

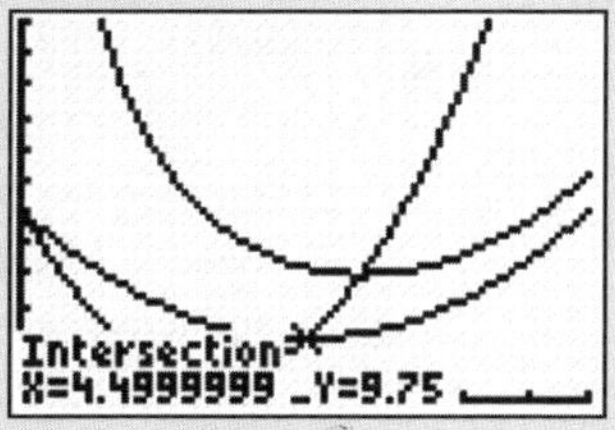

Betriebsoptimum und langfristige Preisuntergrenze

Wir berechnen den Schnittpunkt der Graphen von K' und k (Y2 und Y3) und erhalten X=5.3676908 und Y=19.81788.
Das Betriebsoptimum liegt bei x_{BM} ≈ 5,4 ME und die langfristige Preisuntergrenze ist LPU ≈ 19,82 GE/ME.

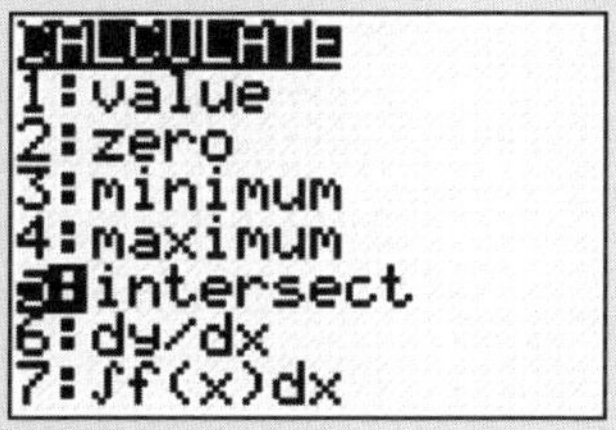

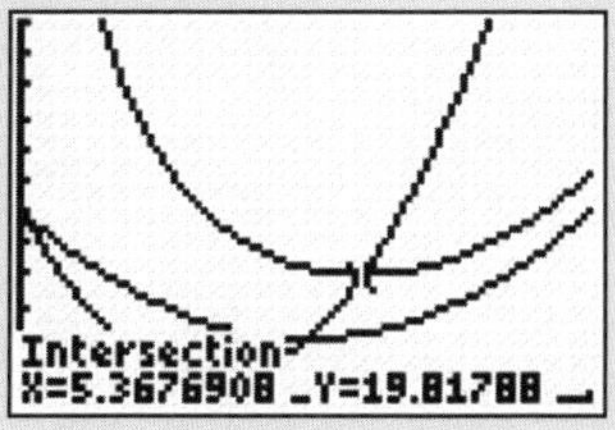

Aufgaben

1 Bei der Herstellung eines Erzeugnisses fallen Gesamtkosten an, die durch die Funktion K mit $K(x) = 0{,}02x^3 - 18x^2 + 6000x + 500\,000$ bestimmt sind.
Die Kapazitätsgrenze der Unternehmung liegt bei 900 ME.
a) Berechnen Sie das Betriebsminimum und die kurzfristige Preisuntergrenze.
b) Bei welcher Ausbringungsmenge wird das Betriebsoptimum erreicht? Wie hoch ist die langfristige Preisuntergrenze?

2 Ein Ein-Produkt-Unternehmen rechnet mit variablen Kosten in Höhe von $K_v(x) = 0{,}3x^3 - 1{,}8x^2 + 5x$. Die Fixkosten betragen 60 GE.
a) Berechnen Sie das Betriebsminimum und die kurzfristige Preisuntergrenze.
b) Bei welcher Ausbringungsmenge wird das Betriebsoptimum erreicht? Wie hoch ist die langfristige Preisuntergrenze?

3 Für ein Ein-Produkt-Unternehmen soll von einer ertragsgesetzlichen Kostenfunktion ausgegangen werden. Bei 2 ME werden minimale variable Stückkosten erreicht und die kurzfristige Preisuntergrenze beträgt 18 GE. Minimale Stückkosten ergeben sich bei einer Ausbringungsmenge von 5 ME.
a) Bestimmen Sie die Gesamtkostenfunktion, wenn die Fixkosten 75 GE betragen.
b) Errechnen Sie die langfristige Preisuntergrenze.
c) Wie hoch müssten die Fixkosten sein, damit das Betriebsoptimum bei 4 ME liegt?

4

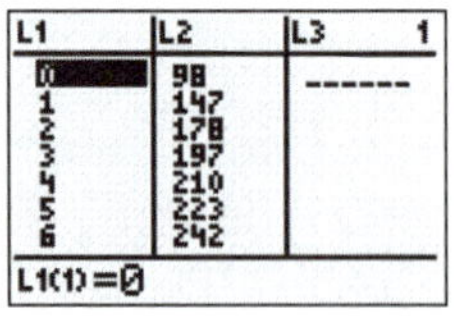

x	ME	0	1	2	3	4	5	6
K(x)	GE	98	147	178	197	210	223	242

Für ein Unternehmen sei die obige Kostensituation gegeben, die Kapazitätsgrenze sei 10 ME.
a) Bestimmen Sie den Funktionsterm der Kostenfunktion dritten Grades.
b) Für welche Ausbringungsmengen verlaufen die Kosten degressiv bzw. progressiv?
c) Bestimmen Sie die kurzfristige und langfristige Preisuntergrenze.

5 In einer Unternehmung wird der Kostenverlauf durch die Funktion K mit $K(x) = 0{,}3(e^x - x^2)$ dargestellt. x sei die Produktionsmenge in Mengeneinheiten (ME). Die Kapazitätsgrenze des Betriebes liegt bei 3 ME. Für die weiteren Betrachtungen wird beliebige Teilbarkeit der Mengeneinheiten (ME) unterstellt.
Ermitteln Sie die kurzfristige und die langfristige Preisuntergrenze sowie das Betriebsminimum und das Betriebsoptimum. Untersuchen Sie den Zusammenhang zwischen den Graphen der Grenzkostenfunktion, der variabeln Stückkostenfunktion und der Stückkostenfunktion. Skizzieren Sie die Graphen der Funktionen.

2 Nachfrage- und Erlösfunktionen

Überblick über die wichtigsten Begriffe

Nachfragefunktion oder Preis-Absatz-Funktion (PAF)

Die Nachfragefunktion oder Preis-Absatz-Funktion (PAF) gibt den funktionalen Zusammenhang zwischen der nachgefragten (abgesetzten) Menge und dem Preis an. In der Regel erfolgt die Angabe in der Form $p(x)$ (PAF – Preis in Abhängigkeit von der Menge) und seltener als $x(p)$ (Nachfrage-funktion – Menge in Abhängigkeit vom Preis).

Polypol $\overline{p}$

Im Falle der vollständigen Konkurrenz **(Polypol)** auf vollkommenem Markt wird der Anbieter sein Produkt zum Gleichgewichtspreis $\overline{p}$ anbieten. Bei einer höheren individuellen Preissetzung würde er sämtliche Kunden verlieren, ohne dass dies Einfluss auf den Gleichgewichtspreis hätte. Der Polypolist wird daher auch als Mengenanpasser bezeichnet.

Angebotsmonopol
$p(x) = ax + b$

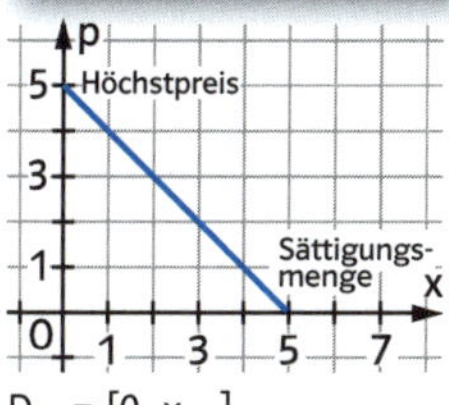

$D_{ök} = [0; x_{SM}]$

Erhöht hingegen der **Angebotsmonopolist** (alleiniger Anbieter und viele Nachfrager) seinen Preis, so wird er sich sinkender Nachfrage gegenübersehen, durch Preissenkungen wären Nachfragesteigerungen zu erzielen. Im Standardfall geht man von einer linearen PAF aus. Es sind aber auch andere **streng monoton fallende** Preis-Absatz-Funktionen denkbar. Neben der Steigung des Graphen der Nachfragefunktion sind auch die beiden Schnittpunkte mit den Koordinatenachsen von Interesse. Der Schnittpunkt mit der x-Achse wird als **Sättigungsmenge** und der mit der y-Achse als **Höchstpreis** (Prohibitivpreis) bezeichnet.
Der sinnvolle **ökonomische Definitionsbereich** der Nachfragefunktion wird durch die Sättigungsmenge x_{SM} begrenzt.

Erlösfunktion, Umsatzfunktion

Die Erlöse oder Umsätze ergeben sich aus dem Produkt von Menge und Preis. Für die polypolistische Konkurrenz erhalten wir eine lineare, im Angebotsmonopol – bei linearer PAF – eine quadratische Erlösfunktion.

Polypol
$E(x) = \overline{p} \cdot x$

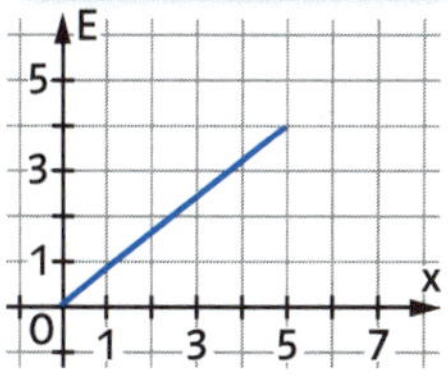

Angebotsmonopol
$E(x) = ax^2 + bx$

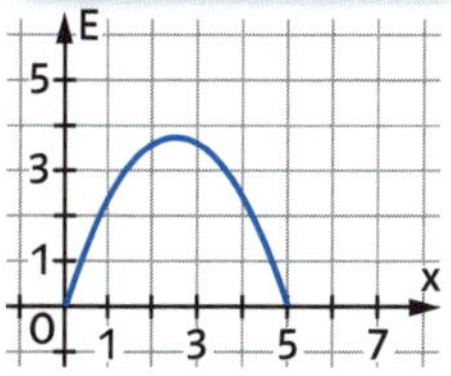

Grenzerlös, Grenzumsatz

Der Grenzerlös oder Grenzumsatz ist der zusätzliche Erlös je zusätzlich verkaufter Einheit. Die Grenzerlösfunktion ergibt sich als erste Ableitung der Erlösfunktion und gibt die lokale Änderungsrate des Erlöses an.

Grenzerlös
$E'(x)$

Aufgaben

1 Ein Mengenanpasser verkauft sein Produkt zu einem Marktpreis von 100 GE je ME. Wie lauten Erlös- und Grenzerlösfunktion? Skizzieren Sie die Graphen der Funktionen.

2 Bestimmen Sie die Erlös- und Grenzerlösfunktion. Skizzieren Sie die Graphen der PAF und der Erlösfunktion. Wie hoch sind der Preis und der Erlös bei einer Verkaufsmenge von 40 ME? Errechnen Sie den maximal erzielbaren Erlös. Die Kapazitätsgrenze betrage 50 ME.

a) Für das Unternehmen gilt ein konstanter Verkaufspreis von 30 GE.

b) $p(x) = -2x + 100$

c) $p(x) = 100e^{-0,1x}$

3 Ein Angebotsmonopolist kennt aus der letzten Periode die in der Tabelle angegebenen Preis-Absatz-Relationen.

Absatz in ME	…	20	22	25	29	…
Preis in GE/ME	…	160	156	150	142	…

a) Prüfen Sie, ob eine lineare Abhängigkeit des Preises von der Menge angenommen werden darf und bestimmen Sie die PAF.

b) Bestimmen Sie den Höchstpreis und die Sättigungsmenge.

c) Wie lautet die Erlösfunktion und für welche Absatzmenge können maximale Erlöse erzielt werden?

4 Gegeben sei die Nachfragefunktion x mit $x(p) = -5p + 500$ (p: Stückpreis; x: abgesetzte Stückzahl). Stellen Sie die Nachfragefunktion als Preis-Absatz-Funktion in der Form $p(x)$ dar.
Geben Sie einen sinnvollen ökonomischen Definitionsbereich an und ermitteln Sie die Umsatzfunktion.

5 Für ein monopolistisches Ein-Produkt-Unternehmen sei eine monoton fallende quadratische Preis-Absatz-Funktion anzunehmen. Der Höchstpreis betrage 288 GE je ME und die Sättigungsmenge 12 ME. Bei einem Absatz von 4 ME wird der maximale Erlös erzielt.
Bestimmen Sie die PAF und weisen Sie deren Monotonie nach.

$U(x) = p(x) \cdot x$

6 Die Umsatzfunktion eines Monopolisten sei U mit $U(x) = -2x^3 - 8x^2 + 192x$. Bestimmen Sie den umsatzmaximalen Preis.

7 Geben Sie für die abgebildeten Graphen (Fig. 1) die Gleichungen in allgemeiner Form mithilfe von a und b an. Bestimmen Sie das Erlösmaximum.

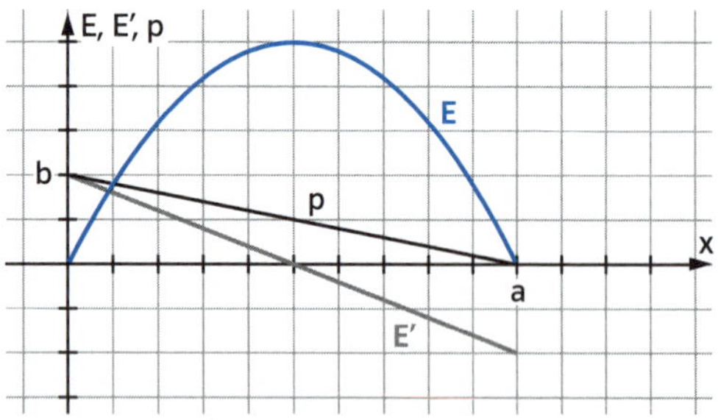

Fig. 1

8 Eine Preis-Absatz-Funktion sei gegeben durch p_a mit $p_a(x) = (a + 0{,}5x)e^{a-x}$. Der Parameter a berücksichtigt dabei die saisonalen Schwankungen.

a) Überprüfen Sie die typische Eigenschaft einer Preis-Absatz-Funktion (streng monoton fallend).

b) Bestimmen Sie für a = 2 den Höchstpreis und den maximalen Erlös.

c) Skizzieren Sie für a = 2 die Nachfrage- und Erlösfunktion.

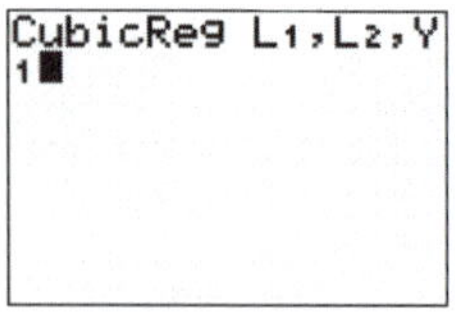

Graph zur Kontrolle ermitteln.

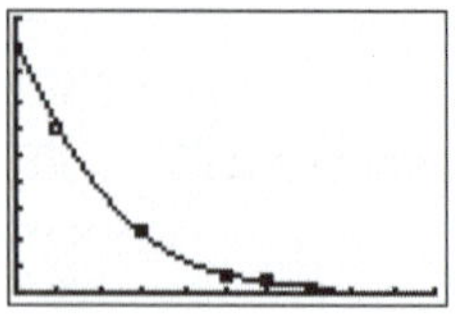

9 Für verschiedene Produkte hat ein Marktforschungsunternehmen folgende Daten hinsichtlich ihrer Nachfrage erhoben.
Ermitteln Sie durch Regressionsanalyse die Preis-Absatz-Funktion, mit der die Marktsituation modelliert werden kann.
Bestimmen Sie den Höchstpreis, die Sättigungsmenge und das Erlösmaximum.

a)

Absatz in ME	…	30	32	35	40	42	…
Preis in GE/ME	…	118	114	106	90	82	…

b)

Absatz in ME	…	1	3	5	6	7	…
Preis in GE/ME	…	30	11	3	2,5	1	…

3 Kosten, Erlöse und Gewinne

Überblick über die wichtigsten Begriffe

Erlösmaximum (Umsatzmaximum)

Das Erlös- oder Umsatzmaximum ist der Punkt auf dem Graphen der Erlös- bzw. Umsatzfunktion, bei dem der höchstmögliche Erlös (Umsatz) erzielt wird. Auf der Abszisse lässt sich die zugehörige erlösmaximale Menge ablesen.

$E'(x) = 0$

Break-Even-Point (BEP)

Die Gewinnschwelle (bzw. Nutzenschwelle) ist gekennzeichnet durch jene Menge, ab der Gewinn erzielt wird (Break-Even-Analyse).

$E(x) = K(x)$
oder
$G(x) = 0$

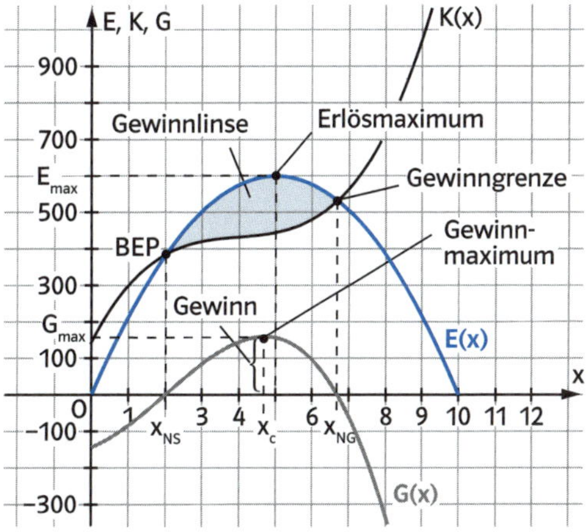

Gewinngrenze

Die Gewinn- oder Nutzengrenze ist der Punkt, ab dem kein Gewinn mehr erzielt wird.

Gewinnlinse

Die Gewinnzone, also der Bereich, in dem Gewinne erzielt werden (von x_{NS} bis x_{NG}), wird auch als Gewinnlinse bezeichnet.

Gewinnmaximum

Das Gewinnmaximum ist der Punkt auf der Gewinnfunktion, bei dem der höchstmögliche Gewinn erzielt wird. Auf der Abszisse liest man die zugehörige gewinnmaximierende Menge x_c ab. Aus der PAF lässt sich der Preis p_c der gewinnmaximalen Menge (**Cournot'scher Preis**) bestimmen.

$E'(x) = K'(x)$
oder
$G'(x) = 0$

Cournot'scher Punkt

Der Cournot'sche Punkt gibt die gewinnmaximale Preis-Mengen-Kombination beim Monopol an.

Cournot'scher Punkt
$C(x_c \mid p_c)$

Beispiel

Gegeben sei die ertragsgesetzliche Kostenfunktion K mit $K(x) = 4x^3 - 48x^2 + 200x + 144$ und eine Erlösfunktion zweiten Grades E mit $E(x) = -24x^2 + 240x$. Bestimmen Sie das Erlösmaximum, den Break-Even-Point, die Gewinngrenze, das Gewinnmaximum und den Cournot'schen Punkt.

Erlösmaximum (Umsatzmaximum), Break-Even-Point, Gewinngrenze und Gewinnmaximum bestimmen

Erlösmaximum

Maximum der Erlösfunktion bestimmen.

$E(x) = -24x^2 + 240x$

$E'(x) = -48x + 240$ $\quad E''(x) = -48$

1. Ableitung null setzen.

$-48x + 240 = 0$

$x = 5$

Wegen $E''(x) < 0$ für alle x, liegt ein Maximum vor.

Zur Bestimmung des Erlöses wird x = 5 in die Erlösfunktion eingesetzt.

$E(5) = 600$

Die maximalen Erlöse betragen 600 GE.

Break-Even-Point (BEP) und Gewinngrenze

Es gibt zwei Möglichkeiten zur Bestimmung der Gewinnschwelle (BEP) und der Gewinngrenze.
Man bestimmt die Schnittpunkte der Graphen von E und K oder die Nullstellen der Gewinnfunktion.

$E(x) = K(x)$

$-24x^2 + 240x = 4x^3 - 48x^2 + 200x + 144$

$-4x^3 + 24x^2 + 40x - 144 = 0$

$x^3 - 6x^2 - 10x + 36 = 0$

$x_1 = 2$ durch Probieren

Polynomdivision

$(x^3 - 6x^2 - 10x + 36):(x - 2) = x^2 - 4x - 18$

$x^2 - 4x - 18 = 0$

$x_2 = 2 + \sqrt{4 + 18} \approx 6{,}690$

$x_3 = 2 - \sqrt{4 + 18} \approx -2{,}690 \notin D_{Ök}$

Der Break-Even-Point liegt bei x = 2 ME und die Gewinngrenze bei x ≈ 6,7 ME.

Gewinnmaximum

Zunächst wird die Gewinnfunktion als Differenz der Erlös- und Kostenfunktion bestimmt. Danach ermittelt man das Maximum dieser Funktion.

$G(x) = E(x) - K(x)$

$G(x) = -4x^3 + 24x^2 + 40x - 144$

$G'(x) = -12x^2 + 48x + 40 \qquad G''(x) = -24x + 48$

1. Ableitung null setzen.

$-12x^2 + 48x + 40 = 0$

$x^2 - 4x - \frac{10}{3} = 0$

$x_1 \approx 4{,}7 \qquad x_2 \approx -0{,}71 \notin D_{Ök}$

$G(4{,}7) = -4 \cdot 4{,}7^3 + 24 \cdot 4{,}7^2 + 40 \cdot 4{,}7 - 144 \approx 158{,}9$

Mit der 2. Ableitung Art des Extremums prüfen.

$G''(x) = -24x + 48$

$G''(4{,}7) = -24 \cdot 4{,}7 + 48 = -64{,}8$

$G''(4{,}7) < 0 \Rightarrow$ *Maximum*

Für x ≈ 4,7 ME wird der Gewinn maximal und beträgt 158,9 GE.

Cournot'scher Punkt $C(x_c \mid p_c)$

Die Preis-Absatz-Funktion p(x) bestimmen und den Preis für x_C ermitteln.

$p(x) = E(x):x = -24x + 240$

$p(4{,}7) = 127{,}2$

Der Cournot'sche Punkt ist $C(4{,}7 \mid 127{,}2)$.

Lösung mit dem GTR (TI-84)

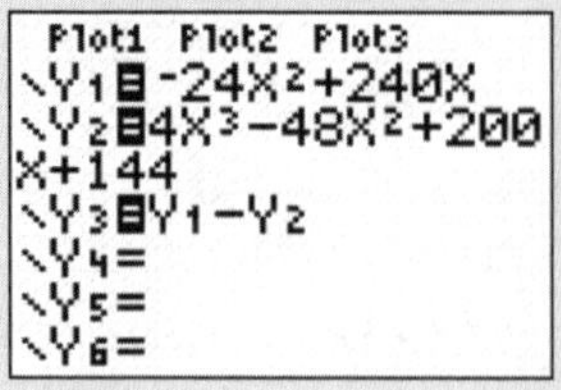

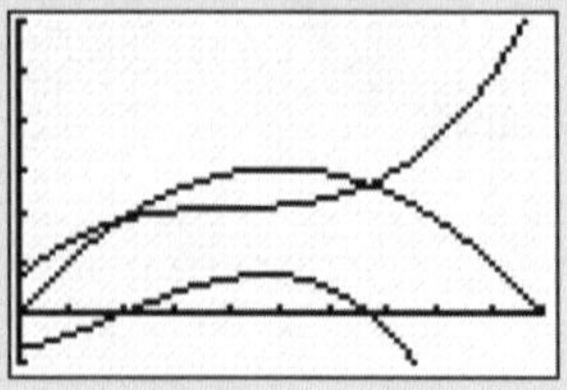

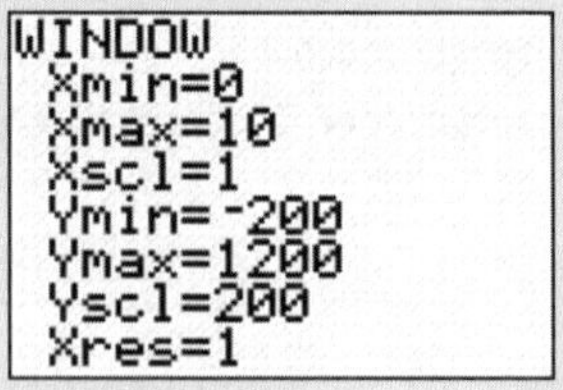

Erlösmaximum

x = 5 ME

E(5) = 600 GE

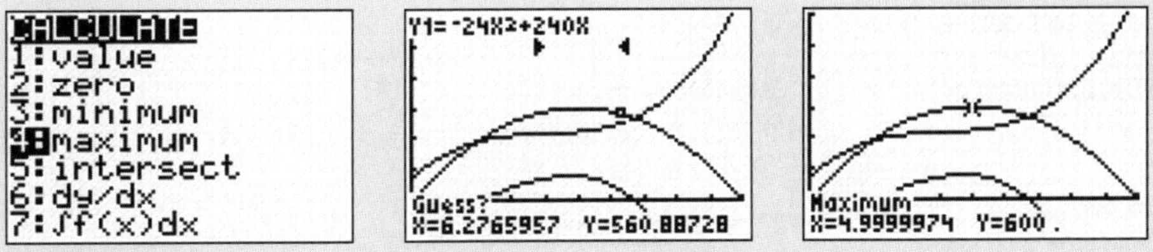

BEP

Break-Even-Point

x_{NS} = 2 ME

Erster Schnittpunkt von E(x) und K(x)

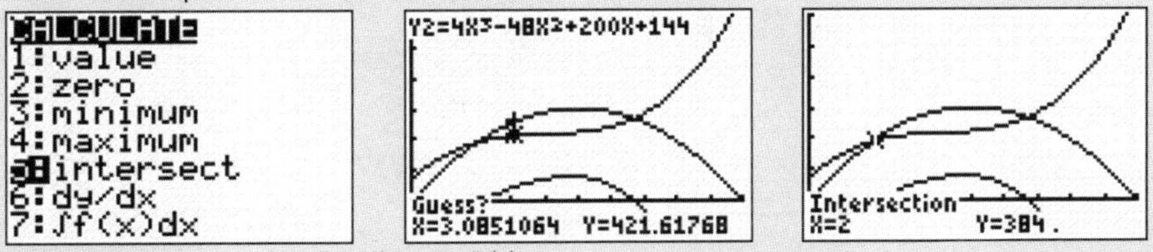

oder alternativ erste Nullstelle von G(x)

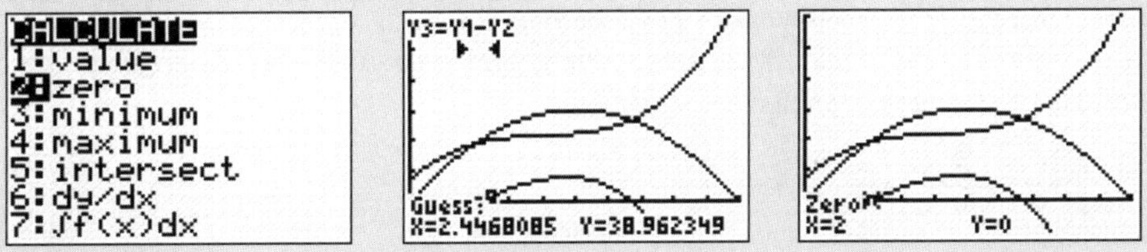

Gewinngrenze

x_{NG} ≈ 6,7 ME

Zweiter Schnittpunkt von E(x) und K(x)

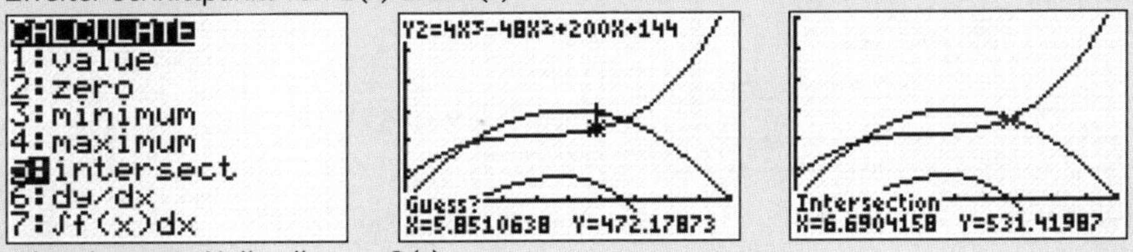

oder alternativ Nullstelle von G(x)

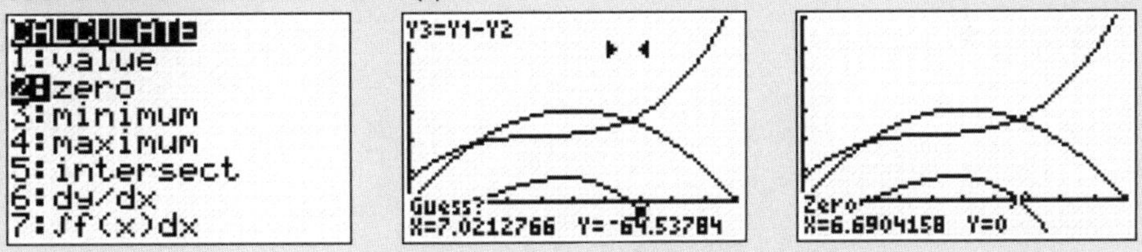

Gewinnmaximum

x_C ≈ 4,7 ME

G(4,7) ≈ 158,9 GE

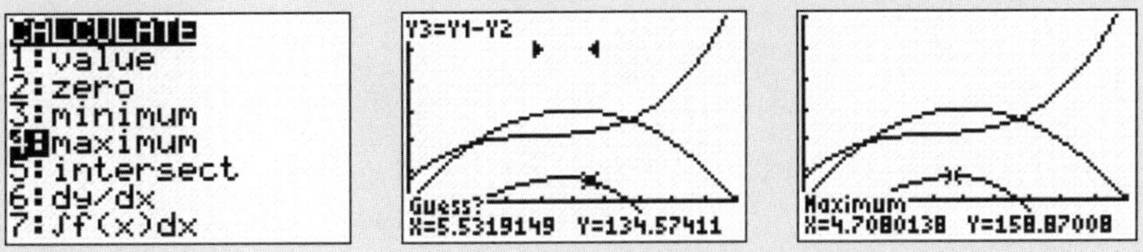

Lösung mit dem CAS-Rechner (TI-Nspire)

Definition der Funktionen im Calculator-Fenster

Zuerst werden die Funktionen E, K und G definiert, die man sich jeweils zur Kontrolle noch einmal anzeigen lassen kann.

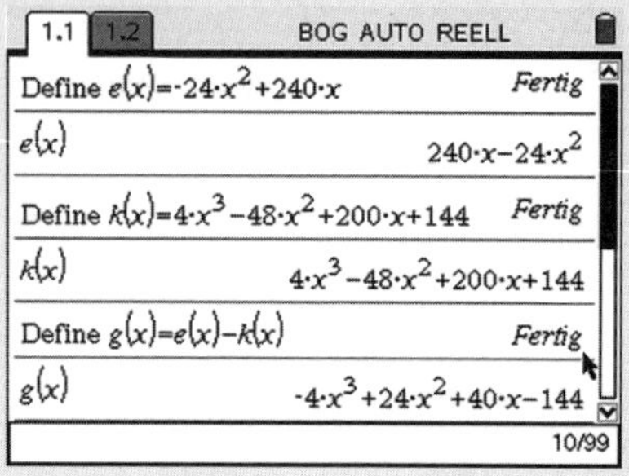

Erlösfunktion

Kontrolle der Eingabe

Kostenfunktion

Kontrolle der Eingabe

Gewinnfunktion

Kontrolle der Eingabe

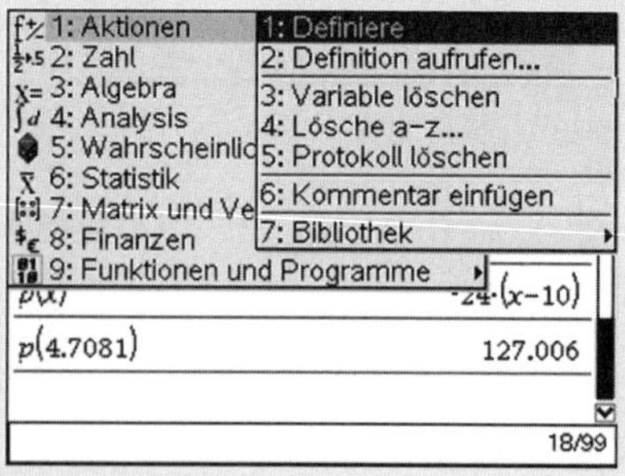

Berechnung von Erlösmaximum, BEP und Gewinngrenze

Das Erlösmaximum wird über die Analysis-Funktion **fMax** und BEP wie Gewinngrenze werden mittels der Algebra-Funktion **zeros** (Nullstellen der Gewinnfunktion) bestimmt.

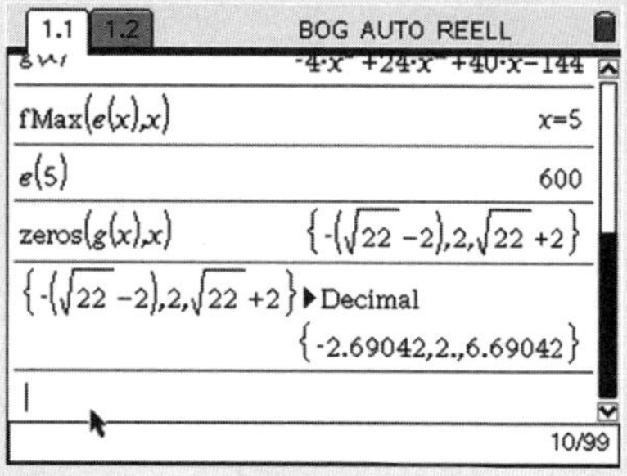

Erlösmaximum

maximaler Erlös

Nullstellen der Gewinnfunktion

$-2{,}69 \notin D$

BEP = 2

Gewinngrenze ≈ 6,7

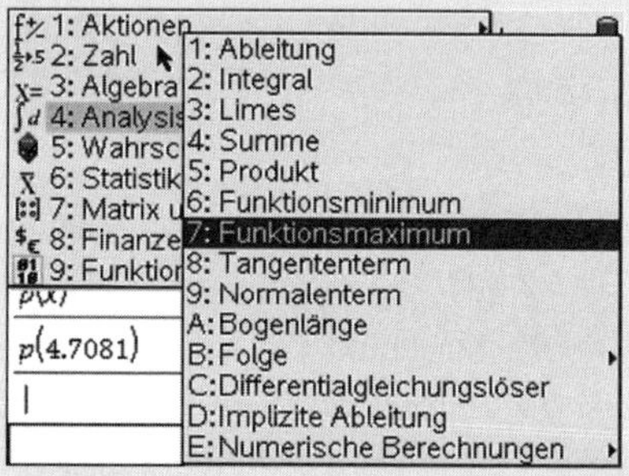

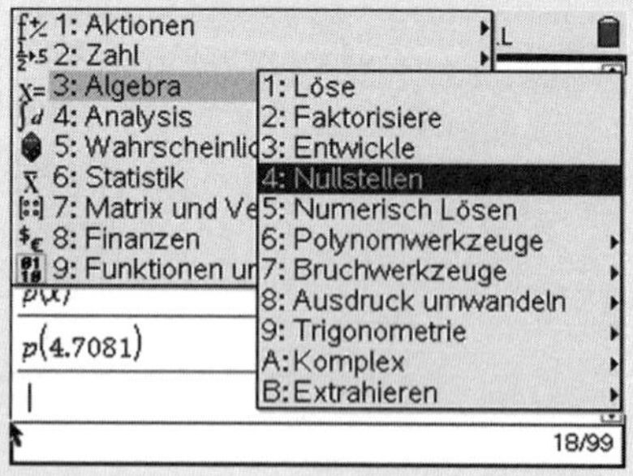

Bestimmung des Gewinnmaximums

Zur Bestimmung des Gewinnmaximums definieren wir zunächst die Ableitung der Gewinnfunktion als g1(x) mit der Analysis-Funktion **Ableitung** und berechnen deren Nullstellen mit der Algebra-Funktion **solve**.

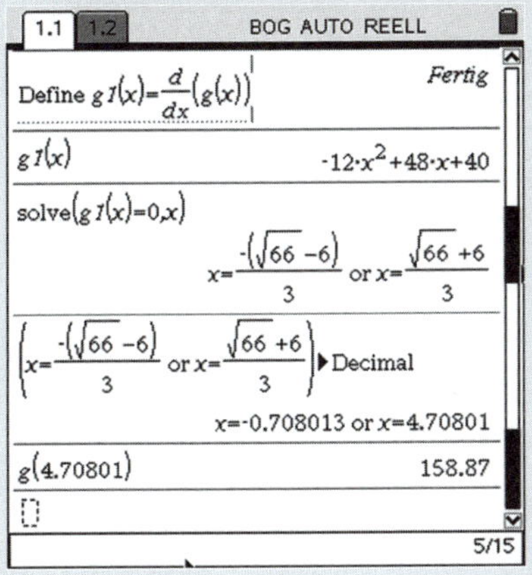

Ableitung der Gewinnfunktion

Kontrolle

Nullstellen der Ableitungsfunktion

$-0{,}708\ldots \notin D$

$x_C \approx 4{,}7$ ME

$G(x_C) \approx 158{,}9$ GE

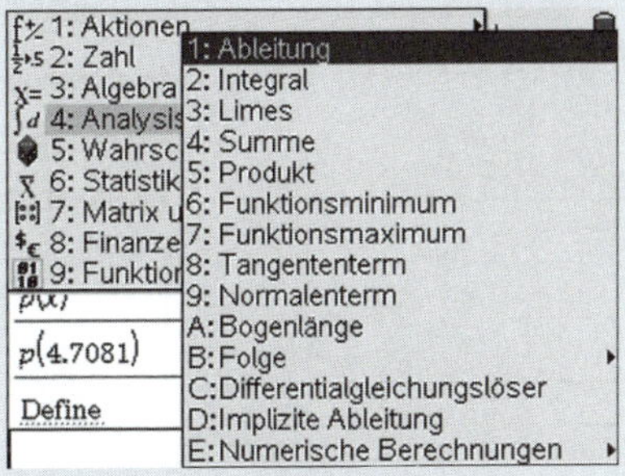

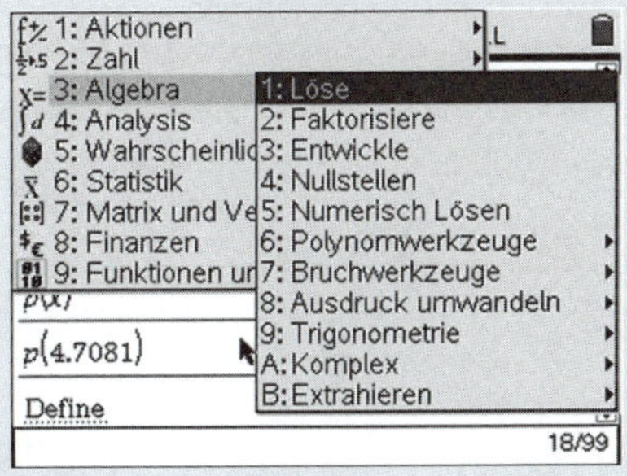

Cournot'scher Punkt C (x_c | p_c)

Es ist der zur gewinnmaximalen Ausbringungsmenge x_c gehörige Preis zu bestimmen. Die Erlösfunktion E(x) wird durch x dividiert, um p(x) zu erhalten. Nachdem p(x) definiert worden ist, kann p(x_c) bestimmt werden.

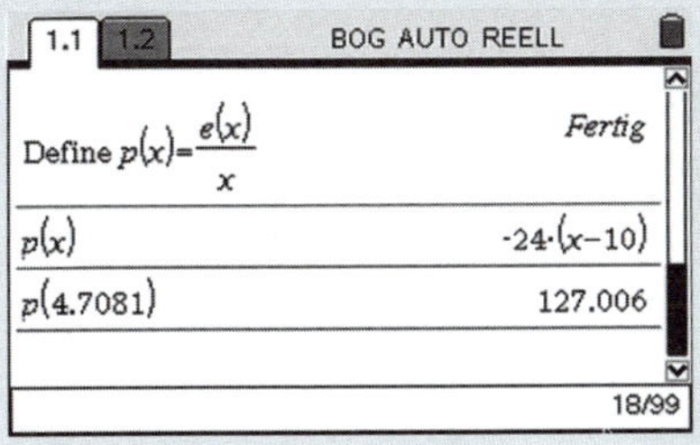

Definition von p(x)

Kontrolle der Eingabe

$p_C \approx 127$ GE/ME

C(4,7 | 127)

Grafische Darstellung

Im Grafikfenster werden die Funktionen in der Eingabezeile definiert: f1(x)=k(x), f2(x)=e(x) und f3(x)=g(x).

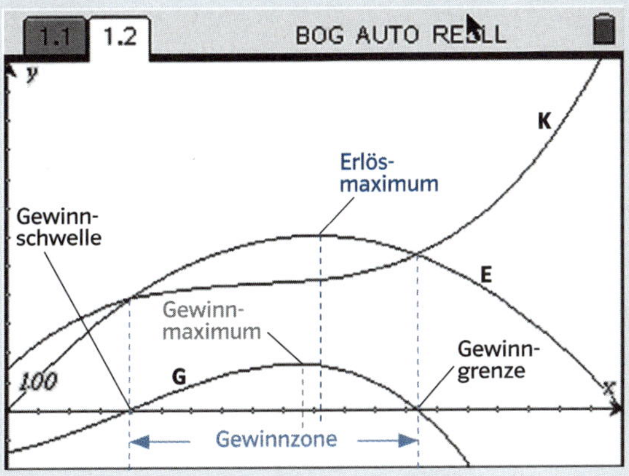

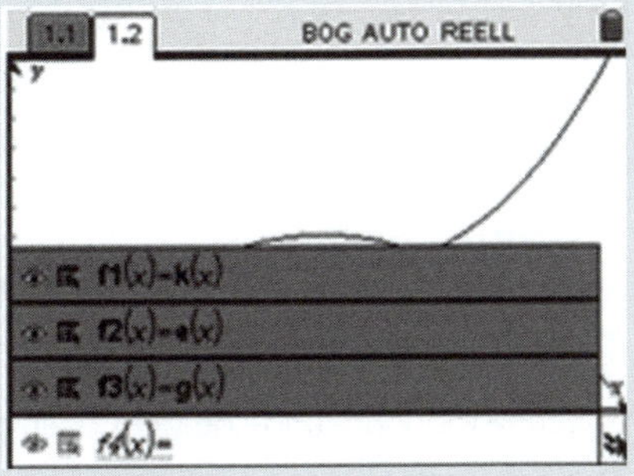

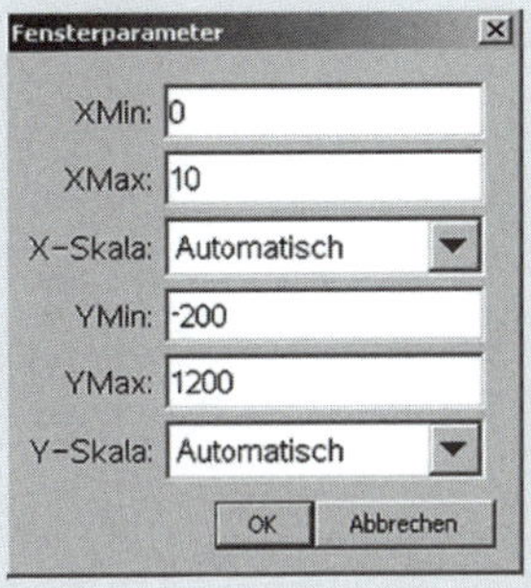

Aufgaben

1 Bestimmen Sie für Ein-Produkt-Unternehmen mit folgenden unterschiedlichen Markt- und Kostensituationen die Gewinnschwelle und -grenze, die gewinnmaximale Menge, den maximalen Gewinn und evtl. den entsprechenden Preis.

A Marktform: Vollständige Konkurrenz (Polypol)

A1: ertragsgesetzlicher Gesamtkostenverlauf

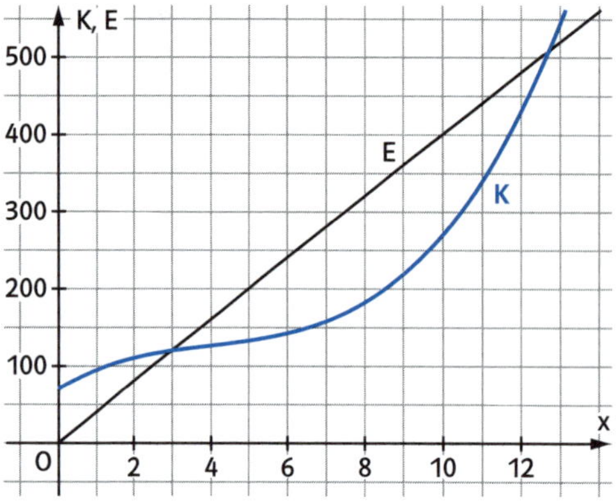

A2: linearer Gesamtkostenverlauf

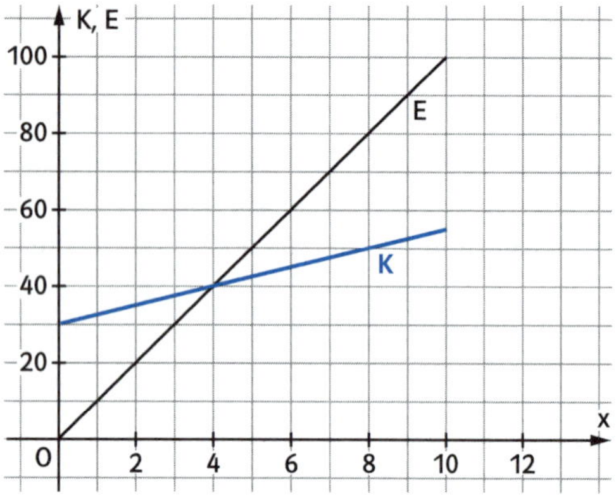

A1: vollständige Konkurrenz und ertragsgesetzlicher Gesamtkostenverlauf

$K(x) = \frac{1}{2}x^3 - 6x^2 + 30x + 70{,}5;\ \ p = 40 \Rightarrow E(x) = 40x$

A2: vollständige Konkurrenz und linearer Gesamtkostenverlauf

$K(x) = 2{,}5x + 30;\ \ p = 10 \Rightarrow E(x) = 10x;\ \ x_{Kap} = 10$ ME

B Marktform: Angebotsmonopol

B1: ertragsgesetzlicher Gesamtkostenverlauf

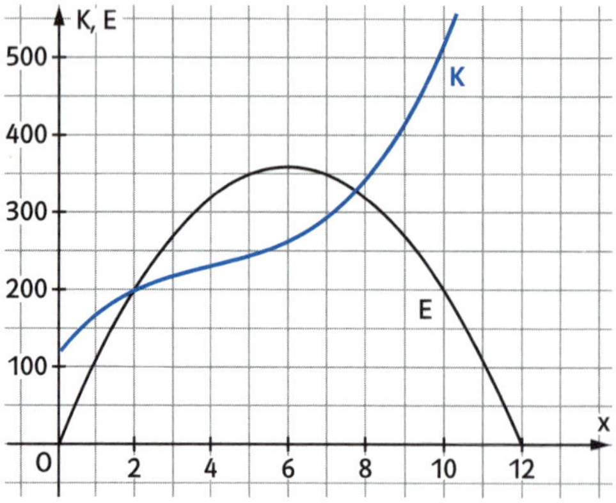

B2: linearer Gesamtkostenverlauf

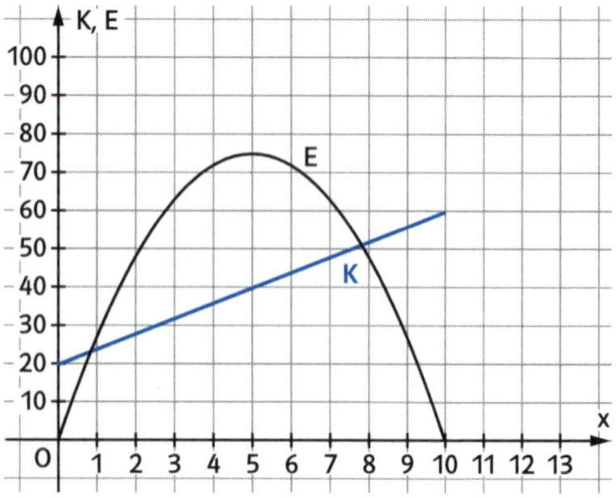

B1: Angebotsmonopol und ertragsgesetzlicher Gesamtkostenverlauf

$K(x) = x^3 - 12x^2 + 60x + 120;\ \ x \in [0; 12];\ \ p = -10x + 120 \Rightarrow E(x) = -10x^2 + 120x$

B2: Angebotsmonopol und linearer Gesamtkostenverlauf

$K(x) = 4x + 20;\ \ x \in [0; 10];\ \ p = -3x + 30 \Rightarrow E(x) = -3x^2 + 30x$

2 Bestimmen Sie jeweils Nutzenschwelle, Nutzengrenze, gewinnmaximale Menge und Maximalgewinn. Stellen Sie die Situation grafisch dar.

a) $K(x) = 0{,}2x^3 - 2x^2 + 12x + 100$, $x_{Kap} = 15$ ME; $E(x) = -4{,}4x^2 + 66x$

b) $K(x) = 10x + 100$, $x_{Kap} = 15$ ME; $p(x) = -4x + 60$

c) $k_v(x) = 0{,}1x^2 - 2x + 15$, Fixkosten 100 GE, $x_{Kap} = 30$ ME; $\overline{p} = 20$

3

x ME	0	1	2	3	4	5	6
K(x) GE	100	141	168	187	204	225	256

Für ein Unternehmen in polypolistischer Konkurrenz sei die obige Kostensituation gegeben, die Kapazitätsgrenze sei 12 ME. Der Marktpreis des Produktes beträgt 60 GE.

a) Für welche Ausbringungsmengen lässt sich das Produkt gewinnbringend absetzen?

b) Welchen Gewinn kann das Unternehmen maximal erzielen?
Wie groß ist in diesem Fall der Stückgewinn?

c) Bei welcher Ausbringungsmenge sind die Stückkosten am geringsten?
Wählen Sie zur Lösung ein geeignetes Näherungsverfahren.

4 Gegeben sind die Darstellungen der ertragsgesetzlichen Kosten-, Erlös- und Gewinnfunktion eines Angebotsmonopolisten.

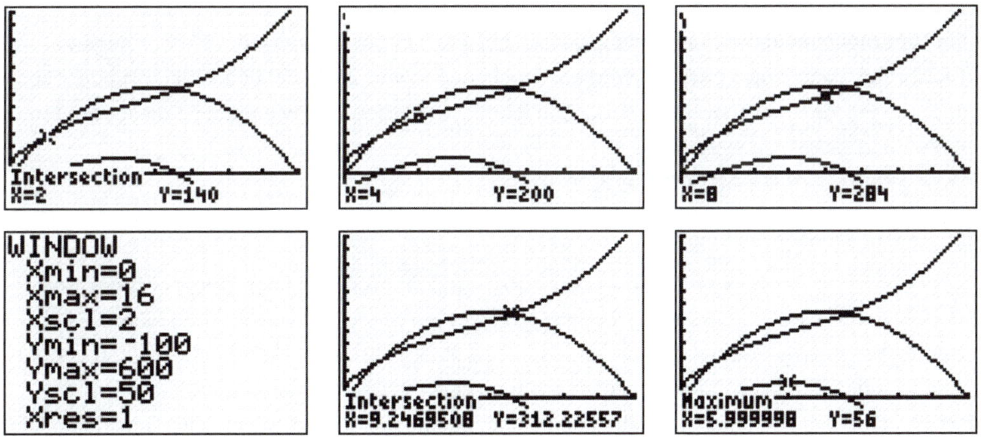

a) Bestimmen Sie die Erlös- und die Kostenfunktion.

b) Bestätigen Sie durch Rechnung die Gewinngrenze und das Gewinnmaximum.

5 Für ein Ein-Produkt-Unternehmen seien Gesamtkostenfunktion K und Preis-Absatz-Funktion p gegeben: $K(x) = x^3 - 12x^2 + 60x + 96$; $p(x) = -10x + 120$.

a) Bestimmen Sie den Break-Even-Point und die Gewinngrenze.
Stellen Sie die Situation grafisch dar und schraffieren Sie die sogenannte Gewinnlinse.

b) Errechnen Sie nun, für welche Mengen die Stückkosten genau durch die Preise gedeckt werden. Vergleichen Sie die Ergebnisse mit den Lösungen aus a) und kommentieren Sie diese.
Stellen Sie die Situation auch grafisch dar, indem Sie ein weiteres Koordinatensystem unter dem bisherigen anlegen (mit gleicher Einteilung auf der Abszisse).

6 In einer Unternehmung kann der Kostenverlauf durch die Funktion K mit $K(x) = 0{,}1x^3 - 0{,}8x^2 + 3x + 3$ modelliert werden. Es sei x die Produktionsmenge in Mengeneinheiten (ME). Die Kapazitätsgrenze des Betriebes liegt bei 8 ME. Für die weiteren Betrachtungen wird beliebige Teilbarkeit der Mengeneinheiten (ME) unterstellt.

a) Untersuchen Sie den Zusammenhang zwischen den Graphen der Grenzkostenfunktion, der variablen Stückkostenfunktion und der Stückkostenfunktion.

b) Die Unternehmung erzielt für ihr Produkt auf dem Markt einen Preis von 2,5 Geldeinheiten/ME. Ermitteln Sie die Nutzenschwelle (Gewinnschwelle) und die Nutzengrenze (Gewinngrenze). Berechnen Sie den maximalen Gewinn.

c) Für die weiteren Betrachtungen soll die Kostenfunktion K durch eine ganzrationale Funktion zweiten Grades K^* approximiert werden. Der Graph von K^* verläuft durch die Punkte $A(0\,|\,3)$, $B(2\,|\,5)$ und $C(4\,|\,9)$. Bestimmen Sie K^*.

Im folgenden Geschäftsjahr lässt sich bei entsprechendem Kostenverlauf nur noch ein Preis von t Geldeinheiten/ME erzielen. Untersuchen Sie, für welche Werte von t eine verlustfreie Produktion nicht möglich ist.

7 Gegeben sei die ertragsgesetzliche Kostenfunktion K mit

$K(x) = \frac{1}{4}x^3 - 4x^2 + 40x + 80;\ x \in [0; 20]$.

a) Bestimmen Sie das Betriebsminimum und das Betriebsoptimum sowie die langfristige und kurzfristige Preisuntergrenze.

b) Ein Unternehmen kam bei einer Produktion von 4 ME in die Gewinnzone. Bei der gegenwärtigen Ausbringungsmenge von 5 ME wird ein Stückgewinn von 2,75 GE/ME erzielt. Kann der Gewinn durch Produktionsausweitung erhöht (maximiert) werden und wie hoch ist dieser gegebenenfalls (Monopolist – lineare PAF)?

Berechnen Sie ebenfalls die Nutzengrenze.

Stellen Sie die Lösung grafisch dar.

8 Die Gesamtkostenfunktion K kann durch eine ganzrationale Funktion dritten Grades beschrieben werden. Bei vier produzierten und abgesetzten Mengeneinheiten [ME] würde eine Preisuntergrenze von 8 Geldeinheiten [GE] je ME zu einem Verlust in Höhe der Fixkosten von 40 Geldeinheiten [GE] führen. Zurzeit werden 5 ME produziert. Die hergestellten Mengen werden sofort verkauft, der Verkaufspreis beträgt 24 GE je verkaufter ME und der erzielte Gewinn 35 GE.

a) Modellieren Sie die Gesamtkostenfunktion K. (Zur Kontrolle: $K(x) = x^3 - 8x^2 + 24x + 40$).

b) Ermitteln Sie die Gleichung der variablen Stückkostenfunktion k_v und der Grenzkostenfunktion K'. Weisen Sie rechnerisch nach, dass der Graph der Grenzkostenfunktion den Graphen der variablen Stückkostenfunktion in deren Minimum schneidet.

c) Bestimmen Sie die Gewinnfunktion G und errechnen Sie den maximalen Gewinn, wenn vollständige Konkurrenz gegeben ist.

9 Ein Hersteller von Großaggregaten arbeitet mit der Kostenfunktion K mit

gebrochenrationale Kostenfunktion

$K(x) = 0{,}8x + 0{,}8 + \frac{40}{x+8}$.

Es sei x die Produktionsmenge in Mengeneinheiten (ME). Die Kapazitätsgrenze des Betriebes liegt bei 18 ME.

a) Kostenfunktionen verlaufen im gesamten Definitionsbereich streng monoton steigend. Überprüfen Sie, ob diese Voraussetzung für K gegeben ist.

b) Bestimmen Sie die fixen Kosten, die Funktionsgleichungen der fixen Stückkosten, der totalen Stückkosten und der Grenzkosten.

c) Zeigen Sie, dass die Funktion k_v der variablen Stückkosten durch $k_v(x) = 0{,}8 - \frac{5}{x} + \frac{40}{(x+8)x}$ beschrieben wird. Untersuchen Sie, ob ein Betriebsminimum existiert.
d) Die Erlössituation E sei durch $E(x) = -0{,}2x^2 + 3{,}6x$ gegeben und der Break-Even-Point des Unternehmens liegt bei 2 ME. Bestimmen Sie die Gewinngrenze. Ermitteln Sie mit einem geeigneten Näherungsverfahren die gewinnmaximale Menge.

10 In einer Unternehmung wird der Kostenverlauf durch die Funktion K mit $K(x) = 10e^{0{,}5x-2} - 0{,}4x^2$ dargestellt.

e-Funktion als Kostenfunktion

a) Bestimmen Sie die Funktionsgleichung der Stückkosten und der Grenzkosten. Bei welcher Ausbringungsmenge wechselt der Gesamtkostenverlauf von der degressiven zur progressiven Phase?
Ermitteln Sie mit einem geeigneten Näherungsverfahren (Startwert 3) das Betriebsoptimum sowie die langfristige Preisuntergrenze.
Stellen Sie den Zusammenhang zwischen den Graphen der Grenzkostenfunktion und Stückkostenfunktion grafisch dar.
b) Das Unternehmen ist Monopolist und agiert auf dem Markt mit folgender Preis-Absatz-Funktion p mit $p(x) = -x + 5$.
Bestimmen Sie die Nutzenschwelle (Gewinnschwelle) und den maximalen Gewinn.

11 Für ein Unternehmen sei die Preis-Absatz-Funktion p gegeben mit $p(x) = \frac{16-x}{x+4}$.

a) Bestimmen Sie für die Funktion den maximalen ökonomisch sinnvollen Definitionsbereich. Welcher Preis ist maximal erzielbar und welche Menge ist höchstens absetzbar? Weisen Sie nach, dass der Graph der Preis-Absatz-Funktion im ökonomischen Definitionsbereich monoton fallend verläuft. Bei welcher Absatzmenge sind die Erlöse maximal?
b) Die Kosten des Betriebes steigen für alle Produktionsausweitungen progressiv und können durch eine ganzrationale Funktion modelliert werden. Bei einer Absatzmenge von 1 ME (Mengeneinheit) kam das Unternehmen in die Gewinnzone und erzielt derzeit mit vier produzierten und abgesetzten ME einen Gewinn von 2,55 GE (Geldeinheiten).
Zeigen Sie, dass die Gesamtkostenfunktion K mit $K(x) = 0{,}01x^2 + 0{,}1x + 2{,}89$ beschrieben werden kann, wenn die Fixkosten 2,89 GE betragen.
c) Bestimmen Sie die Gewinngrenze, die gewinnmaximale Absatzmenge und den maximalen Gewinn. Stellen Sie die Situation grafisch dar.

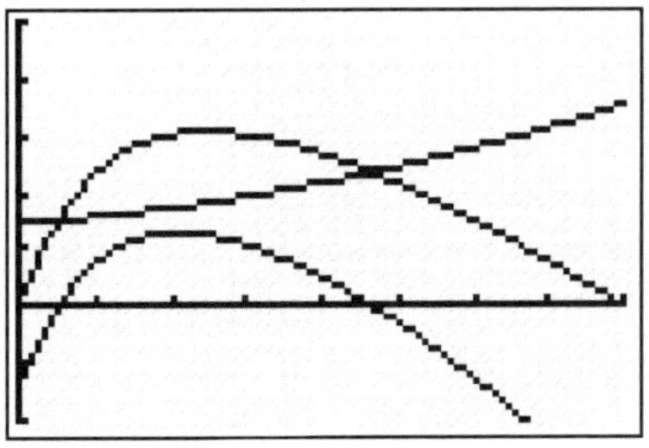

4 Wirtschaftlichkeit und Umsatzrentabilität

Überblick über die wichtigsten Begriffe

$W(x) = \frac{E(x)}{K(x)}$

Wirtschaftlichkeit

Zur Ermittlung der Wirtschaftlichkeit wird der Quotient aus in Geld bewertetem Ertrag und in Geld bewertetem Einsatz an Produktionsfaktoren gebildet: Wirtschaftlichkeit = $\frac{\text{Ertrag}}{\text{Aufwand}}$.

Mathematisch ergibt sich eine gebrochenrationale Funktion als Quotient von Erlös- und Kostenfunktion.

$R(x) = \frac{G(x)}{U(x)}$

Umsatzrentabilität

Bezieht man den Gewinn auf den Umsatz, ergibt sich die Umsatzrentabilität:

Umsatzrentabilität = $\frac{\text{Gewinn}}{\text{Umsatz}} \cdot 100$. Mathematisch ergibt sich eine gebrochenrationale Funktion aus dem Quotienten der Gewinn- und der Umsatz-/Erlösfunktion.

Beispiel

Gegeben seien die Erlösfunktion E mit $E(x) = 30x$ und die Kostenfunktion K mit $K(x) = x^3 - 9x^2 + 30x + 54$.

Stellen Sie die Gleichung der Funktion der Wirtschaftlichkeit in Abhängigkeit der Produktionsmenge x auf. Bestimmen Sie die Wirtschaftlichkeit und ihre momentane Änderungsrate für x = 4. Die Produktion ist wirtschaftlich, wenn die Erlöse größer sind als die Kosten, d. h., wenn W(x) größer als 1 ist. Für welche Ausbringungsmengen arbeitet der Betrieb wirtschaftlich und für welche Menge wird die Wirtschaftlichkeit maximal? Zeigen Sie, dass für Gewinnschwelle und -grenze W(x) = 1 ist.

Wirtschaftlichkeitsfunktion

Die Wirtschaftlichkeitsfunktion ist der Quotient aus Erlös- und Kostenfunktion.

$$W(x) = \frac{E(x)}{K(x)}$$

$$W(x) = \frac{30x}{x^3 - 9x^2 + 30x + 54}$$

Graph

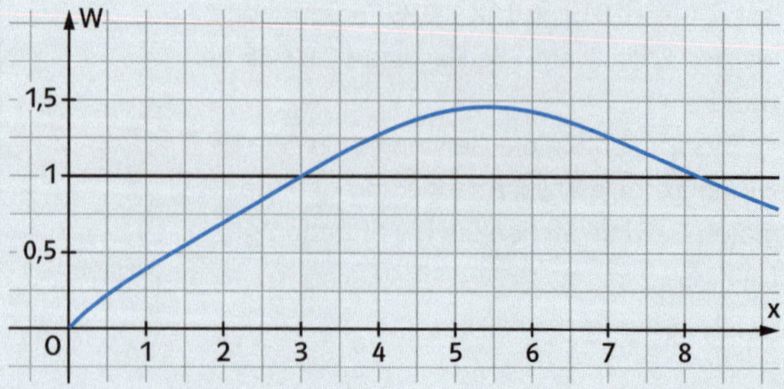

Wirtschaftlichkeit für x = 4

Der Funktionswert der Wirtschaftlichkeitsfunktion gibt die Wirtschaftlichkeit an.

$$W(4) = \frac{30 \cdot 4}{4^3 - 9 \cdot 4^2 + 30 \cdot 4 + 54} \approx 1{,}28$$

Momentane (lokale) Änderungsrate für x = 4

Die momentane (lokale) Änderungsrate ist die Steigung der Wirtschaftlichkeitsfunktion.

$$W'(x) = \frac{-60x^3 + 270x^2 + 1620}{(x^3 - 9x^2 + 30x + 54)^2}$$

$$W'(4) = \frac{-60 \cdot 4^3 + 270 \cdot 4^2 + 1620}{(4^3 - 9 \cdot 4^2 + 30 \cdot 4 + 54)^2} \approx 0{,}24$$

Für x = 4 beträgt die lokale Änderungsrate 0,24.

Wirtschaftliche Ausbringungsmengen

Ein Unternehmen arbeitet wirtschaftlich, sofern die Erlöse größer als die Kosten sind, d. h. die Wirtschaftlichkeit größer als 1 ist.
Man bestimmt zunächst die Ausbringungsmenge mit der Wirtschaftlichkeit 1.

$\frac{30x}{x^3 - 9x^2\ \ 30x + 54} = 1$

$30x = x^3 - 9x^2 + 30x + 54$

$x^3 - 9x^2 + 54 = 0$

$x_1 = 3$ durch Probieren

Polynomdivision

$(x^3 - 9x^2 + 54):(x - 3) = x^2 - 6x - 18$

$x_2 \approx 8{,}2$

$x_3 \approx -2{,}2 \notin D$

Durch Probe wird bestätigt, dass im berechneten Intervall $W(x) > 1$ ist.

Probe ergibt: $W(x) > 1$ für $x \in]3;\ 8{,}2[$.

Maximale Wirtschaftlichkeit

Es ist das Maximum der Wirtschaftlichkeitsfunktion zu bestimmen.

1. Ableitung null setzen (Zählerfunktion null setzen)

$-60x^3 + 270x^2 + 1620 = 0$

Näherungsverfahren liefert: $x \approx 5{,}42$.

Maximum durch Vorzeichenwechsel der Ableitungsfunktion bestätigen: $W'(5{,}4) \approx 0{,}004$; $W'(5{,}5) \approx -0{,}02$.

Der Funktionswert für $x = 5{,}42$ gibt den Wert der maximalen Wirtschaftlichkeit an.

$W(5{,}42) \approx 1{,}46$

Graphen

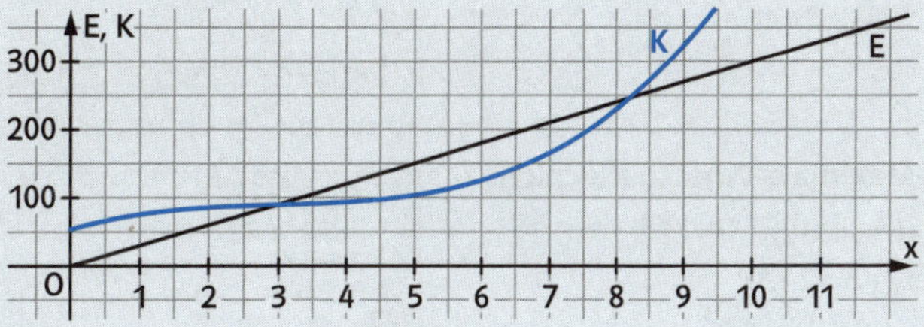

Gewinngrenzen

Die Gewinngrenzen können als Schnittstellen der Graphen der Erlös- und der Kostenfunktion ermittelt werden.

$E(x) = K(x)$

$30x = x^3 - 9x^2 + 30x + 54$

$x^3 - 9x^2 + 54 = 0$

$x_{NS} = 3;\ x_{NG} \approx 8{,}2$

Vgl. oben (wirtschaftliche Ausbringungsmengen)

Lösung mit dem GTR (TI-84)

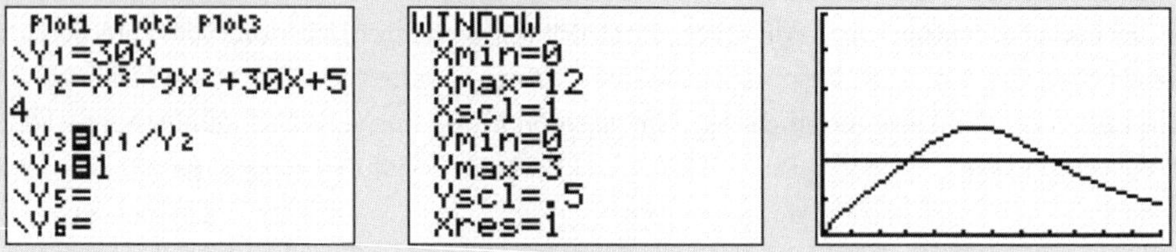

Wirtschaftlichkeit und Änderungsrate für x = 4

W(x) ≈ 1,28

W'(x) ≈ 0,24

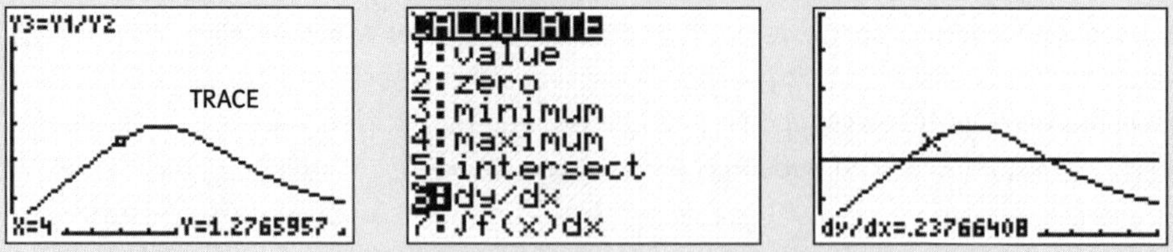

Wirtschaftliche Ausbringungsmengen

(Schnittstelle von Y3 und Y4)

x_1 = 3 ME

x_2 ≈ 8,2 ME

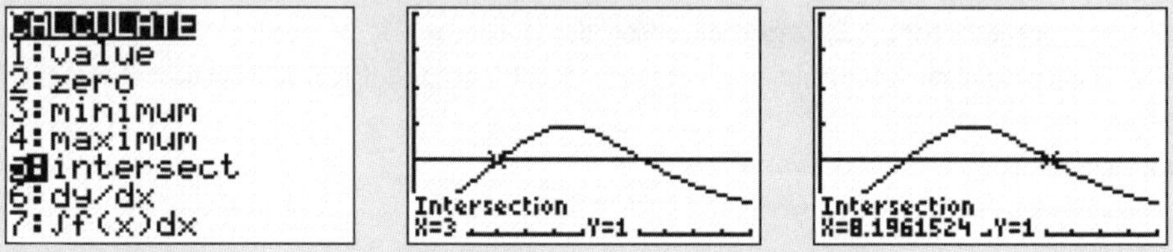

Maximale Wirtschaftlichkeit

(Maximum von Y3)

x ≈ 5,42 ME

W(5,42) ≈ 1,46

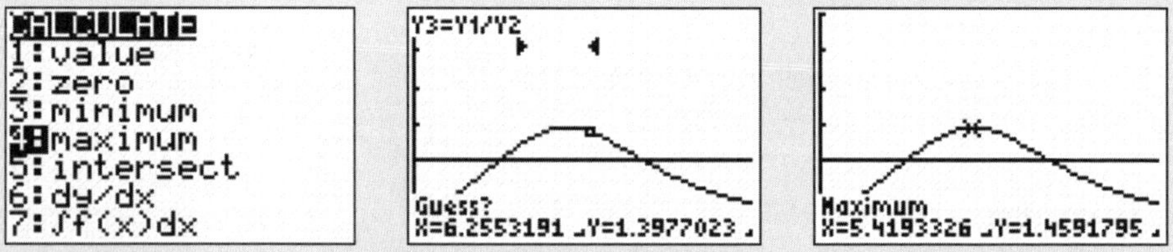

Gewinngrenzen

(Schnittstelle von Y1 und Y2)

Schnittpunkte von E(x) und K(x)

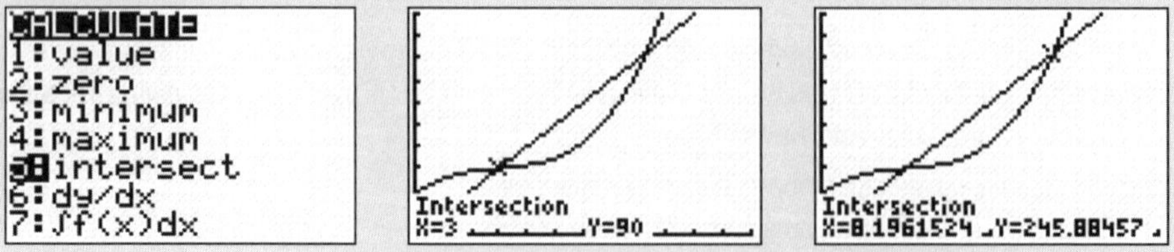

Aufgaben

1 Bei der Produktion von x ME eines Gutes entstehen Kosten, die durch die Funktion K mit $K(x) = x^3 - 6x^2 + 16x + 29$ beschrieben werden können; weiterhin sei $x_{Kap} = 6$ ME.
Für einen Monopolisten gelten ein Höchstpreis von 48 GE und eine Sättigungsmenge von 6 ME.
a) Bestimmen Sie die lineare Preis-Absatz-Funktion, die Erlösfunktion und daraus die Gewinnfunktion.
b) Zeichnen Sie die Graphen von K, E und G.
c) Bestimmen Sie die Nutzenschwelle und -grenze.
d) Zeichnen Sie den Graphen der Wirtschaftlichkeitsfunktion W mit $W(x) = \frac{E(x)}{K(x)}$.
(Neues Koordinatensystem mit gleicher Skalierung auf der Abszisse.)
e) Bestimmen Sie E(3), K(3) und W(3) und interpretieren Sie den Wert von W(3). Lösen Sie die Gleichung W(x) = 1. Welche Bedeutung haben die Lösungen?

2 Die Produktion eines Produktes verursacht 13 GE fixe Kosten und 5 GE variable Kosten je ME. Die Kapazitätsgrenze liegt bei $x_{Kap} = 10$ ME. Der Produzent genießt Monopolstellung und erzielt bei einem Absatz von 5 ME maximale Erlöse von 50 GE.
a) Bestimmen Sie die quadratische Erlösfunktion, die lineare Kostenfunktion und daraus die Gewinnfunktion.
b) Zeichnen Sie die Graphen von K, E und G.
c) Bestimmen Sie die Nutzenschwelle und -grenze.
d) Zeichnen Sie den Graphen der Wirtschaftlichkeitsfunktion $W(x) = \frac{E(x)}{K(x)}$.
(Neues Koordinatensystem mit gleicher Skalierung auf der Abszisse.)
e) Lösen Sie die Gleichung W(x) = 1. Welche Bedeutung haben die Lösungen?
f) Bestimmen Sie die maximale Wirtschaftlichkeit.
Erzielt das Unternehmen bei maximaler Wirtschaftlichkeit auch einen maximalen Gewinn?

3 Bei der Produktion von x ME eines Gutes entstehen Kosten, die durch die Funktion K mit $K(x) = 0{,}2x^3 - 1{,}6x^2 + 5x + 18$ beschrieben werden können. Die Kapazitätsgrenze liegt bei $x_{Kap} = 10$ ME.
Die Unternehmung erzielt für das Produkt auf dem Markt einen Preis von 8 Geldeinheiten/ME.
a) Erstellen Sie die Gewinnfunktion und ermitteln Sie die Gewinnzone.
b) Wie lautet die Funktion für die Umsatzrentabilität der Unternehmung? Für welche Ausbringungsmengen ist die Umsatzrentabilität positiv?
Kommentieren Sie die Ergebnisse ökonomisch.
c) Wird bei maximaler Umsatzrentabilität auch ein maximaler Gewinn erzielt?

Überblick über die wichtigsten Begriffe

Nachfragefunktion (p_N)
Die Nachfragefunktion beschreibt die Abhängigkeit der nachgefragten Menge eines Produktes vom Verkaufspreis im gesamtwirtschaftlichen Zusammenhang. Die Darstellung erfolgt wegen der Zweckmäßigkeit aber in der umgekehrten Abhängigkeit als p(x) (Preis in Abhängigkeit von der Menge). Im Normalfall sinkt die nachgefragte Menge mit steigenden Preisen und steigt mit sinkenden Preisen. Die Steigung der Nachfragefunktion ist daher negativ.

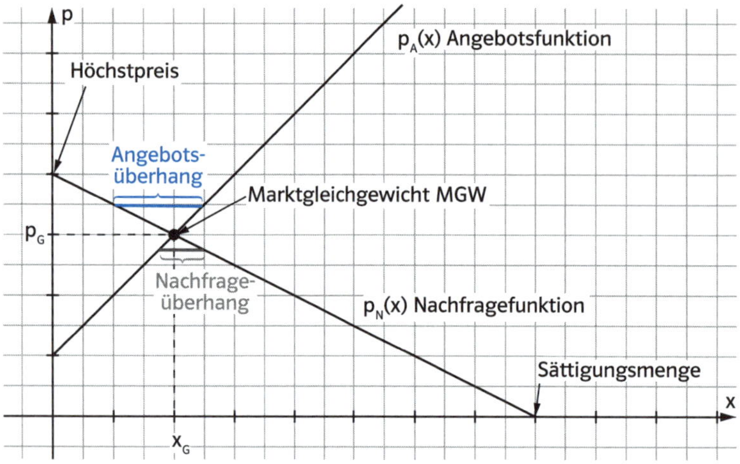

Höchstpreis (p_H)
Beim Höchstpreis (Prohibitivpreis) wird die nachgefragte Menge null. In der Regel ist dies der Schnittpunkt mit der y-Achse.

Sättigungsmenge (x_S)
Die Sättigungsmenge gibt die theoretisch höchste absetzbare Menge eines Gutes an, d. h., die nachgefragte Menge, wenn das Gut kostenlos wäre. In der Regel ist dies der Schnittpunkt mit der x-Achse. Für einen sinnvollen ökonomischen Definitionsbereich ergibt sich daraus:
$D_{Ök} = [0; x_s]$

Angebotsfunktion (p_A)
Die Angebotsfunktion beschreibt die Abhängigkeit der angebotenen Menge eines Produktes vom erzielbaren Preis im gesamtwirtschaftlichen Zusammenhang. Die Darstellung erfolgt wegen der Zweckmäßigkeit aber in der umgekehrten Abhängigkeit als p(x) (Preis in Abhängigkeit von der Menge). Im Normalfall steigt die angebotene Menge mit steigenden Preisen und sinkt mit sinkenden Preisen. Die Steigung der Angebotsfunktion ist daher positiv.

$A_Ü = x_A - x_N$

Angebotsüberhang ($A_Ü$)
Beim Angebotsüberhang wird auf dem Markt mehr von einem Gut angeboten als nachgefragt.

$N_Ü = x_N - x_A$

Nachfrageüberhang ($N_Ü$)
Ein Nachfrageüberhang besteht, wenn auf dem Markt von einem Gut mehr nachgefragt als angeboten wird.

$x_N = x_A$

$p_N(x) = p_A(x)$

Marktgleichgewicht (MGW)
Wenn Angebot und Nachfrage nach einem bestimmten Gut auf einem Markt genau übereinstimmen, kommt es zum Marktgleichgewicht. Rechnerisch wird das Marktgleichgewicht $MGW(x_G \mid p_G)$ (Schnittpunkt der Graphen der Angebots- und Nachfragefunktion) durch Gleichsetzen der beiden Funktionsterme ermittelt.

Konsumentenrente (K_R)
Der Gesamtnutzen, der daraus resultiert, dass entsprechend der Nachfragefunktion einige Nachfrager (Konsumenten) bereit wären, das Gut auch für einen höheren Preis als den Gleichgewichtspreis nachzufragen, wird als Konsumentenrente bezeichnet.

Produzentenrente (P_R)
Der Gesamtnutzen, der daraus resultiert, dass entsprechend der Angebotsfunktion einige Anbieter (Produzenten) bereit wären, das Gut auch für einen geringeren Preis als den Gleichgewichtspreis anzubieten, wird als Produzentenrente bezeichnet.

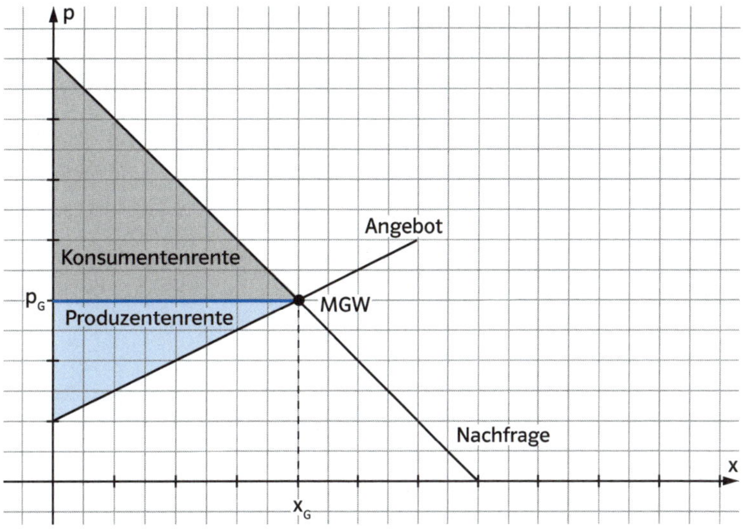

Beispiel mit linearen Funktionen

Für einen idealtypischen[1] Markt wurde das folgende Anbieter- und Nachfrageverhalten festgestellt: $p_A(x) = x + 2$ und $p_N(x) = -2x + 14$. Bestimmen Sie den Höchstpreis, die Sättigungsmenge, das Marktgleichgewicht und die Konsumenten- und Produzentenrente. Errechnen Sie den Angebotsüberhang für $p_1 = 8$ GE/ME und den Nachfrageüberhang für $p_2 = 4$ GE/ME.

Höchstpreis
Ordinatenabschnitt der Nachfragefunktion bestimmen.

$p_N(0) = 14$

Sättigungsmenge
Schnittstelle der Nachfragefunktion mit der x-Achse bestimmen.

$0 = -2x + 14$
$x = 7$

Marktgleichgewicht
Schnittpunkt der Angebots- und der Nachfragefunktion bestimmen.

$p_A(x) = p_N(x)$
$x + 2 = -2x + 14$
$3x = 12$
$x_G = 4$
x_G in eine der beiden Funktionen einsetzen:
$p_A(4) = 4 + 2$
$p_G = 6$
MGW(4 | 6)

1. Grundlage der mikroökonomischen Theorie ist eine abstrakte Vorstellung eines idealtypischen Marktes, ein **Marktmodell.** Dieses ist im Folgenden kurz dargestellt: Homogenität der Güter, freie (polypolistische) Konkurrenz, Markttransparenz, Punktmarkt, Momentaufnahme vom Markt (Zeitpunkt).

Konsumentenrente

Zur Bestimmung der Konsumentenrente wird die Fläche des oberen Dreiecks berechnet.

$K_R = \frac{(p_H - p_G) \cdot x_G}{2}$

$K_R = \frac{(14 - 6) \cdot 4}{2} = 16$

Die Konsumentenrente beträgt 16 GE.

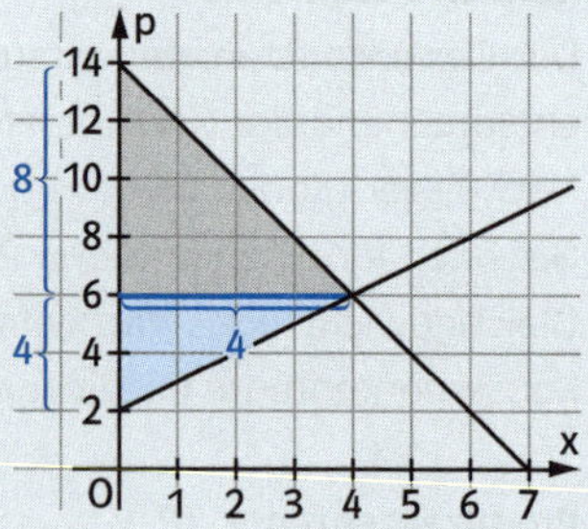

Produzentenrente

Zur Bestimmung der Produzentenrente wird die Fläche des unteren Dreiecks berechnet.

$p_R = \frac{(p_G - p_m) \cdot x_G}{2}$

$p_R = \frac{(6 - 2) \cdot 4}{2} = 8$

Die Produzentenrente beträgt 8 GE.

Angebotsüberhang

Überschreitet für einen bestimmten Preis das Angebot die Nachfrage, so bezeichnet man die sich ergebende Differenz als Angebotsüberhang.

Angebots- und Nachfragemenge für $p_1 = 8$ bestimmen.

$8 = x_A + 2$ $\qquad$ $8 = -2x_N + 14$

$x_A = 6$ $\qquad$ $x_N = 3$

Differenz errechnen: $x_A - x_N = 3$

Der Angebotsüberhang beträgt 3 ME.

Nachfrageüberhang

Überschreitet für einen bestimmten Preis die Nachfrage das Angebot, so bezeichnet man die sich ergebende Differenz als Nachfrageüberhang.

Angebots- und Nachfragemenge für $p_2 = 4$ bestimmen.

$4 = -2x_N + 14$ $\qquad$ $4 = x_A + 2$

$x_N = 5$ $\qquad$ $x_A = 2$

Differenz errechnen: $x_N - x_A = 3$

Der Nachfrageüberhang beträgt 3 ME.

Beispiel mit quadratischen Funktionen

Für ein bestimmtes Wirtschaftsgut gelten auf einem Markt die Angebotsfunktion p_A mit $p_A(x) = 0{,}5x^2 + 0{,}5x + 2$ und die Nachfragefunktion p_N mit $p_N(x) = 16 - 0{,}25x^2$.

a) Bestimmen Sie den maximalen ökonomisch sinnvollen Definitionsbereich, den Höchstpreis und die Sättigungsmenge.

b) Bestimmen Sie grafisch und rechnerisch das Marktgleichgewicht. Wie hoch sind die Konsumenten- und Produzentenrente, wenn das Marktgleichgewicht in MGW(4 | 12) angenommen wird?

Sättigungsmenge

Abszissenschnittpunkt der Nachfragefunktion bestimmen.

$16 - 0{,}25x^2 = 0$

$x_1 = 8 \vee x_2 = -8$

$x_S = 8$

Definitionsbereich

Aus der Sättigungsmenge ergibt sich der maximale ökonomisch sinnvolle Definitionsbereich.

$D_{ök} = [0; 8]$

Höchstpreis

Ordinatenabschnitt der Nachfragefunktion bestimmen.

$p_N(0) = 16$

Der Höchstpreis beträgt $p_H = 16$ GE/ME.

Marktgleichgewicht

Schnittpunkt der Angebots- und der Nachfragefunktion bestimmen.

$p_A(x) = p_N(x)$

$0{,}5x^2 + 0{,}5x + 2 = 16 - 0{,}25x^2$

$0{,}75x^2 + 0{,}5x - 14 = 0$

$x^2 + \frac{2}{3}x - \frac{56}{3} = 0$

$x_1 = 4 \vee x_2 = -4{,}67 \notin D_{Ök}$

Gleichgewichtsmenge $x_G = 4$ ME

x_G in eine der beiden Funktionen einsetzen:

$p_A(4) = 16 - 0{,}25 \cdot 4^2$

$p_G = 12$

Gleichgewichtspreis $p_G = 12$ GE/ME

MGW(4 | 12)

Konsumentenrente

Zur Bestimmung der Konsumentenrente wird mittels Integralrechnung die Fläche zwischen der Nachfragekurve und der Geraden mit der Gleichung $y = p_G$ berechnet:

$$K_R = \int_0^{x_G} (P_N(x) - p_G)\,dx$$

$$K_R = \int_0^4 (16 - 0{,}25x^2 - 12)\,dx$$

$$K_R = \left[4x - \frac{0{,}25}{3}x^3\right]_0^4 = 10\frac{2}{3}$$

Konsumentenrente:

$K_R \approx 10{,}67$ GE

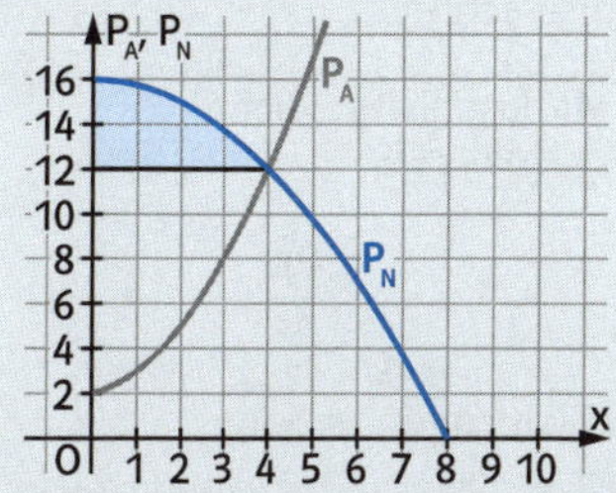

Produzentenrente

Zur Bestimmung der Produzentenrente wird mittels Integralrechnung die Fläche zwischen der Geraden mit der Gleichung $y = p_G$ und der Angebotskurve berechnet:

$$P_R = \int_0^{x_G} (p_G - P_A(x))\,dx.$$

$$P_R = \int_0^4 (12 - 0{,}5x^2 - 0{,}5x - 2)\,dx$$

$$P_R = \left[10x - \frac{0{,}5}{3}x^3 - 0{,}25x^2\right]_0^4$$

$$P_R = 25\frac{1}{3}$$

Produzentenrente:

$P_R \approx 25{,}33$ GE

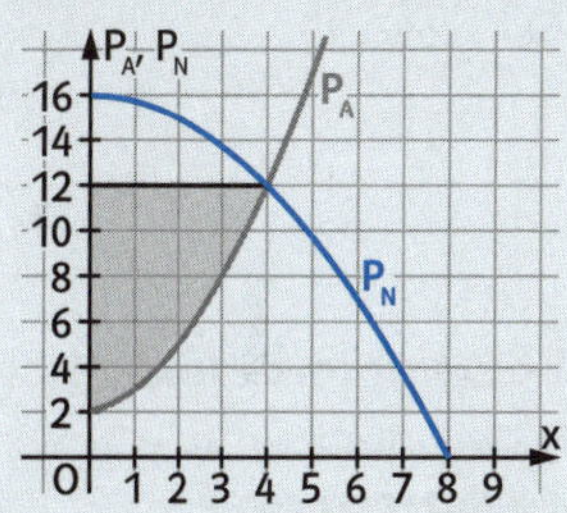

Lösung mit dem GTR (TI-84)

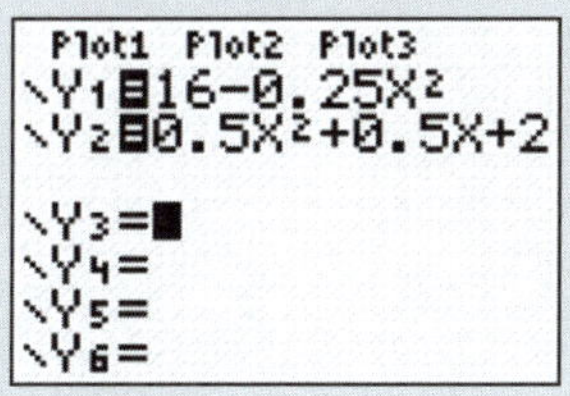

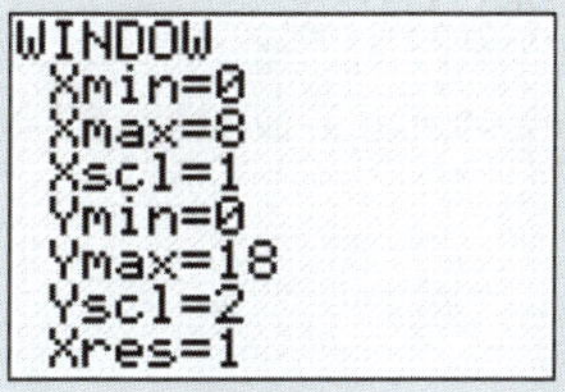

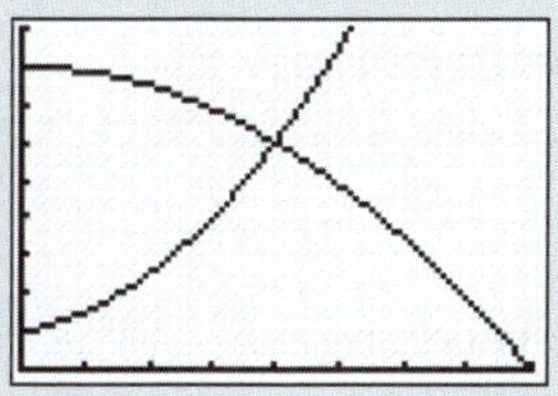

Sättingungsmenge

x_S = 8 ME

Definitionsbereich

$D_{ök}$ = [0; 8]

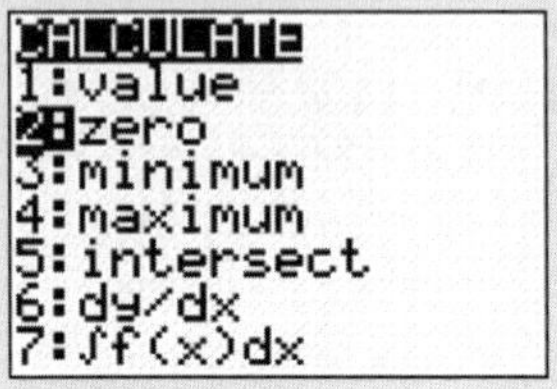

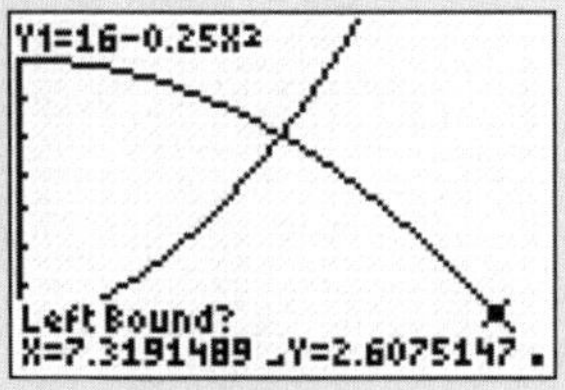

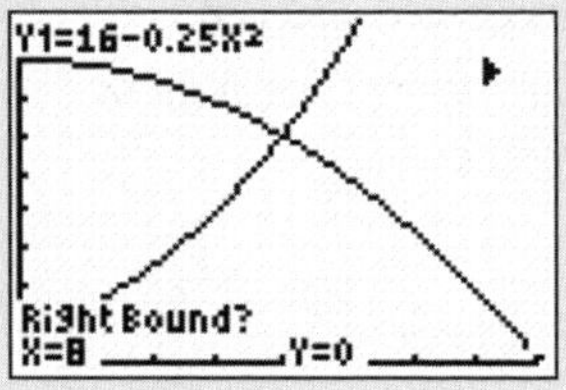

Höchstpreis

p_H = 16 GE/ME

TRACE

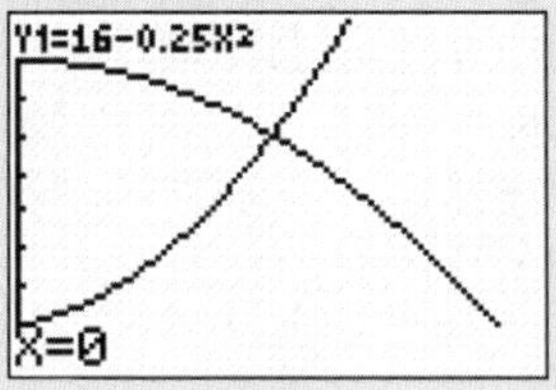

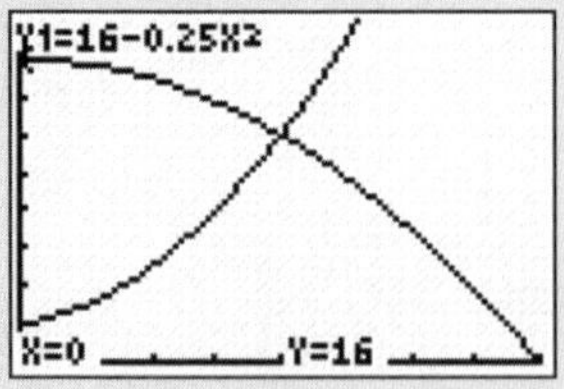

Marktgleichgewicht

MGW(4 | 12)

Schnittpunkt von $P_N(x)$ und $P_A(x)$

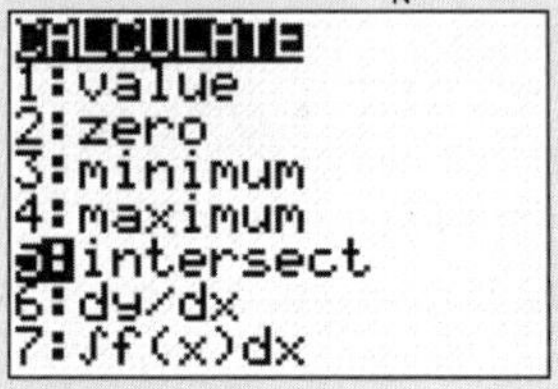

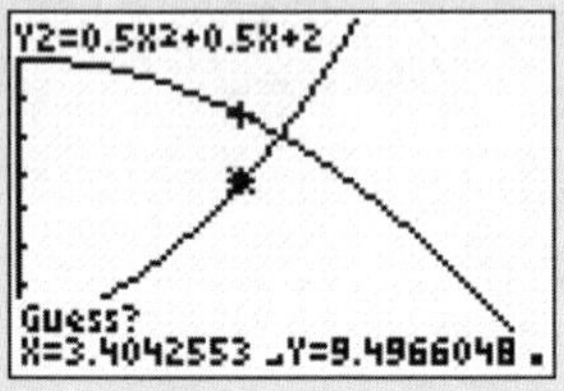

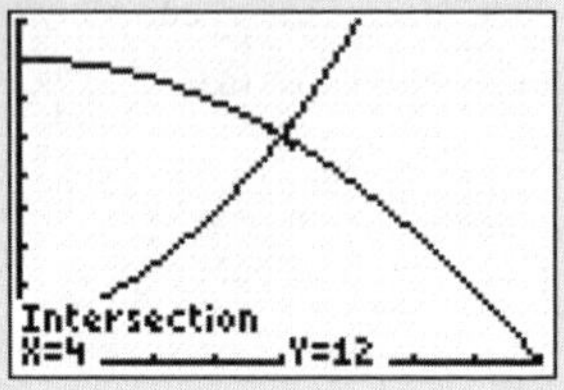

Konsumentenrente

K_R ≈ 10,67 GE

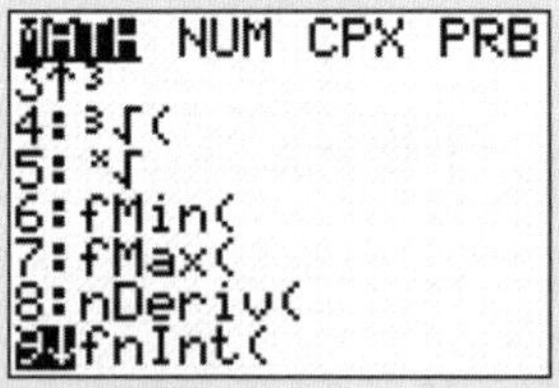

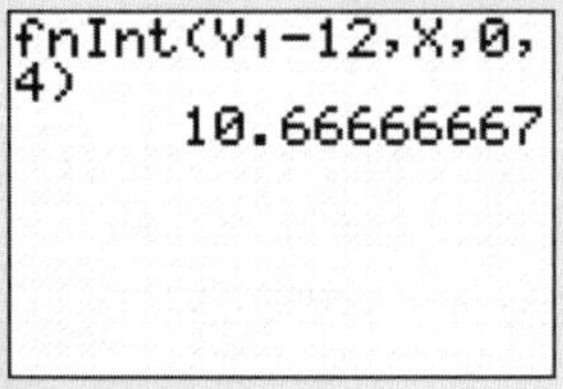

Produzentenrente

P_R ≈ 25,33 GE

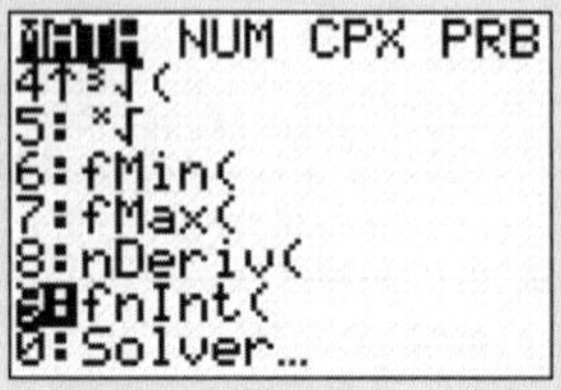

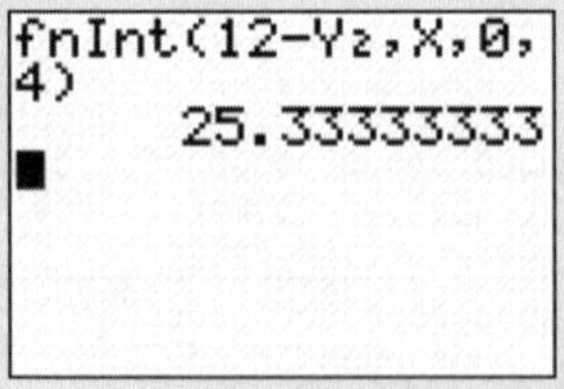

Lösung mit dem CAS-Rechner (TI-Nspire)

Definition der Funktionen im Calculator-Fenster

Zuerst werden die Angebots- und die Nachfragefunktion definiert, die man sich jeweils zur Kontrolle noch einmal anzeigen lassen kann.

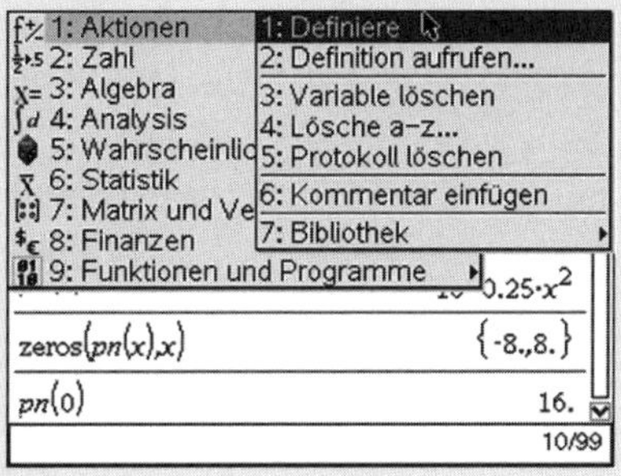

Berechnung von Sättigungsmenge, Höchstpreis und Gewinngrenze

Zur Berechnung der Sättigungsmenge bestimmt man mit der Algebra-Funktion **zeros** die Nullstellen der Nachfragefunktion $p_N(x)$. Der Höchstpreis entspricht dem Funktionswert der Nachfragefunktion für x = 0.

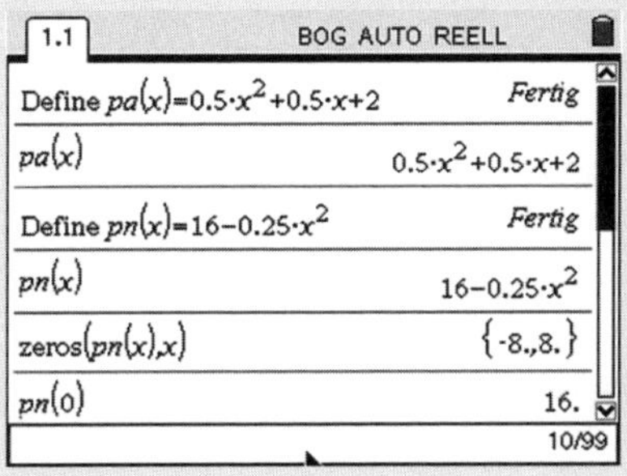

Angebotsfunktion
Kontrolle der Eingabe
Nachfragefunktion
Kontrolle der Eingabe
Nullstellen der Nachfragefunktion:
−8 ∉ D, Sättigungsmenge: 8 ME
Höchstpreis: 16 GE/ME

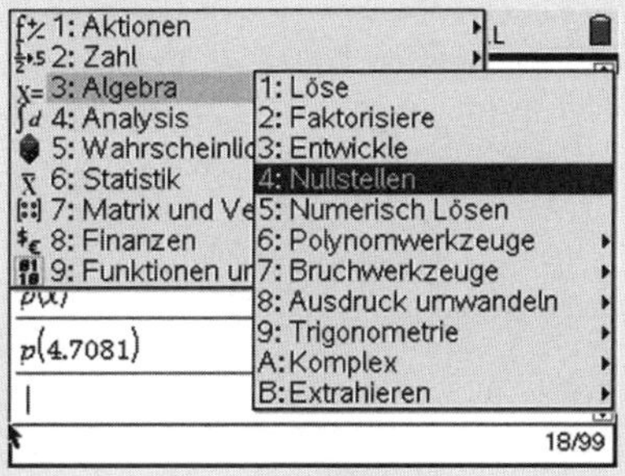

Berechnung des Marktgleichgewichts, der Konsumenten- und der Produzentenrente

Zur Berechnung des Marktgleichgewichts bestimmt man die Schnittstelle der Angebots- und der Nachfragefunktion mit der Algebra-Funktion **solve**. Der Gleichgewichtspreis p_G wird als Funktionswert der Angebots- oder der Nachfragefunktion bestimmt.

Mit der Analysis-Funktion **Integral** bestimmt man die Konsumenten- und die Produzentenrente.

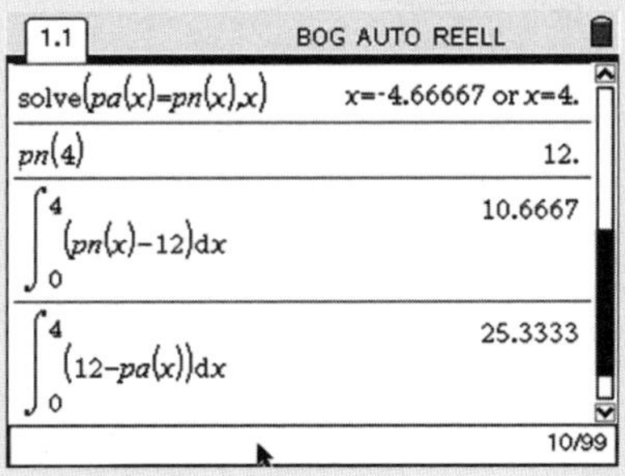

−4,66 ∉ D; x_G = 4 ME
p_G = 12 GE
Konsumentenrente
K_R = 10,67 GE
Produzentenrente
P_R = 25,33 GE

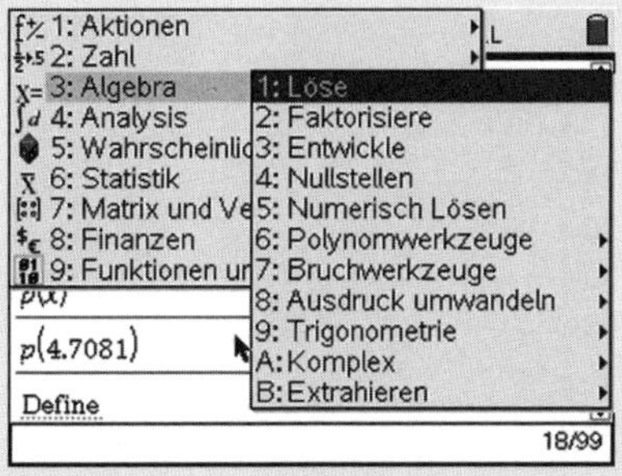

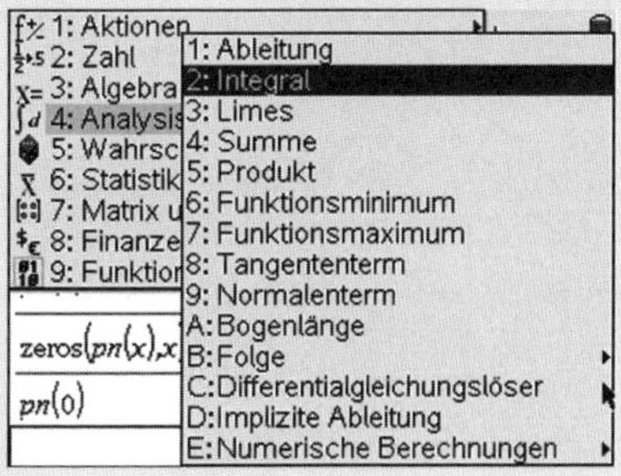

Aufgaben

1 Für ein bestimmtes Wirtschaftsgut gelten auf einem Markt die fogenden Angebots- [p_A] und Nachfragefunktionen [p_N]. Bestimmen Sie den maximalen ökonomisch sinnvollen Definitionsbereich, den Höchstpreis und die Sättigungsmenge. Errechnen Sie den Angebots- und den Nachfrageüberhang für $p_1 = 12$ GE/ME und $p_2 = 8$ GE/ME. Ermitteln Sie grafisch und rechnerisch das Marktgleichgewicht. Wie hoch sind Konsumenten- und Produzentenrente, wenn das Marktgleichgewicht in MGW(4|10) angenommen wird?

a) $p_A(x) = 1{,}5x + 4$, $p_N(x) = 18 - 2x$

b) $p_A(x) = 2x + 2$, $p_N(x) = 18 - 0{,}5x^2$

c) $p_A(x) = 0{,}05x^3 + 0{,}5x + 4{,}8$, $p_N(x) = 0{,}5x^2 - 10x + 42$.

gebrochenrationale Nachfragefunktion

2 Für ein bestimmtes Wirtschaftsgut gelten auf einem Markt die

Angebotsfunktion: p_A mit $p_A(x) = 0{,}5x + 0{,}5$ und die

Nachfragefunktion: p_N mit $p_N(x) = \frac{11 - x}{x + 1}$.

a) Bestimmen Sie den maximalen ökonomisch sinnvollen Definitionsbereich, den Höchstpreis und die Sättigungsmenge.

b) Bestimmen Sie grafisch und rechnerisch das Marktgleichgewicht. Wie hoch sind Konsumenten- und Produzentenrente, wenn das Marktgleichgewicht in MGW(3|2) angenommen wird? (Zur Kontrolle: $p_N(x) = -x + 12\ln|x + 1|$)

e-Funktionen als Angebots- und Nachfragefunktion

3 Für ein bestimmtes Wirtschaftsgut gelten auf einem Markt die

Angebotsfunktion: p_A mit $p_A(x) = 0{,}4 \cdot e^{0{,}4x}$ und die

Nachfragefunktion: p_N mit $p_N(x) = 4 \cdot e^{-0{,}2x}$.

a) Bestimmen Sie grafisch und rechnerisch das Marktgleichgewicht. Wie hoch sind die Konsumenten- und Produzentenrente, wenn das Marktgleichgewicht in MGW(3,84|1,86) angenommen wird?

b) Der Staat greift durch Festsetzung eines Mindestpreises in Höhe von $p_{Min} = 2{,}5$ GE/ME auf die Marktpreisbildung ein. Untersuchen Sie mathematisch die Konsequenzen dieser Maßnahme im Hinblick auf Angebot und Nachfrage. Welche Aussagen lassen sich treffen?

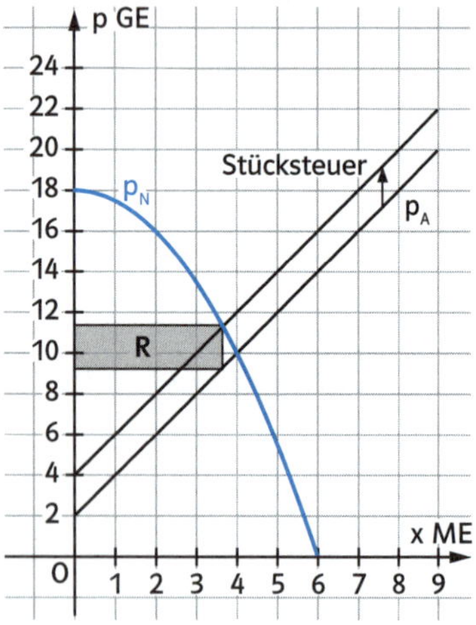

Fig. 1

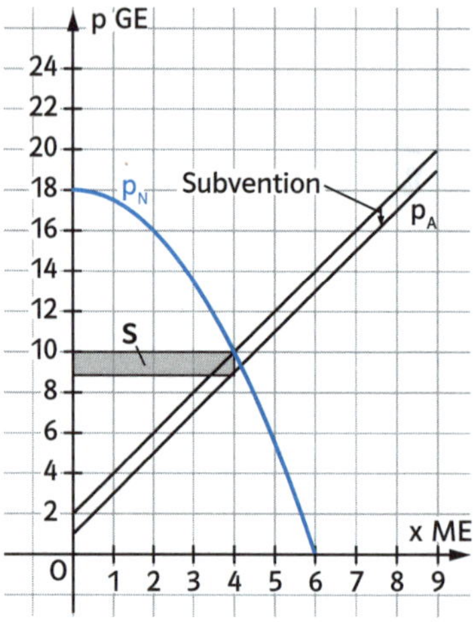

Fig. 2

4 MGW bei Stücksteuer und Subvention

Auf einem idealtypischen Markt mit der Angebotsfunktion p_A mit $p_A(x) = 2x + 2$ und der Nachfragefunktion p_N mit $p_N(x) = 18 - 0{,}5x^2$ ergibt sich ein Marktgleichgewicht MGW(4|10).

a) Wie verändert sich dieses Gleichgewicht, wenn der Staat eine Stücksteuer $r = 2\,\frac{GE}{ME}$ festsetzt?

Errechnen Sie das zu erwartende Steueraufkommen **R** (vgl. Fig. 1).

b) Wie verändert sich das Gleichgewicht, wenn der Staat eine Subvention von $1\,\frac{GE}{ME}$ gewährt?

Wie hoch ist die Gesamtsubvention **S** (vgl. Fig. 2)?

6 Elastizität ökonomischer Funktionen

Überblick über die wichtigsten Begriffe

Elastizität

Die Elastizität dient der Untersuchung des relativen Änderungsverhaltens ökonomischer Größen. Die prozentuale Veränderung einer Größe (abhängig Variable) wird ins Verhältnis zur prozentualen Änderung einer anderen Größe (unabhängig Variable) gesetzt.

$$\textbf{Elastizität} = \frac{\textbf{Veränderung der abhängig Variablen (in \%)}}{\textbf{Veränderung der unabhängig Variablen (in \%)}}$$

Merke: Die Ursache steht im Nenner, die Wirkung im Zähler.

$$\text{Elastizität} = \frac{\text{Wirkung in \%}}{\text{Ursache in \%}}$$

Die Elastizität ist eine dimensionslose Größe und gibt das Ausmaß der Reaktion der Wirkungsgröße bezogen auf eine 1%ige Änderung der Ursachengröße an.

f sei eine stetig differenzierbare Funktion der unabhängig Variablen x. Für die **Punktelastizität** von **f** bezüglich **x** ergibt sich die Elastizitätsfunktion $\varepsilon_{f,x}(x)$. Im Index steht die abhängige Variable an erster und die unabhängige an zweiter Stelle.

Merke: Für die Umkehrfunktion von f gilt: $\varepsilon_{x,f} = \frac{1}{\varepsilon_{f,x}}$.

$$\varepsilon_{f,x}(x) = \frac{f'(x)}{f(x)} \cdot x$$

Preiselastizität der Nachfrage

PAF als p(x):

Die Elastizität von **p** bezüglich **x** zeigt, wie stark sich der Preis ändert, wenn die Nachfrage des Gutes um 1 Prozent steigt oder sinkt.

$$\varepsilon_{p,x}(x) = \frac{p'(x)}{p(x)} \cdot x$$

Nachfragefunktion x(p) (Umkehrfunktion der PAF):

Die Elastizität von **x** bezüglich **p** zeigt, wie stark sich die Nachfragemenge nach einem Gut ändert, wenn der Preis dieses Gutes um 1 Prozent steigt oder sinkt.

$$\varepsilon_{x,p}(p) = \frac{x'(p)}{x(p)} \cdot p$$

Die Fragestellung kann auch direkt aus p(x) ohne Bildung der Umkehrfunktion beantwortet werden.

aus $\varepsilon_{x,p} = \frac{1}{\varepsilon_{p,x}}$ folgt

$$\varepsilon_{x,p}(x) = \frac{p(x)}{p'(x) \cdot x}$$

Kostenelastizität

Die Kostenelastizität gibt an, um wie viel Prozent sich die Kosten ändern, wenn sich die produzierte Menge um ein Prozent ändert. Sie wird auch als Reagibilitätsgrad (r) bezeichnet. Für proportionale Kosten ist r = 1, für degressive (unterproportionale) Kosten gilt 0 < r < 1 und für progressive (überproportionale) Kosten ist r > 1.

$$\varepsilon_{K,x}(x) = \frac{K'(x)}{K(x)} \cdot x$$

Grafische Bestimmung der Elastizität

Für eine Funktion f sei der abgebildete Graph gegeben. Auf einfache Weise kann für den Kurvenpunkt **P** die zugehörige Elastizität $\varepsilon_{f,x}$ ermittelt werden (vgl. Fig. 1).

Dazu zeichnet man durch f an P die Tangente und bestimmt das Verhältnis der Tangentenabschnitte $\overline{PW}$ (zur abhängig Variablen) und $\overline{PU}$ (zur unabhängig Variablen).

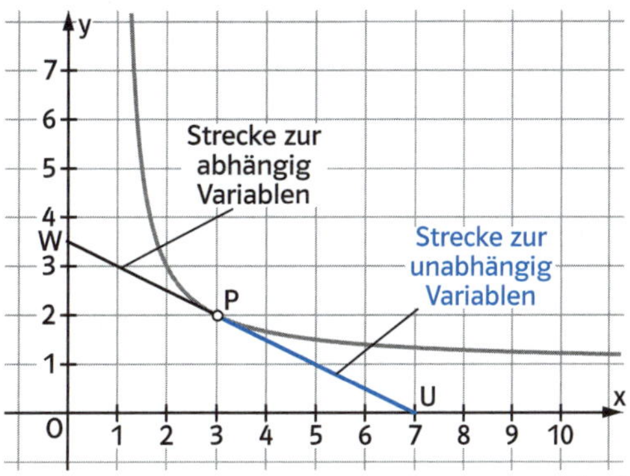

Fig. 1

$$\varepsilon_{f,x} = \frac{\overline{PW}}{\overline{PU}}$$

Werte der Elastizität

Wert der Elastizität	allgemein	am Beispiel der Preiselastizität
$\lvert\varepsilon_{f,x}\rvert > 1$	f ist **elastisch**	Die Nachfrage reagiert elastisch. Kleine Preisänderungen führen zu starken Nachfrageänderungen.
$\lvert\varepsilon_{f,x}\rvert = 1$	f ist **proportional elastisch**	Eine prozentuale Preisänderung führt zu einer gleich großen prozentualen Nachfrageänderung.
$\lvert\varepsilon_{f,x}\rvert < 1$	f ist **unelastisch**	Die Nachfrage reagiert unelastisch. Preisänderungen führen zu relativ geringen Nachfrageänderungen.
$\lvert\varepsilon_{f,x}\rvert = 0$	f ist **vollkommen unelastisch**	Die Nachfrage ist starr. Preisänderungen rufen keine Nachfrageänderungen hervor.
$\lvert\varepsilon_{f,x}\rvert \to \infty$	f ist **vollkommen elastisch**	Kleinste Preisänderungen führen zu „unendlich" großen Nachfrageänderungen.

Beispiel

Gegeben sei die Preis-Absatz-Funktion p mit $p(x) = -2x + 20$ eines Monopolisten.

a) Bestimmen Sie die Funktion der Preiselastizität der Nachfrage und die Elastizitätsintervalle.

b) Wie hoch ist die Preiselastizität der Nachfrage
- für x = 4 ME,
- bei einem Preis von 14 GE/ME?

c) Bei welchem Preis führt eine 3%ige Preissteigerung zu einem 4,5%igen Nachfragerückgang?

---

a) **Definitionsbereich**

Schnittstelle der PAF mit der x-Achse bestimmen.

$-2x + 20 = 0$

$x = 10$

$D_{ök} = [0; 10]$

Elastizitätsfunktion

$\varepsilon_{x,p}(x) = \frac{p(x)}{p'(x) \cdot x}$

$\varepsilon_{x,p}(x) = \frac{-2x + 20}{-2x}$

$\varepsilon_{x,p}(x) = 1 - \frac{10}{x}$

Elastizitätsintervalle

x für $\varepsilon_{x,p}(x) = -1$ oder $\lvert\varepsilon_{x,p}(x)\rvert = 1$ bestimmen.

$1 - \frac{10}{x} = -1$

$x = 5$

x = 0	vollkommen elastisch
x ∈]0; 5[	elastisch
x = 5	proportional elastisch (fließend)
x ∈]5; 10[	unelastisch
x = 10	vollkommen unelastisch

Nachweis der Intervalle durch Probe:

Für]0; 5[ist $\lvert\varepsilon_{x,p}(x)\rvert > 1$ und

für]5; 10[ist $\lvert\varepsilon_{x,p}(x)\rvert < 1$.

Für x = 0 strebt $\varepsilon_{x,p}(x)$ gegen ∞; x = 10 ergibt $\varepsilon_{x,p}(10) = 0$.

---

b) **Preiselastizität für x = 4 ME**

x-Wert in die Elastizitätsfunktion einsetzen.

$\varepsilon_{x,p}(4) = 1 - \frac{10}{4} = -1{,}5$

Bei einer Nachfrage von 4 ME führt eine 1%ige Preiserhöhung näherungsweise zu einem 1,5%igen Nachfragerückgang.

Preiselastizität für p = 14 GE

Für p = 14 GE/ME den zugehörigen x-Wert bestimmen.

$14 = -2x + 20$

$x = 3$

x-Wert in die Elastizitätsfunktion einsetzen.

$\varepsilon_{x,p}(3) = 1 - \frac{10}{3} = -2\frac{1}{3}$

Bei einem Preis von 14 GE/ME (Absatz = 3 ME) führt eine 1%ige Preiserhöhung näherungsweise zu einem 2,33%igen Nachfragerückgang.

---

c) **Preis bei gegebener Elastizität bestimmen**

Wert für $\varepsilon_{x,p}$ einsetzen und nach x auflösen.

$\varepsilon_{x,p}(x) = \frac{4{,}5\,\%}{3\,\%} = 1{,}5$ (−1,5, wegen des Nachfragerückgangs)

$1 - \frac{10}{x} = -1{,}5$ $\qquad p(4) = -2 \cdot 4 + 20$

$x = 4$ $\qquad p(4) = 12$

Bei einem Preis von 12 GE/ME führt eine 3%ige Preiserhöhung näherungsweise zu einem 4,5%igen Nachfragerückgang.

Aufgaben

1 Gegeben sei die Preis-Absatz-Funktion p. Ermitteln Sie die Preiselastizität der Nachfrage für die Absatzmenge x = 4 ME und den Preis p = 10 GE/ME. Bestimmen Sie den Definitionsbreich der Elastizitätsfunktionen und zeichnen Sie deren Graph. Bei welchem Preis ist die Elastizität $|\varepsilon_{x,p}| = 1$?

a) $p(x) = -4x + 40$ b) $p(x) = 0{,}4x^2 - 8x + 40$

2 Gegeben sei die Preis-Absatz-Funktion p mit $p(x) = -5x + 40$; $x_{max} = 8$ ME.

a) Zurzeit werden 2 ME zu einem Preis von 30 GE/ME nachgefragt. Würde die Nachfrage elastisch oder unelastisch auf Preisänderungen reagieren?

b) Wie ändert sich die Nachfrage bei einer Erhöhung des Preises auf 33 GE/ME? Kontrollieren Sie das Ergebnis über die PAF.

3 Gegeben sei eine Nachfragefunktion p mit $p(x) = -0{,}5x^2 + 50$; $x_{max} = 10$ ME.

a) Zurzeit werden 5 ME zu einem Preis von 37,5 GE/ME nachgefragt. Würde die Nachfrage elastisch oder unelastisch auf Preisänderungen reagieren?

b) Wie ändert sich die Nachfrage bei einer Senkung des Preises auf 25,5 GE/ME? Kontrollieren Sie das Ergebnis über die PAF und erklären Sie den Unterschied.

Häufig wird auch die Preis-Absatz-Funktion als Nachfragefunktion bezeichnet (vgl. S. 13).

4 Gegeben sei die Nachfragefunktion p und x_{max}. Bestimmen Sie die Bereiche elastischer, fließender (1-elastisch) und unelastischer Nachfrage.

a) $p(x) = -0{,}25x^2 + 6{,}25$; $x_{max} = 5$ ME b) $p(x) = \frac{40 - x}{x + 2}$; $x_{max} = 40$ ME

fließend $|\varepsilon| = 1$

gebrochenrationale Nachfragefunktion

5 Die Funktion p mit $p(x) = 20e^{1 - \frac{x}{2}}$ beschreibe die Nachfrage eines Gutes. Zeigen Sie, dass für x = 2 die Nachfrageelastizität fließend ist.

e-Funktion als Nachfragefunktion

Eine Funktion ist **isoelastisch**, wenn die Elastizität entlang der Kurve konstant bleibt.

6 Marktuntersuchungen haben ergeben, dass die Nachfrage durch die Funktion $x(p) = \frac{100}{\sqrt{p}}$ bestimmt werden kann.
a) Bestimmen Sie die Funktion der Nachfrageelastizität.
b) Zeigen Sie, dass die Nachfrage isoelastisch ist ($|\varepsilon| = 0{,}5$).
c) Geben Sie die inverse Nachfragefunktion (Umkehrfunktion) an und zeigen Sie, dass auch diese isoelastisch ist mit $|\varepsilon| = 0{,}5$.

7 Gegeben ist die Kostenfunktion K mit $K(x) = \frac{1}{4}x^3 - 4x^2 + 40x + 80;\ x \in [0;\ 20]$ mit dem Betriebsminimum für $x_{BM} = 8$ und dem Betriebsoptimum für $x_{BO} \approx 9{,}7$.
Bestimmen Sie die Elastizitätsfunktion und interpretieren Sie dann die Kostenelastizität an der Stelle $x = 8$. Für welche Ausbringungsmenge wird die Elastizität 1?
Zeigen Sie, dass im Betriebsoptimum die Kostenelastizität grundsätzlich den Wert 1 annimmt.

8 Gegeben ist die Kostenfunktion K mit $K(x) = 10x + 100$, $x_{Kap} = 15$ ME.
Zeigen Sie, dass für den Reagibilitätsgrad der Kostenfunktion $0 < r < 1$ gilt und die Kosten daher im gesamten Bereich unterproportional verlaufen. Treffen Sie eine Aussage für den Verlauf der variablen Kosten.

9 Gegeben ist die Kostenfunktion K mit $K(x) = 0{,}2x^3 - 2x^2 + 12x + 100;\ x \leqq 15$.
Bestimmen die die Funktionen der variablen Kosten K_v und der fixen Kosten K_f. Wie lauten die jeweiligen Funktionen der Kostenelastizität? Stellen Sie die Funktionsverläufe grafisch dar und charakterisieren Sie die Kostenverläufe unter Berücksichtigung folgender Kriterien:
$\varepsilon = 0$ $\Rightarrow$ Kosten verhalten sich beschäftigungsfix (mengenunabhängig)
$0 < \varepsilon < 1$ $\Rightarrow$ Kosten verhalten sich unterproportional
$\varepsilon = 1$ $\Rightarrow$ Kosten verhalten sich proportional
$\varepsilon > 1$ $\Rightarrow$ Kosten verhalten sich überproportional

10 Für eine quadratische Kostenfunktion ist für 10 ME die Kostenelastizität $\varepsilon_{K,x} = 1$. Die langfristige Preisuntergrenze beträgt 4 GE/ME und die Fixkosten 10 GE. Bestimmen Sie den Term der Kostenfunktion.

11 Für einen Produzenten gilt die Kostenfunktion K mit $K(x) = x^3 - 6x^2 + 17x + 50$.
a) Wie hoch sind seine gewinnmaximierende Ausbringungsmenge und sein maximaler Gewinn bei einem Produktpreis von $\overline{p} = 32$ GE/ME?
b) In welchem Zusammenhang steht die Kostenelastizität zu den Grenzkosten und den Durchschnittskosten (Stückkosten)? Berechnen Sie die Kostenelastizität im Gewinnmaximum mithilfe dieser Beziehung!

7 Minimalkostenkombination, Haushaltsoptimum

7.1 Minimalkostenkombination

Überblick über die wichtigsten Begriffe

Isoquante

Auf der Isoquante liegen alle Kombinationen von Produktionsfaktoren (in Fig. 1 die Werte x und y), die den gleichen Output erzeugen.

$I_p(x) = y$

konstante Produktion P

Grenzrate der Substitution

Die Steigung der Isoquante gibt die Grenzrate der technischen Substitution an, die das Austauschverhältnis von substituierbaren Produktionsfaktoren auf einer Isoquante darstellt. Sie ist stets negativ und sinkt auf einer Isoquante kontinuierlich ab, wenn man sich von links oben nach rechts unten bewegt. Sie wird mit der 1. Ableitung der Isoquante ermittelt.

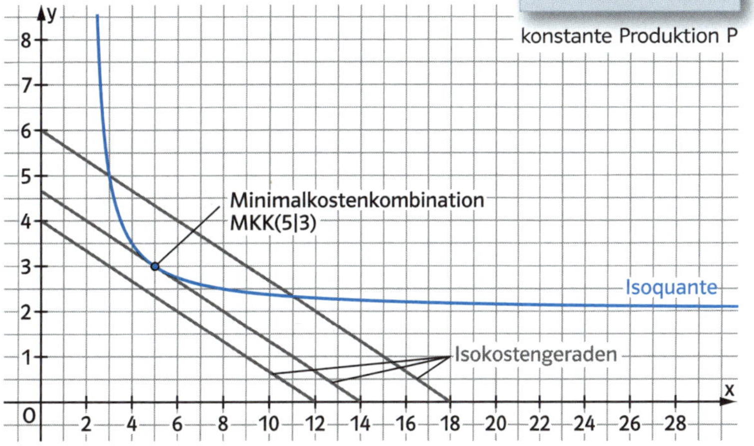

Fig. 1

Isokostengerade

Die Isokostengerade oder Isokostenlinie gibt alle möglichen Faktorkombinationen an, die mit einem gegebenen Kostenbudget K realisiert werden können (Fig. 1).

$I_K(x) = -\frac{p_x}{p_y}x + \frac{K}{p_y}$

konstante Kosten K

Minimalkostenkombination

Als Minimalkostenkombination bezeichnet man jene Kombinationen von Produktionsfaktoren, mit denen entweder eine gegebene Produktionsmenge mit geringstmöglichen Kosten oder bei vorgegebenen Kosten die größtmögliche Menge hergestellt werden kann (Fig. 1).

Tangentialpunkt von Isoquante und Isokostengerade

Beispiel

Die Produktion von 200 Einheiten eines Gutes kann mit folgenden Kombinationen der Faktoreinsatzmengen x und y erzeugt werden: (3 | 5), (5 | 3) und (8 | 2,5). Die allgemeine Gleichung der Isoquante I_{200} sei $y = \frac{a}{x-b} + c$. Bestimmen Sie aus den drei gegebenen Kombinationen die Isoquante I_{200}. Die Kosten der eingesetzten Produktionsfaktoren betragen für y = 30 $\frac{GE}{ME}$ und für x = 10 $\frac{GE}{ME}$. Bestimmen Sie die Minimalkostenkombination für 200 ME und das erforderliche Kostenbudget.

Isoquante

Aus den drei Kombinationen ist das LGS zu erstellen und zu lösen.

$$5 = \frac{a}{3-b} + c \Rightarrow a + 5b + 3c - bc = 15$$
$$3 = \frac{a}{5-b} + c \Rightarrow a + 3b + 5c - bc = 15$$
$$2{,}5 = \frac{a}{8-b} + c \Rightarrow a + 2{,}5b + 8c - bc = 20$$
$$2b - 2c = 0$$
$$0{,}5b - 3c = -5$$
$$10c = 20$$
$$c = 2$$
$$2b - 4 = 0 \Rightarrow b = 2; \quad a + 10 + 6 - 4 = 15 \Rightarrow a = 3$$
$$I_{200}: y = \frac{3}{x-2} + 2$$

Definitionsbereich
Die Definitionslücke begrenzt den Definitionsbereich.

Die Funktion hat an der Stelle $x = 2$ eine Polstelle. Daher ist der ökonomische Definitionsbereich $D_{Ök} = \{x \mid x > 2\}_{\mathbb{R}^*}$.
Wegen $\lim\limits_{x \to \infty} \left(\frac{3}{x-2} + 2\right) = 2$ ist die Gerade $y = 2$ Asymptote.

Wertebereich
Die Asymptote begrenzt den Wertebereich.

Der ökonomische Wertebereich ist $W_{Ök} = \{y \mid y > 2\}_{\mathbb{R}^*}$.

Isokostengerade

$I_K(x) = -\frac{p_x}{p_y}x + \frac{K}{p_y}$

$p_x = 10;\ p_y = 30$

$I_K(x) = -\frac{10}{30}x + \frac{K}{30}$

$I_K(x) = -\frac{1}{3}x + \frac{K}{30}$

Minimalkostenkombination
Es ist der Tangentialpunkt der Isoquante und Isokostengerade zu bestimmen. Die Ableitungen beider Funktionen werden gleichgesetzt.

Ableitung der Isoquante: $I'_{200}(x) = -\frac{3}{(x-2)^2}$
Steigung der Isokostengeraden: $I'_K(x) = -\frac{1}{3}$
Steigungen gleichsetzen und lösen.

$$-\frac{3}{(x-2)^2} = -\frac{1}{3}$$
$$9 = (x-2)^2$$
$$x_1 - 2 = 3$$
$$x_1 = 5 \text{ ME}$$
$$x_2 - 2 = -3$$
$$x_2 = -1 \notin D_{Ök}$$

Faktormenge von y bestimmen.

$$y = \frac{3}{5-2} + 2 = 3$$

Kostenbudget
Zur Bestimmung des Kostenbudgets
werden die ermittelten Werte der MKK in die Kostengerade eingesetzt und die Gleichung wird nach K aufgelöst.

Als Minimalkostenkombination ergibt sich MKK(5 | 3).
Kostenbudget errechnen.
$3 = -\frac{1}{3} \cdot 5 + \frac{K}{30} \Rightarrow K = 140$
Das Kostenbudget beträgt K = 140 GE.

7.2 Haushaltsoptimum

Überblick über die wichtigsten Begriffe

Indifferenzkurve

Die Indifferenzkurve ist die grafische Darstellung aller Kombinationen von Gütern (in der Abbildung die beiden Güter x und y), bei deren Konsum der gleiche gesamte Nutzen erreicht wird (Fig. 1). Die Nutzenniveaus N repräsentieren eine Rangordnung, aus der sich keine Nutzendifferenz herleiten lässt.

$I_N(x) = y$

konstanter Nutzen

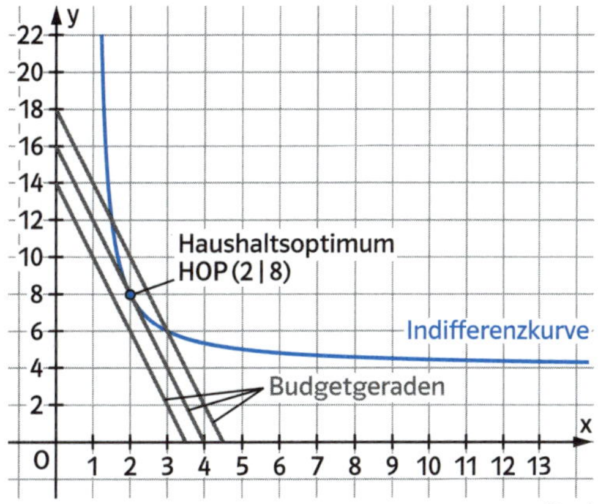

Fig. 1

Grenznutzen

Die Steigung (1. Ableitung) der Indifferenzkurve gibt den Grenznutzen an.

Budgetgerade

Die Budgetgerade oder Bilanzgerade ist der geometrische Ort aller Kombinationen zweier Güter, die mit einem gegebenen Budget B bei den Güterpreisen p_x und p_y gerade noch gekauft werden können, das Budget also vollkommen ausschöpfen (Fig. 1).

$I_B(x) = -\frac{p_x}{p_y}x + \frac{B}{p_y}$

konstantes Budget

Haushaltsoptimum

Das Haushaltsoptimum ist die Güterkombination, die den Nutzen des Haushaltes unter Einhaltung des Budgets maximiert (Fig. 1).

Tangentialpunkt von Indifferenzkurve und Budgetgerade

Beispiel

Ein Haushalt bewertet die folgenden drei Kombinationen (2 | 8), (3 | 6) und (5 | 5) mit dem gleichen Nutzen N = 20. Bestimmen Sie die Indifferenzkurve, wenn deren allgemeine Gleichung $y = \frac{a}{x-b} + c$ lautet. Die Güterpreise betragen für $y = 10\ \frac{GE}{ME}$ und für $x = 40\ \frac{GE}{ME}$. Welche Gütermengenkombination kann der Haushalt mit einem möglichst geringen Budget realisieren?

Indifferenzkurve

Aus den drei Kombinationen ist das LGS zu erstellen und zu lösen.

$$8 = \frac{a}{2-b} + c \Rightarrow a + 8b + 2c - bc = 16$$
$$6 = \frac{a}{3-b} + c \Rightarrow a + 6b + 3c - bc = 18$$
$$5 = \frac{a}{5-b} + c \Rightarrow a + 5b + 5c - bc = 25$$
$$2b - c = -2$$
$$b - 2c = -7$$
$$3c = 12$$
$$c = 4$$
$$2b - 4 = -2 \Rightarrow b = 1;\quad a + 8 + 8 - 4 = 16 \Rightarrow a = 4$$
$$I_{20}: y = \frac{4}{x-1} + 4$$

Definitionsbereich

Die Definitionslücke begrenzt den Definitionsbereich.

Die Funktion hat an der Stelle $x = 1$ eine Polstelle. Daher ist der ökonomische Definitionsbereich $D_{Ök} = \{x \mid x > 1\}_{\mathbb{R}^*}$.

Wegen $\lim\limits_{x \to \infty} \left(\frac{4}{x-1} + 4\right) = 4$ ist die Gerade $y = 4$ Asymptote.

Wertebereich

Die Asymptote begrenzt den Wertebereich.

Der ökonomische Wertebereich ist $W_{Ök} = \{y \mid y > 4\}_{\mathbb{R}^*}$.

Budgetgerade

$I_B(x) = -\frac{p_x}{p_y}x + \frac{B}{p_y}$

$p_x = 40;\ p_y = 10$

$I_B(x) = -\frac{40}{10}x + \frac{B}{10}$

$I_B(x) = -4x + \frac{B}{10}$

Haushaltsoptimum

Es ist der Tangentialpunkt der Indifferenzkurve und Budgetgeraden zu bestimmen.

Ableitung der Indifferenzkurve: $I'_{20}(x) = -\frac{4}{(x-1)^2}$

Steigung der Budgetgeraden: $I'_B(x) = -4$

Steigungen gleichsetzen und lösen.

$$-\frac{4}{(x-1)^2} = -4$$
$$1 = (x-1)^2$$
$$x_1 - 1 = 1$$
$$x_1 = 2 \text{ ME}$$
$$x_2 - 1 = -1$$
$$x_2 = 0 \notin D_{Ök}$$

Gütermenge von y bestimmen.

$$y = \frac{4}{2-1} + 4 = 8$$

Budget

Zur Bestimmung des Budgets werden die ermittelten Werte des HOP in die Budgetgerade eingesetzt und die Gleichung wird nach B aufgelöst.

Als Haushaltsoptimum ergibt sich HOP(2 | 8).

$8 = -4 \cdot 2 + \frac{B}{10} \Rightarrow B = 160$

Das Budget beträgt 160 GE.

Aufgaben

1 Ein Unternehmen produziert ein Produkt mit den beiden Inputfaktoren x und y. Die Mengenkombinationen für einen Output von 20 lassen sich durch die Isoquantenfunktion $I_{20}: y = \frac{4}{x-3} + 5$ darstellen. Die Faktorpreise je Faktoreinheit betragen $p_x = 3$ und $p_y = 12$ GE/ME. Ermitteln Sie die Minimalkostenkombination und die dabei entstehenden Kosten.

2 Fig. 1 zeigt die Isoquante für einen Output von 200 ME und die drei Isokostengeraden für K = 1000, K = 900 und K = 800. Die Faktorpreise betragen für den Produktionsfaktor $x = 100\,\frac{GE}{ME}$ und für $y = 10\,\frac{GE}{ME}$.

a) Geben Sie für die Isoquante einen sinnvollen ökonomischen Definitions- und Wertebereich an. Kann der Output 200 ME mit einem Produktionsfaktor allein erzeugt werden oder sind Mindestmengen der Inputfaktoren x und y erforderlich?

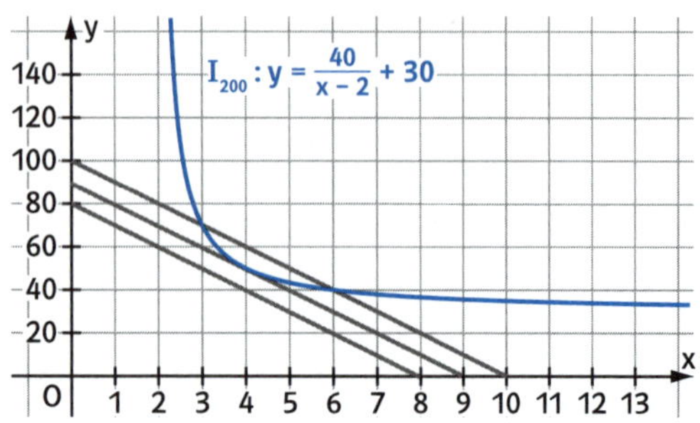

Fig. 1

b) Bestimmen Sie die Funktionsgleichungen der drei Isokostengeraden.

c) Interpretieren Sie die Bedeutung der Achsenabschnitte der Isokostengeraden.

d) Welche ökonomischen Aussagen lassen sich für die drei dargestellten Kostenbudgets hinsichtlich der angestrebten Produktion von 200 ME treffen?

e) Bestimmen Sie die Minimalkostenkombination und das erforderliche Kostenbudget.

f) Der Preis des Faktors y steigt um 25%. Um wie viel GE muss das Kostenbudget mindestens erhöht werden, um weiterhin den Output 200 ME herstellen zu können? Interpretieren Sie die Ergebnisse.

3 Ein Haushalt gibt sein Budget für den Konsum der beiden Güter x und y aus. Das Nutzenniveau N ist konstant und die konsumierten Mengen x und y lassen sich durch die Indifferenzkurve $I_N: y = \frac{5}{x-1} + 2$ darstellen. Die Güterpreise sind fest: $p_x = 5\,\frac{GE}{ME}$ und $p_y = 15\,\frac{GE}{ME}$. Welche Gütermengenkombination ist für den Haushalt optimal und wie hoch ist das notwendige Budget?

4 a) Es sei I_{20}: $y = \frac{2}{x-3} + 4$ die Indifferenzkurve des Haushalts für die Güter x und y. Klassifizieren Sie die folgenden Güterkombinationen (4|6), (5|5), (6|6) und (4|4).

b) Die Güterpreise betragen für $x = 10\,\frac{GE}{ME}$ und $y = 20\,\frac{GE}{ME}$. Zeigen Sie, dass sich für ein Haushaltsbudget von 150 GE die Budgetgerade $y = -\frac{1}{2}x + 7{,}5$ ergibt.

c) Bestimmen Sie den Grenznutzen im Haushaltsoptimum HOP(5|5). Bestätigen Sie, dass dieser dem Verhältnis der Güterpreise entspricht. Zeigen Sie, dass die Budgetgerade I_{150} die Indifferenzkurve im HOP berührt. Wie groß ist das erforderliche Budget?

d) Überprüfen Sie die Aussage: „Eine simultane Erhöhung aller Preise um denselben Prozentsatz verändert das Haushaltsoptimum nicht".

5 Für einen Haushalt liegen die Güterbündel $(x_1|x_2)$ mit gleichem Nutzen (N_1, N_2 bzw. N_3) auf den Indifferenzkurven $I_N: x_2 = a - 6\sqrt{x_1}$ mit $a \in \{18, 24, 30\}$.
Die Güterpreise sind fest: $p_{x_1} = 3\,\frac{GE}{ME}$ und $p_{x_2} = 2\,\frac{GE}{ME}$.

a) Bestimmen Sie für I_N einen ökonomisch sinnvollen Definitions- und Wertebereich. Überprüfen Sie, ob die Indifferenzkurven den dafür (im Normalfall) typischen konvexen Verlauf aufweisen.

b) Ist der Haushalt bereit, zugunsten eines Produktes vollständig auf den Konsum des anderen zu verzichten? Interpretieren Sie die Schnittstellen mit den Achsen.

c) Zeigen Sie, dass der Haushalt zwischen den Güterbündeln (1|12) und (4|6) indifferent ist. Bestimmen Sie für dieses Nutzenniveau das optimale Güterbündel und das dafür erforderliche Budget.

d) Welches Budget ist für das optimale Güterbündel des nächsthöheren Nutzens (N_2; a = 24) erforderlich?

e) Bewerten Sie die Situation, wenn der Haushalt in der nutzenoptimalen Situation (4|12) des Nutzens N_2 (a = 24) den Konsum von x_1 auf 9 ME – bei konstantem Wert von x_2 – erhöht.

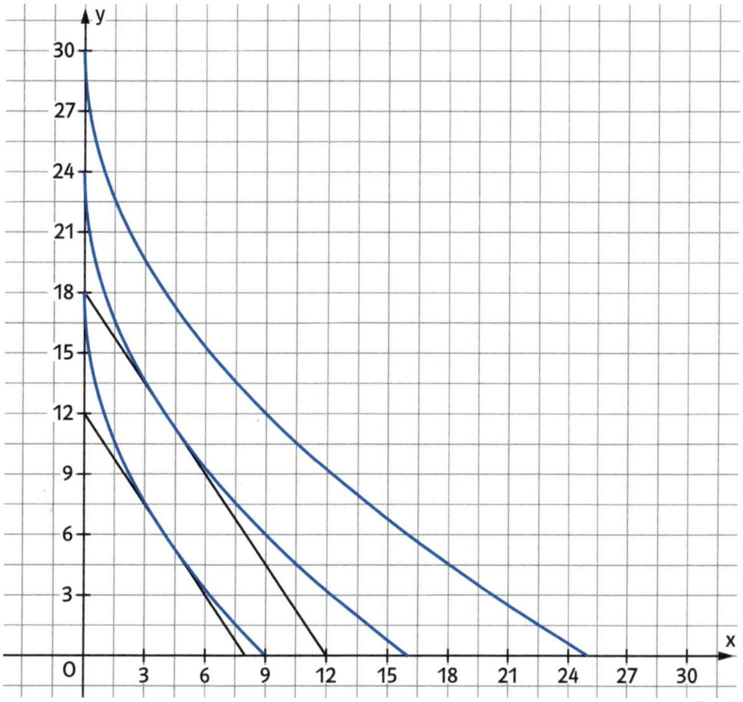

Fig. 1

8 Wachstumsmodelle

Überblick über die wichtigsten Begriffe

Lineares Wachstum

Bei linearem Wachstum wächst ein Bestand immer pro Zeitschritt um einen festen Wert m. B (0) = c ist der **Anfangsbestand** und m ist die **Wachstumsrate**.

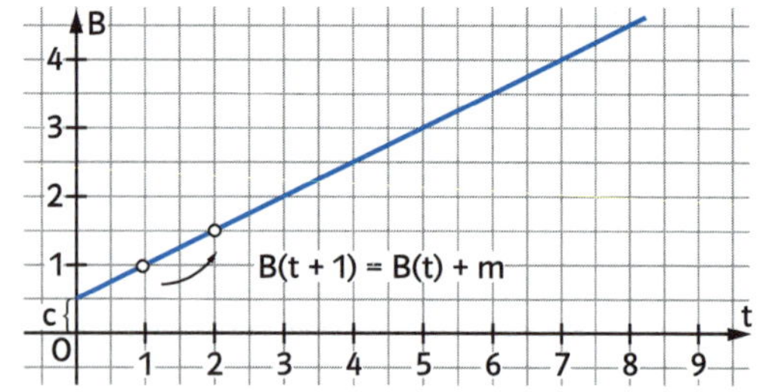

Fig. 1

Allgemeine Formeln (Fig. 1):
rekursiv: $B(t+1) = B(t) + m$
explizit: $B(t) = m \cdot t + c$

Exponentielles Wachstum

Bei exponentiellem Wachstum wird der Bestand pro Zeitschritt mit dem gleichen Faktor a multipliziert. B (0) = b ist der **Anfangsbestand** und a der **Wachstumsfaktor**. Er kann als Quotient zweier aufeinander folgender Beträge bestimmt werden: $a = \frac{B(t+1)}{B(t)}$. Für $a > 1$ liegt **exponentielles Wachsen** und für $0 < a < 1$ **exponentielles Fallen** vor.
Für eine konstante prozentuale Wachstumsrate p liegt exponentielles Wachstum mit dem Wachstumsfaktor $q = 1 + \frac{p}{100}$ pro Zeitschritt vor.

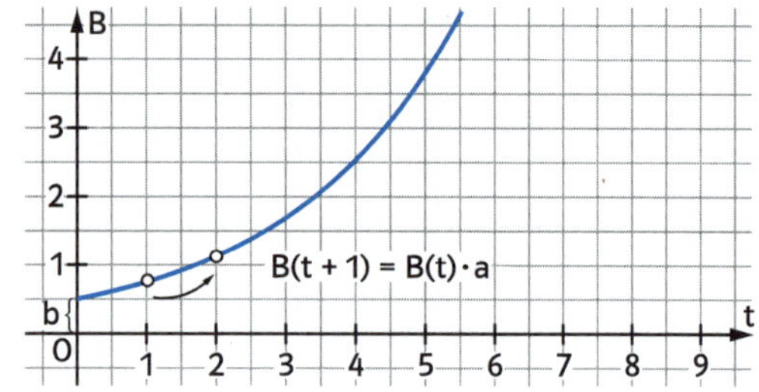

Fig. 2

Allgemeine Formeln (Fig. 2):
rekursiv: $B(t+1) = B(t) \cdot a$
explizit: $B(t) = b \cdot a^t$
($B(t) = b \cdot q^t$ – prozentuales Wachstum)
Mit $k = \ln(a)$ ergibt sich $B(t) = b \cdot e^{k \cdot t}$.

$B(t) = b \cdot a^t$
$B(t) = b \cdot q^t$
$B(t) = b \cdot e^{k \cdot t}$

Beschränktes (begrenztes) Wachstum

Ist dem zunächst exponentiellen Wachstum eine Schranke gesetzt, so spricht man von beschränktem Wachstum. Die Schranke S wird auch als **Sättigungsgrenze** bezeichnet. Der Graph der Wachstumsfunktion hat die Gerade mit der Gleichung y = S als Asymptote.
Das **Sättigungsmanko** ist der Betrag, der noch bis zur Sättigungsgrenze fehlt. Der **Anfangsbestand** ist $B(0) = S - b$. Für $b > 0$ liegt **beschränktes Wachstum** und für $b < 0$ **beschränkter Zerfall** vor.

Die Zuwachsrate ist proportional zum Sättigungsmanko.

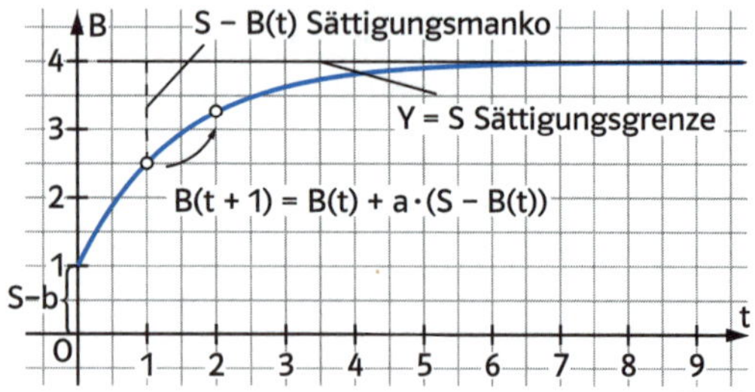

Fig. 3

Allgemeine Formeln (Fig. 3):
rekursiv: $B(t+1) = B(t) + a \cdot (S - B(t))$
explizit: $B(t) = S - b \cdot (1-a)^t$ mit $0 < a < 1$
Mit $k = \ln(1-a)$ ergibt sich $B(t) = S - b \cdot e^{k \cdot t}$.

$B(t) = S - b \cdot (1-a)^t$
$B(t) = S - b \cdot e^{k \cdot t}$

Logistisches Wachstum

Im Gegensatz zum begrenzten Wachstum gibt es Vorgänge, die erst langsam anlaufen, sich zunehmend steigern und dann an Grenzen stoßen. Logistisches Wachstum ist anfänglich exponentiell, schließlich aber beschränkt. Der Graph verläuft sigmoid (s-förmig).
Die Zuwachsrate ist proportional zum Produkt aus Bestand und Sättigungsmanko.
Allgemeine Formeln (Fig. 1):
rekursiv: $B(t+1) = B(t) + a \cdot (S - B(t)) \cdot B(t)$
explizit: $B(t) = \frac{c \cdot S}{c + (S - c) \cdot e^{-k \cdot S \cdot t}}$

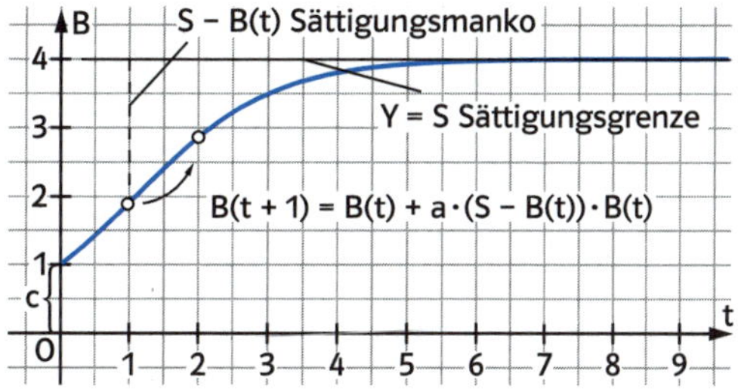

Fig. 2

$$B(t) = \frac{c \cdot S}{c + (S - c) \cdot e^{-k \cdot S \cdot t}}$$

Reale Wachstumsprozesse laufen nicht genau nach dem einen oder anderen Modell ab. Die Modelle dienen dazu, reale Wachstumsprozesse annähernd berechenbar zu machen. Durch eine inhaltlich orientierte Sachanalyse muss untersucht werden, ob ein Modell eine angemessene Annäherung an die wirklichen Verhältnisse liefert. Beweisbar im strengen mathematischen Sinne ist dies grundsätzlich nicht.

Beispiel Beschränktes Wachstum

Von den 100 000 Haushalten einer Stadt empfangen derzeit 1000 Haushalte einen Pay-TV-Sender. Die potenziellen Interessenten schätzt man auf insgesamt 20 000. Durch Werbung in regelmäßigen Zeitabständen werden jeweils 30 % der noch möglichen Kunden erreicht.

Funktionsgleichung
$B(t) = S - b \cdot (1 - a)^t$
für das beschränkte Wachstum.

$S = 20\,000$
$B(0) = S - b$
$b = S - B(0) = 20\,000 - 1000 = 19\,000$
$a = 0{,}3$
$1 - a = 0{,}7$
$B(t) = 20\,000 - 19\,000 \cdot 0{,}7^t$
(oder wegen $\ln(0{,}7) \approx -0{,}35667\ldots$
$B(t) = 20\,000 - 19\,000 \cdot e^{-0{,}35677 \cdot t}$)

Errechnen der Bestände
(hier: Anzahl der Kunden) zu verschiedenen Zeitpunkten.

explizit:
$B(1) = 20\,000 - 19\,000 \cdot 0{,}7^1 = 6700$
rekursiv:
$B(2) = B(1) + a \cdot (S - B(1))$
$B(2) = 6700 + 0{,}3 \cdot (20\,000 - 6700) = 10\,690$

Mittlere Änderungsrate bestimmen
Darunter versteht man die durchschnittliche Änderung bezogen auf eine Zeitspanne $\Delta t = t_2 - t_1$.
$\overline{R(t)} = \frac{\Delta y}{\Delta t} = \frac{B(t_2) - B(t_1)}{t_2 - t_1}$

Mittlere Änderungsrate für die Bestände B(1) und B(2).

$\overline{R(1)} = \frac{10\,690 - 6700}{2 - 1} = 3990$

Momentane Änderungsrate bestimmen

Sie ist als eine auf einen Moment bezogene Veränderung von B(t) definiert.
Mathematisch führt der Grenzübergang für $\Delta t \to 0$ zur Steigung in einem Punkt (Tangentensteigung).
Der Wert wird über die erste Ableitung bestimmt.
$R(t) = B'(t)$

$B'(t) = -19\,000 \cdot \ln(0{,}7) \cdot 0{,}7^t$
$R(1) \approx 4743{,}78$

Graph

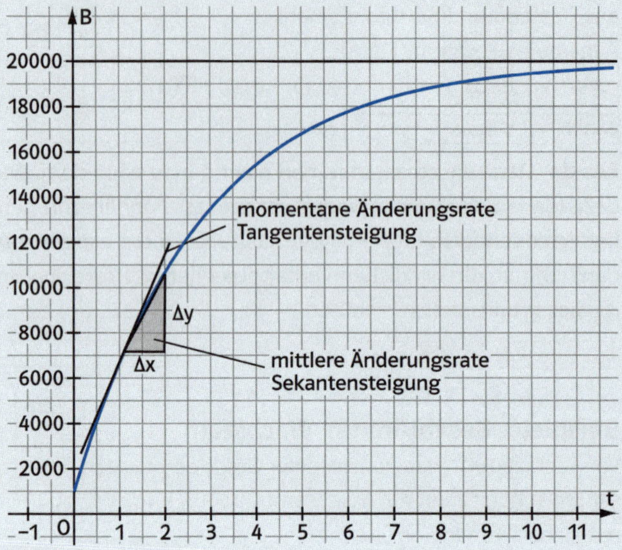

Ist die Änderungsrate zunehmend oder abnehmend?

Konvexe Kurvenverläufe ($B''(t) > 0$) weisen auf zunehmende, konkave ($B''(t) < 0$) auf abnehmende momentane Änderungsraten (Wachstumsraten) hin.

$B''(t) = -19\,000 \cdot (\ln(0{,}7))^2 \cdot 0{,}7^t$
$B''(t) < 0$
Der Graph verläuft konkav (rechtsgekrümmt).
Die Änderungsrate nimmt ab.

Sättigungsmanko

Die Differenz zwischen Sättigungsgrenze S und vorhandenem Bestand B(t) wird als Sättigungsmanko bezeichnet.

$S - B(6) = 20\,000 - (20\,000 - 19\,000 \cdot 0{,}7^6)$
$= 19\,000 \cdot 0{,}7^6 = 2235{,}33$
Für t = 6 beträgt das Stättigungsmanko 2235 Haushalte.

Asymptote

Beim beschränkten Wachstum ist $y = S$ Asymptote (S = Sättigungsgrenze).

$\lim_{t \to \infty} B(t) = \lim_{t \to \infty} (20\,000 - 19\,000 \cdot 0{,}7^t) = 20\,000$

Wachstumsfunktion über exponentielle Regression bestimmen

Für ein Wachstum sind die abgebildeten Tabellenpaare (t | B (t)) gegeben.

t	0	1	2	3	4	5	6	7	8	9	10
B(t)	1000	6700	10690	13483	15438	16807	17765	18435	18905	19223	19463

Wir geben zunächst die Werte in den Listengenerator ein und lassen die Punktfolge darstellen.

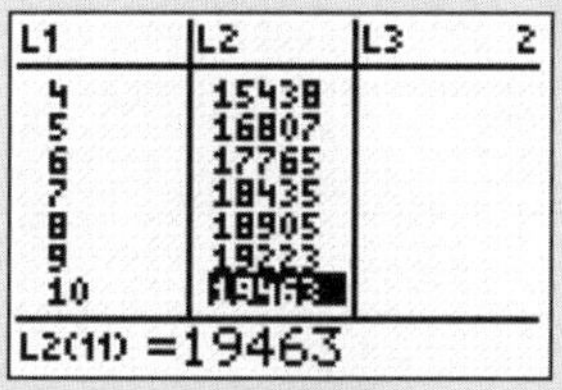

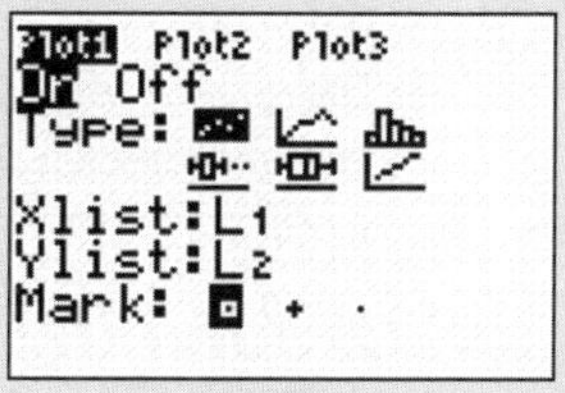

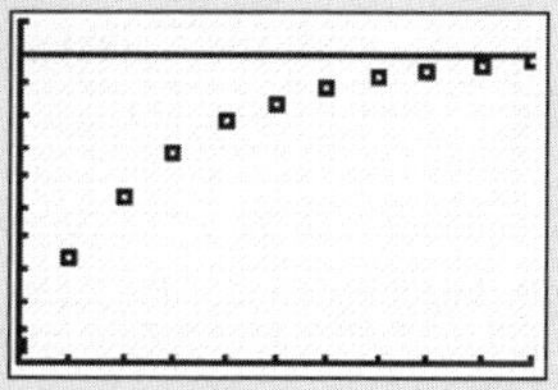

Aus der Darstellung erkennt man einen für beschränktes Wachstum typischen Verlauf mit einer Annäherung an die Gerade y = 20 000 (Sättigungsgrenze).

Die Wachstumsfunktion B(t) hat nicht die für die exponentielle Regression erforderliche Form $f(t) = a \cdot b^x$. Die Paare (t | B*(t)) mit B*(t) = 20 000 − B (t) passen jedoch dazu. Daher muss die Regression in zwei Schritten durchgeführt werden. Zunächst füllen wir L3 mit den Werten „20 000–L2“, um danach hiermit die exponentielle Regression durchzuführen.

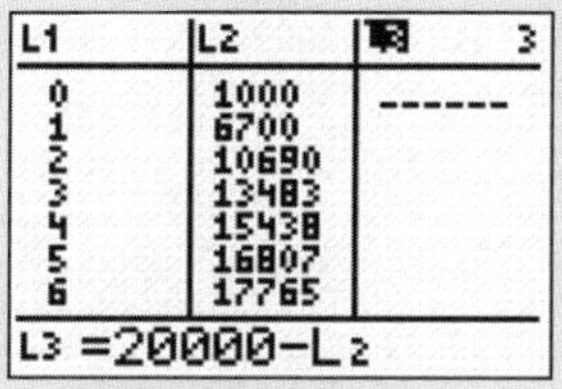

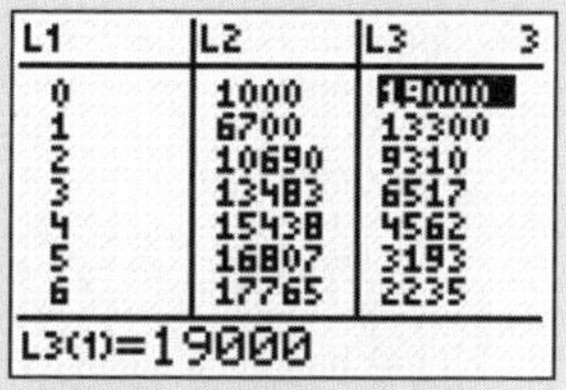

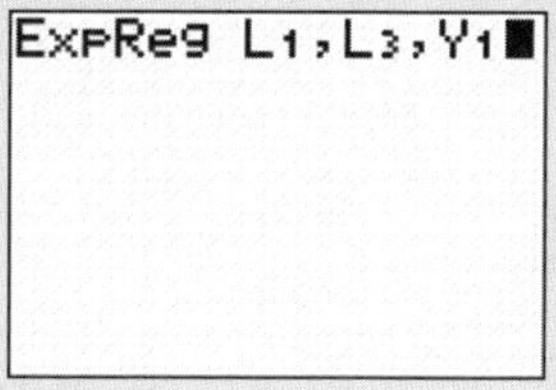

Die Regression liefert das Ergebnis $y = 18976 \cdot 0{,}7^x$ (vgl. auch Y1). Die Wachstumsfunktion lautet $B(t) = 20000 - 18976 \cdot 0{,}7^x$. Wir geben in den Y-Editor für Y3 „20000–Y1“ ein und lassen diese Funktion darstellen.

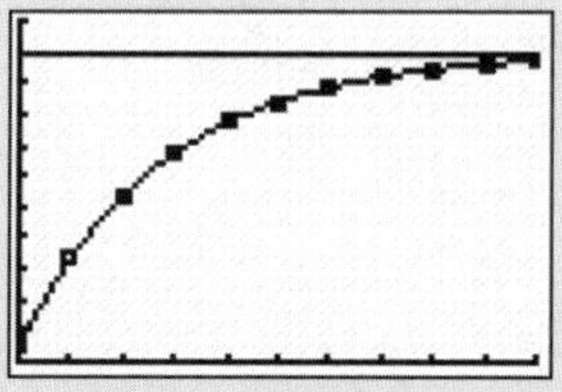

Beispiel Logistisches Wachstum

Von 5000 isoliert auf einer Insel lebenden Menschen hat sich eine Person mit dem H1N1-Virus infiziert. Durch gegenseitige Ansteckung zählt man nach vier Wochen bereits 500 Erkrankte.
Um die Ausbreitung dieser Viruserkrankung zu modellieren, geht man von logistischem Wachstum aus.

Funktionsgleichung

$B(t) = \frac{c \cdot S}{c + (S - c) \cdot e^{-k \cdot S \cdot t}}$ für das logistische Wachstum.

Die obere Schranke ist S = 5000.

Der Anfangsbestand (Startwert) B(0) ist c = 1 (eine Person). Nach vier Wochen ist der Bestand B(4) = 500.

$S = 5000 \qquad B(0) = c = 1 \qquad B(4) = 500$

Die gegebenen Werte in die allgemeine Funktionsgleichung einsetzen und nach k auflösen.

$500 = \frac{1 \cdot 5000}{1 + 4999 \cdot e^{-k \cdot 5000 \cdot 4}}$

$1 + 4999 e^{-k \cdot 5000 \cdot 4} = 10$

$e^{-20\,000k} = \frac{9}{4999}$

$k = \frac{\ln \frac{9}{4999}}{-20\,000}$

$k = 0{,}000\,315\,98 \qquad k \cdot S = k \cdot 5000 = 1{,}5799$

$B(t) = \frac{5000}{1 + 4999 \cdot e^{-1{,}5799 \cdot t}}$

Graph

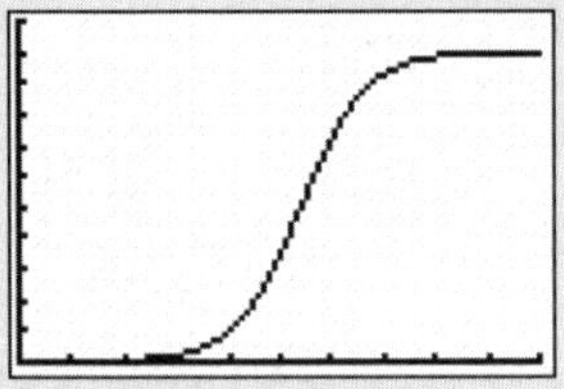

Bestände (hier: Anzahl der Kranken) zu bestimmten Zeitpunkten

Den jeweiligen t-Wert in die Funktionsgleichung einsetzen.
GTR: Funktionswert kann mit TRACE ermittelt werden.

$B(5) = \frac{5000}{1 + 4999 \cdot e^{-1{,}5799 \cdot 5}} = 1751{,}8$

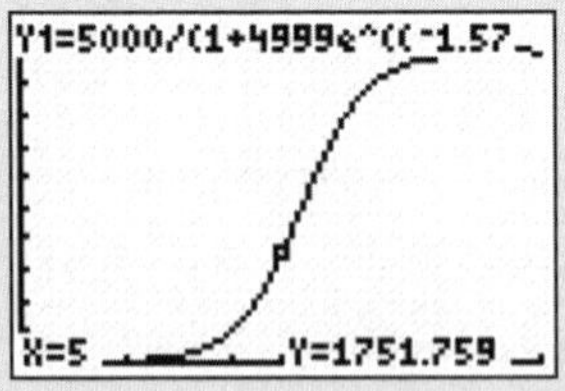

Bestimmung von t

Wann ist die Hälfte der Personen erkrankt?

Gleichung für B(t) = 2500 lösen.

$2500 = \frac{5000}{1 + 4999 \cdot e^{-1{,}5799 \cdot t}}$

$1 + 4999 \cdot e^{-1{,}5799 \cdot t} = 2$

$e^{-1{,}5799 \cdot t} = \frac{1}{4999}$

$t = \frac{\ln \frac{1}{4999}}{-1{,}5799} \approx 5{,}39$

GTR:
Schnittpunkt der Funktionsgleichung mit der Gleichung Y4=2500 bestimmen.

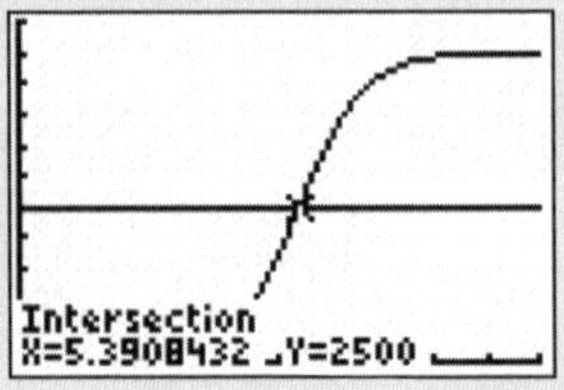

Mittlere Änderungsrate

Darunter versteht man die durchschnittliche Änderung bezogen auf eine Zeitspanne $\Delta t = t_2 - t_1$.

$$\overline{R(t)} = \frac{\Delta y}{\Delta t} = \frac{B(t_2) - B(t_1)}{t_2 - t_1}$$

Mittlere Änderungsrate für die Bestände B (4) und B (5)

$$\overline{R(4)} = \frac{1751{,}8 - 500}{5 - 4} = 1251{,}8$$

Momentane Änderungsrate bestimmen

Sie ist als eine auf einen Moment bezogene Veränderung von B (t) definiert.

Mathematisch führt der Grenzübergang für $\Delta t \rightarrow 0$ zur Steigung in einem Punkt (Tangentensteigung). Der Wert wird über die erste Ableitung bestimmt.

$R(t) = B'(t)$

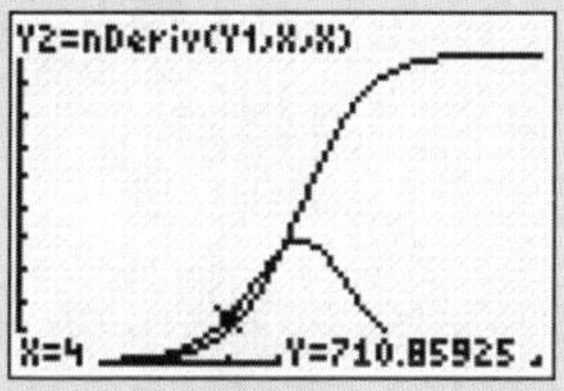

$B'(4) = 710{,}89925$

$R(4) \approx 710{,}9$

Die Ableitungsfunktion ist eine Glockenkurve, die aber nicht mit der Gauß-Kurve verwechselt werden darf.

Wann wird aus dem progressiven ein degressives Wachstum?

Wendepunkt bestimmen

$B''(t) = 0.$

GTR:

Nullstelle der zweiten Ableitung

Y3=nDeriv(Y2,X,X)

bestimmen.

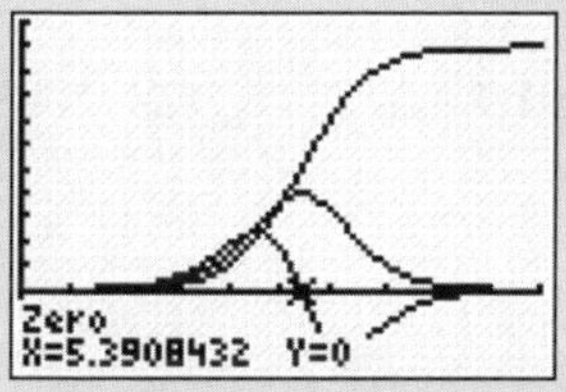

Ab $t \approx 5{,}39$ wird das Wachstum degressiv. Nach diesen Zeitschritten (Wochen) ist auch die Hälfte der Personen erkrankt.

Sättigungsmanko bestimmen

Die Differenz zwischen Sättigungsgrenze S und vorhandenem Bestand B(t) wird als Sättigungsmanko bezeichnet.

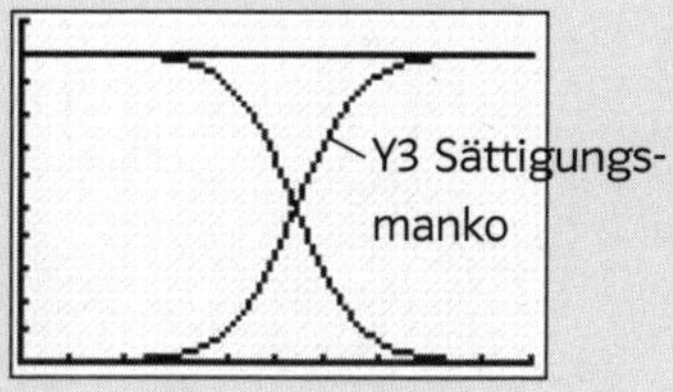

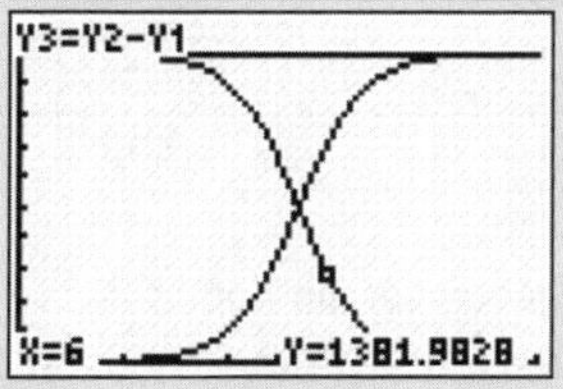

Das Sättigungsmanko für t = 6 beträgt 1381,98.

Ermittlung der Wachstumsfunktion durch logistische Regression

Für ein Wachstum sind die abgebildeten Tabellenpaare (t | B (t)) gegeben.

t	0	1	2	3	4	5	6	7	8
B (t)	1	4,85	23,46	111,9	500	1752	3618,3	4635,4	4920,3

Wir geben zunächst die Werte in den Listengenerator ein und lassen die Punktfolge darstellen.

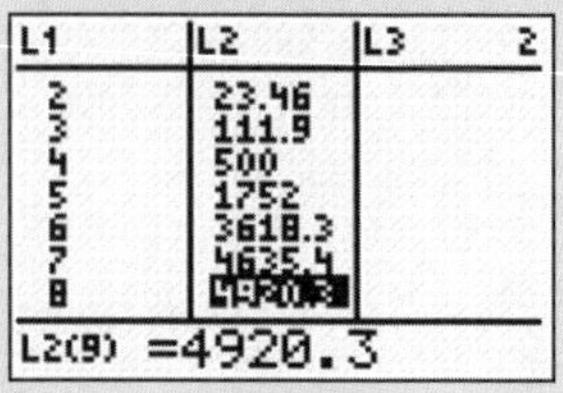

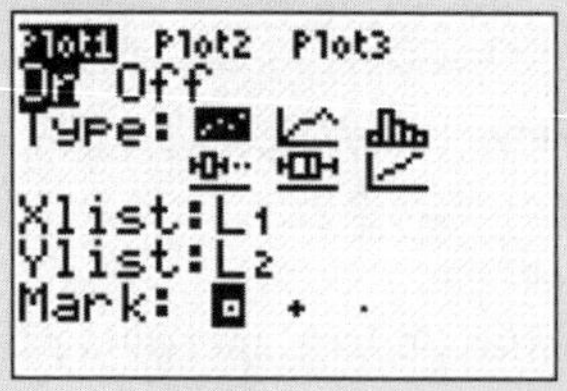

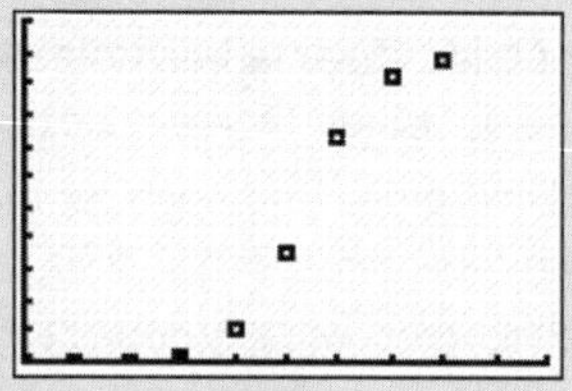

Aus der Darstellung erkennt man einen für logistisches Wachstum typischen sigmoiden (s-förmigen) Verlauf. Wir führen die logistische Regression durch und lassen die Funktion darstellen.

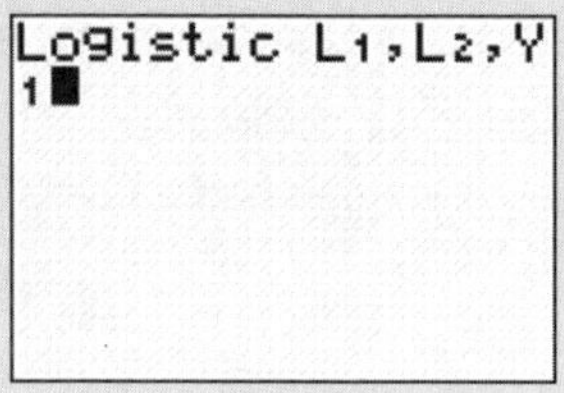

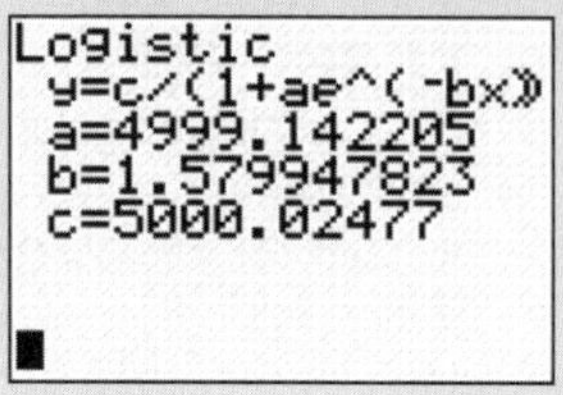

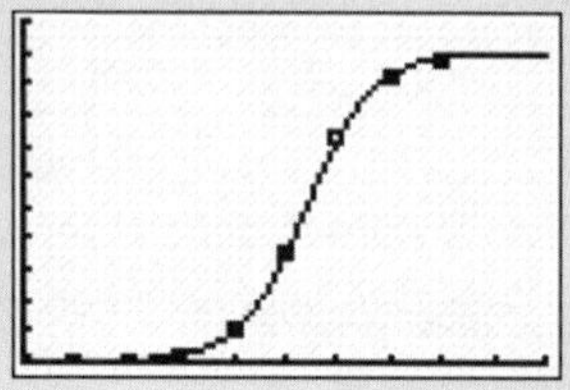

Die Regression liefert das Ergebnis $y = \frac{5000}{1 + 4999 \cdot e^{-1{,}5799x}}$ (vgl. auch Y1).

Aufgaben

1 Modellieren und charakterisieren Sie die tabellarisch dargestellten Wachstumssituationen.

a)

t	0	10	20	30	40
B(t)	500	400	300	200	100

b)

t	0	1	2	3	4	5	6
B(t)	500	400	320	256	204,8	163,84	131,07

c)

t	0	1	2	3	4	5	6
B(t)	100	370	559	691,3	783,91	848,74	894,12

d)

t	0	1	2	3	4	5	6	7
B(t)	1	4,6	19,7	82,7	287,7	644,1	890,3	973,2

2 Gegeben sei ein Kapital K_0 = 2500,00 €, das für 10 Zinsperioden angelegt wird.

a) Es wird einfache Verzinsung angenommen. Dem Kapital werden nach jeder Zinsperiode die Zinsen zugeschlagen, aber selbst nicht mit verzinst.

b) Die Zinsen werden dem Kapital zugeschlagen und in der nächsten Zinsperiode mit verzinst (Zinseszins).

Welche Wachstumsmodelle liegen vor und wie hoch ist jeweils das Endkapital K_{10}, wenn der Zinssatz 3 % je Zinsperiode beträgt?

3 Ein Ort in der Provinz mit gegenwärtig 1200 Einwohnern hat wegen der sehr schlechten Arbeitsmarksituation in der Region eine hohe Abwanderungsquote. Von 400 Personen weiß man, dass sie auf keinen Fall abwandern würden. 20 % der übrigen Personen verlassen jedes Jahr den Ort, da sie in einer anderen Region besser ihr Auskommen finden können.
a) Modellieren Sie den Abwanderungsprozess und skizzieren Sie den Graphen der ermittelten Funktion.
b) Jeweils am Ende eines Jahres wird die Einwohnerzahl bekannt gegeben. Wann ist diese Zahl erstmals geringer als die Hälfte der gegenwärtigen Einwohnerzahl?
c) Wie viele Einwohner sind nach fünf Jahren abwanderungswillig?

4 Ein Unternehmen will ein neues Produkt des täglichen Bedarfs am Markt platzieren. Die Marketingabteilung schlägt einen regional begrenzten Testmarkt mit 200 000 potenziellen Käufern und eine erste Testphase von 20 Wochen vor. Zu Beginn wurden 1000 Artikel gratis verteilt. Nach sechs Wochen ergaben sich die in der Tabelle dargestellten Verkaufszahlen.

t in Wochen	0	1	2	3	4	5	6
Absatz in Tsd	1	3	9	26	70	165	298

a) Welcher Absatz wäre in der siebten Woche und am Ende der Testphase zu erwarten, wenn exponentielles Wachstum angenommen würde? Beurteilen Sie eine solche Modellierung.
b) Welche Form des Wachstums ist realistischer? In der siebten Woche ergab sich ein Absatz von 408 (Tsd). Bestimmen Sie für B (t) einen Term und skizzieren Sie den zugehörigen Graphen. Wie groß ist die maximale Absatzmenge in der Testphase?

5 Modellieren Sie das Wachstum des Mobilfunkmarktes der Schweiz für den Zeitraum 1990 ≦ t ≦ 2004. Welche Prognose hätte sich für die folgenden Jahre ergeben?
Welche Modellierung ist unter Einbeziehung der Folgejahre bis 2007 sinnvoller?
Beurteilen Sie die weitere Entwicklung des Marktes.

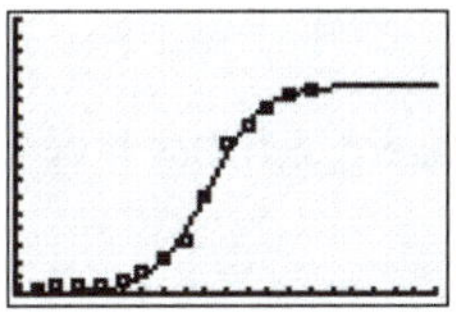

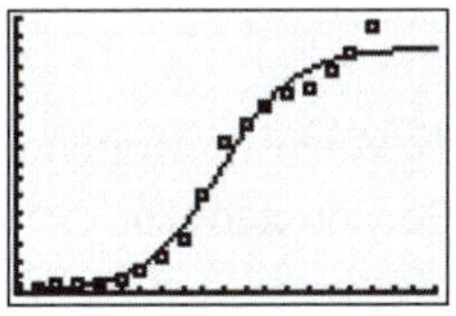

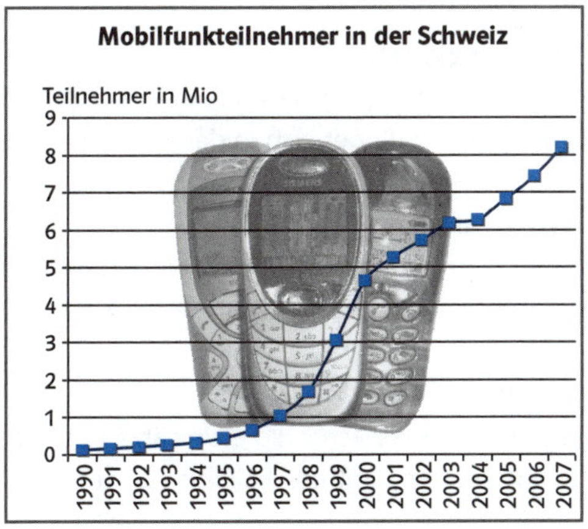

Jahr	Mobilfunk-teilnehmer
1990	125 047
1991	174 557
1992	215 061
1993	257 703
1994	332 165
1995	447 167
1996	662 713
1997	1 044 379
1998	1 698 565
1999	3 057 509
2000	4 638 519
2001	5 275 791
2002	5 736 303
2003	6 188 793
2004	6 274 763
2005	6 834 233
2006	7 436 157
2007	8 208 884

9 Produktlebenszyklus

Produkte durchlaufen verschiedene Lebensalter. Der sogenannte Produktlebenszyklus nimmt einen für viele Produkte typischen Verlauf mit charakteristischen Phasen.

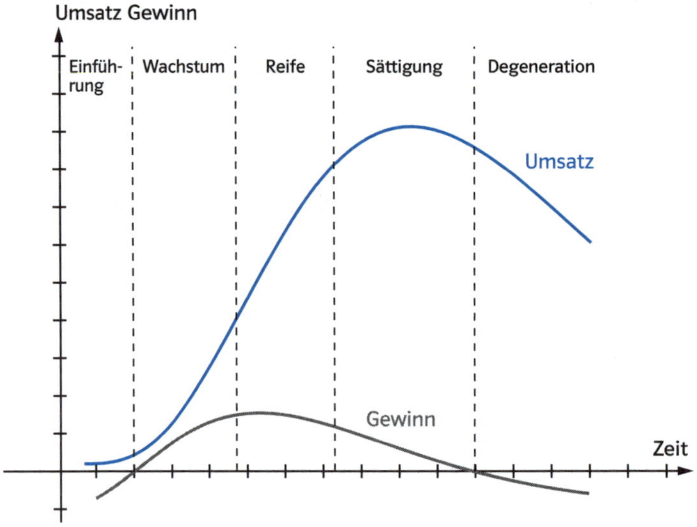

Überblick über die wichtigsten Begriffe

Einführungsphase
In der Einführungsphase sind die Umsätze gering, da das Produkt noch wenig bekannt ist. Das Produkt befindet sich in der Regel noch nicht in der Gewinnphase.

Wachstumsphase
Die Umsätze steigen sehr stark an und das Produkt kommt in die Gewinnphase. Erste Konkurrenten treten als Nachahmer auf. Gegen Ende der Phase wird der höchste Gewinn erzielt.

Reifephase
In dieser Phase wachsen die Umsätze noch, doch die Wachstumsraten verringern sich. Das Kundeninteresse nimmt ab, die Preise sinken und der Gewinn geht zurück.

Sättigungsphase
Der Markt ist gesättigt, das Produkt hat kein nennenswertes Marktwachstum mehr, das Umsatzmaximum wird überschritten und die Gewinne gehen zurück.

Degenerationsphase (Rückgangsphase)
Der Umsatzrückgang kann auch durch gezielte Marketingmaßnahmen nicht abgefangen werden, der Markt schrumpft und der Gewinn ist weiter rückläufig und gerät in die Verlustzone.

	Phasen des Produktlebenszyklus			
	Einführung	Wachstum	Reife und Sättigung	Rückgang
Umsatz-/Absatzvolumen	gering	schnell wachsend	Spitzenabsatz	rückläufig
Gewinne	negativ	steigend	hoch	fallend/negativ

Beispiel

Im Jahre 2005 ($t = 1$) brachte ein Unternehmen ein neues Produkt auf den Markt. Die Umsatzentwicklung im Laufe der Jahre lässt sich mit der Funktion U mit $U(t) = 200t + 220t^2 - 20t^3$ modellieren. Die Entwicklung der im bisherigen Zeitraum mit dem Produkt erwirtschafteten Gewinne lässt sich durch G mit $G(t) = -t^3 - 31t^2 + 352t - 320$ darstellen.
Geben Sie aufgrund dieser Angaben einen möglichen Produktlebenszyklus für $0 \leq t \leq 10$ an.

Graphen

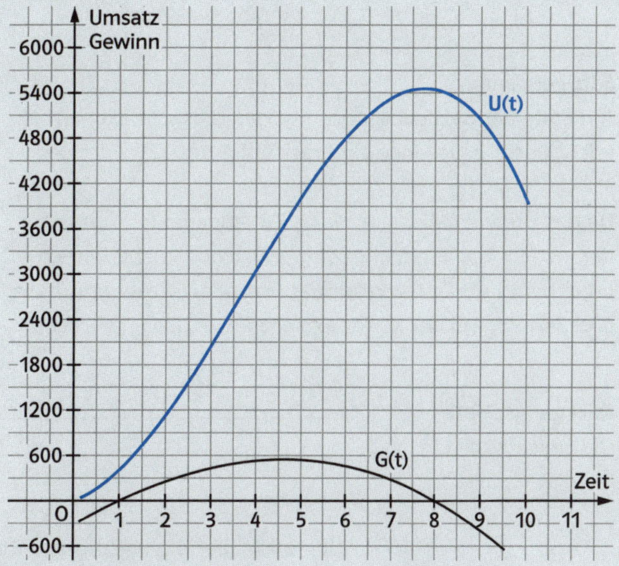

Einführungsphase

Die Einführungsphase kann frühestens mit dem Zeitpunkt der ersten Gewinnerzielung enden.

Nach etwa einem Jahr endet die Einführungsphase und es beginnt die Wachstumsphase.

Man bestimmt die Nullstellen der Gewinnfunktion.

$-t^3 - 31t^2 + 352t - 320 = 0$

$t_1 = 1$ durch Probieren.

Polynomdivision

$(t^3 + 31t^2 - 352t - 320):(t - 1) = t^2 + 32t - 320$

$t^2 + 32t - 320 = 0$

$t_{2,3} = -16 \pm \sqrt{256 + 320}$

$t_2 = 8 \qquad t_3 = -40 \notin D$

Wachstumsphase

Von Wachstumsphase sprechen wir so lange, wie das Wachstum noch zunimmt und/oder der höchste Gewinn noch nicht erreicht ist.

Die Wachstumsphase endet nach ca. 4 Jahren.

Man bestimmt den Wendepunkt der Umsatzfunktion.

$U'(t) = 200 + 440t - 60t^2$

$U''(t) = 440 - 120t$

$440 - 120t = 0$

$t = 3{,}\overline{6}\ldots$

Bestimmung des Zeitpunktes für den maximalen Gewinn

$G'(t) = -3t^2 - 62t + 352 \qquad G''(t) = -6t - 62$

$-3t^2 - 62t + 352 = 0$

$t^2 + \frac{62t}{3} - \frac{352}{3} = 0$

$t_{1,2} = -\frac{31}{3} \pm \sqrt{\left(\frac{31}{3}\right)^2 + \frac{352}{3}}$

$t_1 \approx 4{,}6 \qquad t_2 \approx -\frac{25}{3} \notin D$

$G''(4{,}6) = -6 \cdot 4{,}6 - 62 = -89{,}6 \Rightarrow$ *Maximum*

Reifephase

Der Umsatz steigt nur noch langsam und die Gewinne gehen zurück.
Zwischen dem 6. und 7. Jahr geht das Umsatzwachstum deutlich zurück. Wir legen daher das 6. Jahr als Ende der Reife- und Beginn der Sättigungsphase fest.

Man betrachtet für verschiedene Jahre das Umsatzwachstum.

$U'(4) = 200 + 440 \cdot 4 - 60 \cdot 4^2 = 1000$
$U'(5) = 900$
$U'(6) = 680$
$U'(7) = 340$

Sättigungsphase

Am Ende der Sättigungsphase ist das Umsatzmaximum erreicht und die Gewinne sind rückläufig.

Da das Umsatzmaximum für $t = 7{,}8$ Jahre vorliegt und ab dem 8. Jahr das Produkt in die Verlustzone (siehe Berechnung oben) gerät, legen wir das Ende der Sättigungsphase und den Beginn der Rückgangsphase auf das 8. Jahr fest.

Zeitpunkt des Umsatzmaximums bestimmen.
1. Ableitung null setzen.

$200 + 440t - 60t^2 = 0$
$t^2 - \frac{22}{3}t - \frac{10}{3} = 0$
$t_{1,2} = \frac{11}{3} \pm \sqrt{\frac{121}{9} + \frac{10}{3}}$
$t_1 \approx 7{,}76 \qquad t_2 \approx -0{,}42 \notin D$
$U''(7{,}76) = 440 - 120 \cdot 7{,}76 = -491{,}2 \Rightarrow$ *Maximum*

Rückgangsphase

Die Umsätze fallen.

Zur Kontrolle unserer Festlegung dieser Phase für $t > 8$ werden einige Steigungen kontrolliert.

$U'(9) = -700$
$U''(10) = -1400$

Produktlebenszyklus

mit den eingezeichneten Phasen

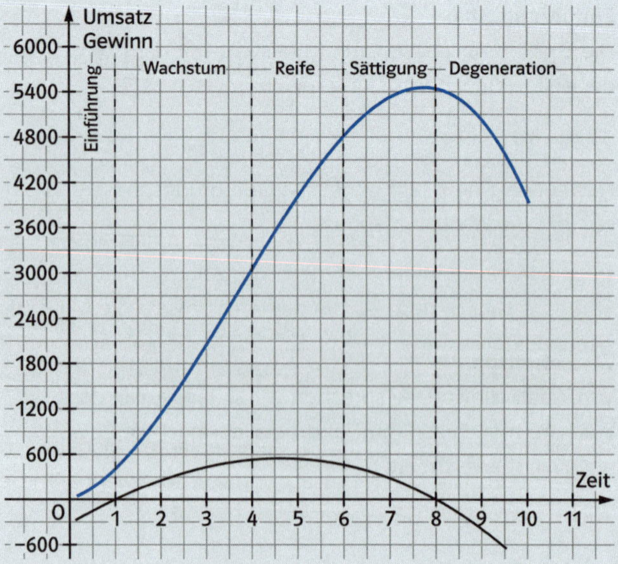

Aufgaben

1 Ein Motorsägenhersteller brachte im Jahr 2007 ($t = 1$) eine neue Motorsäge SX100 auf den Markt. Während der ersten drei Jahre ergaben sich folgende Umsatzzahlen (Fig. 1).

Jahr	2007 ($t = 1$)	2008 ($t = 2$)	2009 ($t = 3$)
Stück	5100	10 400	15 000

Fig. 1

Für diese Absatzzahlen lässt sich durch A mit $A(t) = at + bt^2 + ct^3$ ein Produktlebenszyklus modellieren.

a) Bestimmen Sie die Funktionsgleichung für den Produktlebenszyklus und ermitteln Sie den Absatz für das Jahr 2010.

b) In welche Phasen wird üblicherweise der Produktlebenszyklus unterteilt? Fertigen Sie eine Skizze der Produklebenskurve an und charakterisieren Sie die einzelnen Phasen.

c) In dem Jahr, in dem zum ersten Mal ein rückläufiges Absatzwachstum zu erwarten ist, soll mit der Planung einer Produktvariation begonnen werden. Diese Entwicklung soll spätestens in dem Jahr abgeschlossen sein, in dem ein Absatzrückgang angenommen werden muss. Welche Zeitspanne steht hierfür zur Verfügung? Wie lange könnte die Motorsäge noch abgesetzt werden, wenn die Produktvariation unterbleiben würde?

2 Ein Hersteller von Gartengeräten brachte in $t = 1$ einen modifizierten Rasentraktor auf den Markt. Bei einem Verkaufspreis von 4300 GE pro Stück und unter Konstanthaltung aller anderen Marketing-Maßnahmen ergaben sich folgende auf Tausend gerundete Umsatzzahlen (Fig. 2). Für jedes $t \geqq 1$ sei U mit $U(t) = 500\,t^b e^{ct}$ die Produktlebenskurve. $U(t)$ gibt den Umsatz im Jahr t in Tsd GE an.

Jahr	$t = 1$	$t = 2$
Umsatz in Tsd	184	1083

Fig. 2

a) Ermitteln Sie den Funktionsterm der Produktlebenskurve und den im Folgejahr ($t = 3$) zu erwartenden Umsatz. (Zur Kontrolle: $U(t) = 500\,t^4 e^{-t}$)

b) Die Marketing-Abteilung behauptet, da der Rasentraktor keine echte Innovation ist, sei die Wachstumsphase bereits im Jahr $t = 2$ beendet. Die Zuwachsraten des Umsatzes würden ab diesem Jahr fallen. Beurteilen Sie die Aussage. (Zur Kontrolle: $U''(t) = 500\,t^2(t^2 - 8t + 12)e^{-t}$)

c) Der Hersteller sieht das Ende der Sättigungspahse im Jahr nach dem maximalen Umsatz gegeben. In welchem Jahr ist dieses Kriterium erfüllt?

d) Spätestens in dem Jahr, in dem der Umsatz die Millionengrenze unterschreitet, soll ein wirklich innovativer Rasentraktor auf den Markt gebracht werden. (Lösung mit einem geeigneten Näherungsverfahren für einen Startwert 6.) Wie viele Jahre verbleiben (ab $t = 2$) für die Entwicklung?

e) Wie hoch ist der im Jahr vor dem geplanten Modellwechsel ($t = 8$) erzielbare Gewinn? Es soll vom prognostizierbaren Umsatz und von zurechenbaren Gesamtkosten (Herstellung und Vertrieb) von 990 000 GE ausgegangen werden.

1 Gegeben sei eine ertragsgesetzliche Kostenfunktion K mit $K_t(x) = \frac{1}{2}x^3 - 8x^2 + 8tx + 140$; $x \in [0; 14]$.

a) Bestimmen Sie, für welche Werte von $t \in \mathbb{R}$ die Kostenfunktion keine Extremstellen besitzt, und überprüfen Sie die Existenz von Wendestellen. Interpretieren Sie die Bedeutung dieser Eigenschaften ökonomisch.

b) Die 1. Ableitung G_t' mit $G_t'(x) = -1{,}5x^2 - 16x + 224 - 8t$ der Gewinnfunktion gibt die Grenzgewinne der Unternehmung an. Bei einer Absatzmenge von 4 ME beträgt der Gewinn 276 GE. Wie groß ist in diesem Fall t?

c) Der Parameter t sei 10. Für welche Absatzmenge sind die Grenzgewinne maximal? Wie hoch ist der maximal erzielbare Gewinn? Das Produkt wird derzeit zu einem Preis von 144 $\frac{GE}{ME}$ verkauft. Wie hoch ist der damit erzielbare Gewinn?

d) Bestimmen Sie das Betriebsminimum und das Betriebsoptimum sowie die langfristige und kurzfristige Preisuntergrenze. Berechnen Sie ebenfalls die Nutzenschwelle und -grenze.

2 Die Kosten eines Ein-Produkt-Unternehmens lassen sich durch einen ertragsgesetzlichen Kostenverlauf darstellen.

a) Bei einer Produktion von 1 ME betragen die Gesamtkosten 395 GE und die Grenzkosten 145 GE. Die Produktion von 4 ME führt zu variablen Stückkosten von 90 GE/ME, die bei 6 ME ihr Minimum erreichen. Die Kapazitätsgrenze liegt bei 10 ME. Bestimmen Sie die Gesamtkostenfunktion.

b) Die Gesamtkostenfunktion sei nun K mit $K(x) = 5x^3 - 60x^2 + 250x + 200$.
Bestimmen Sie das Betriebsminimum und das Betriebsoptimum sowie die langfristige und kurzfristige Preisuntergrenze. Welche Kostenelastizität liegt im Betriebsoptimum vor?
Geben Sie die ökonomischen Bedeutungen Ihrer Berechnungen an.

c) Der Betrieb sei Angebotsmonopolist. Betriebliche Berechnungen haben gezeigt, dass die Nutzenschwelle bei 2 ME erreicht wurde und bei der gegenwärtigen Produktion von 4 ME ein Gewinn von 190 GE erzielt wird. Es wird daher folgende Preis-Absatz-Funktion angenommen:
$p(x) = -\frac{125}{4}x + \frac{625}{2}$.
Überprüfen Sie diese Funktion aufgrund der obigen Angaben. Wie hoch ist der gegenwärtige Preis und wie elastisch reagieren die Nachfrager auf Preisänderungen?

d) Kann der Gewinn durch Produktionsausweitung erhöht (maximiert) werden und wie hoch ist dieser gegebenenfalls (rechnerische und grafische Lösung)?

3 Die Münter GmbH produziert Schulrucksäcke in den drei Qualitätsstufen: Basic, Classic und Limited Edition. Die Gesamtkosten lassen sich in Abhängigkeit von der Produktionsmenge x und dem Qualitätsstandard a durch die Kostenfunktion K mit
$K_a(x) = x^3 - 12x^2 + (50 + a)x + 98$ modellieren.

a) Bestimmen Sie, für welche Werte von x die Kostenfunktion keine Extremstellen besitzt. Interpretieren Sie die Bedeutung der Existenz bzw. Nichtexistenz von Extremstellen ökonomisch.

b) Wie wirkt sich der Qualitätsstandard auf die Stückkosten aus?
Für die drei Qualitätsstufen sei $a \in \{0; 5; 10\}$. Bestimmen Sie jeweils die langfristige Preisuntergrenze.

c) Derzeit wird der Rucksack in der Basic-Version für 35 GE verkauft. Für die beiden höheren Qualitätsstufen können Preise im Rahmen der zusätzlichen Kosten erzielt werden. Beurteilen Sie die Gewinnsituation für die drei Produktvarianten.

4 Gegeben sei die Funktion f mit $f_t(x) = 0{,}4x + 0{,}4 + \frac{t}{x+8}$; $t > 0$.

a) Bestimmen Sie den maximalen Definitionsbereich. Für welche t besitzt die Funktion Nullstellen?

b) Untersuchen Sie die Funktion für $t = 24$ auf Schnittpunkte mit den Koordinatenachsen, Polstellen (Lage und Art!), Hoch- und Tiefpunkten und Asymptoten.

c) Bestimmen Sie die vom Funktionsgraphen K_{24}, der Ordinate, der Asymptote und der Senkrechten $x = 5$ eingeschlossene Fläche.

d) Für welches t kann f die Gesamtkostenfunktion eines Betriebes mit 3,4 GE Fixkosten repräsentieren?

e) Kostenfunktionen verlaufen im gesamten Definitionsbereich streng monoton steigend. Überprüfen Sie, ob diese Voraussetzung für $K(x) = 0{,}4x + 0{,}4 + \frac{24}{x+8}$ gegeben ist.

f) Zeigen Sie, dass die Funktion k_v der variablen Stückkosten durch $k_v(x) = 0{,}4 - \frac{3}{x} + \frac{24}{(x+8)x}$ beschrieben wird. Geben Sie für diese Funktion einen ökonomisch sinnvollen Definitionsbereich an, wenn die Kapazitätsgrenze bei 20 ME liegt und untersuchen Sie, ob ein Betriebsminimum existiert.

g) Die Erlöse können durch E mit $E(x) = -0{,}1x^2 + 2x$ dargestellt werden, wodurch sich für $x = 2$ ME die Gewinnschwelle ergibt. Bestimmen Sie die Gewinngrenze.

5 Gegeben sei die Funktion f mit $f_a(x) = 10e^{ax} - 2x$, $D = \mathbb{R}$, $a \in \mathbb{R}_+^*$.

a) Untersuchen Sie die Funktion auf Schnittpunkte mit der Ordinate, auf Extrema und Wendepunkte. Für welche a liegt der Extrempunkt auf der Ordinate? Bestimmen Sie eine Stammfunktion F_a. Berechnen Sie für $a = 0{,}2$ den Flächeninhalt der Fläche, die vom Funktionsgraphen und der x-Achse im Intervall [0; 1] eingeschlossen wird.

Für $a = 0{,}2$ lassen sich mit $f_a(x)$ die Gesamtkosten eines Unternehmens modellieren. x sei die Produktionsmenge in Mengeneinheiten (ME).

Die Kapazitätsgrenze des Betriebes liegt bei 15 ME. Für die weiteren Betrachtungen wird beliebige Teilbarkeit der Mengeneinheiten (ME) unterstellt.

b) Bestimmen Sie die Funktionsgleichungen der Stückkosten und der Grenzkosten. Ermitteln Sie das Betriebsoptimum sowie die langfristige Preisuntergrenze.

c) Die Unternehmung erzielt für ihr Produkt auf dem Markt einen Preis von sechs Geldeinheiten (GE) je ME. Ermitteln Sie mit einem geeigneten Näherungsverfahren (Startwert 1) die Nutzenschwelle (Gewinnschwelle) und den maximalen Gewinn auf zwei Nachkommastellen genau.

d) Für die weiteren Betrachtungen soll die Kostenfunktion K durch die Funktion K* mit $K^* = 0{,}4x^2 + 0{,}8x + 10$ approximiert werden. Im folgenden Geschäftsjahr lässt sich bei entsprechendem Kostenverlauf nur noch ein Preis von t $\frac{GE}{ME}$ erzielen. Untersuchen Sie, für welche t eine verlustfreie Produktion nicht möglich ist.

6 Die Herstellung eines Produktes verursacht 21 GE fixe Kosten und 6 GE variable Kosten je ME. Die Kapazitätsgrenze liegt bei $x_{Kap} = 10$ ME.

Der Produzent genießt Monopolstellung und erzielt bei einem Absatz von 5 ME maximale Erlöse und erreicht bei 1 ME den Break-even-Point.

a) Bestimmen Sie die lineare Kostenfunktion, die quadratische Erlösfunktion und daraus die Gewinnfunktion.

b) Zeichnen Sie die Graphen von K, E und G.

c) Bestimmen Sie die Gewinngrenze für K mit $K(x) = 6x + 21$ und E mit $E(x) = -3x^2 + 30x$.

d) Zeichnen Sie den Graphen der Wirtschaftlichkeitsfunktion W mit $W(x) = \frac{E(x)}{K(x)}$ (neues Koordinatensystem mit gleicher Skalierung auf der Abszisse).

e) Lösen Sie die Gleichung $W(x) = 1$. Welche Bedeutung haben die Lösungen?

f) Bei welcher Ausbringungsmenge wird die Wirtschaftlichkeit maximal? Erzielt das Unternehmen bei maximaler Wirtschaftlichkeit auch einen maximalen Gewinn?

7 Bei der Produktion von x ME eines Gutes entstehen Kosten, die mit der Funktion K mit $K(x) = 0{,}3x^3 - 2{,}4x^2 + 9x + 24$ dargestellt werden können. Die Kapazitätsgrenze ist $x_{Kap} = 10$ ME. Die Unternehmung erzielt für das Produkt auf dem Markt einen Preis von 12 Geldeinheiten/ME.

a) Erstellen Sie die Gewinnfunktion und ermitteln Sie die Gewinnzone und den maximalen Gewinn.

b) Geben Sie die Funktion für die Umsatzrentabilität $R(x) = \frac{G(x)}{U(x)}$ der Unternehmung an und skizzieren Sie den Graphen. Für welche Ausbringungsmengen ist die Umsatzrentabilität positiv? Kommentieren Sie die Ergebnisse ökonomisch.

c) Berechnen Sie die Umsatzrentabilität für eine Ausbringungsmenge von 2 und 4 ME. Wie groß ist die mittlere Änderungsrate der Umsatzrentabilität für diese Ausbringungssteigerung? Bestimmen Sie ebenfalls ihre lokale Änderungsrate für 2 ME. Für welche Ausbringungsmenge des Intervalls [2; 4] nimmt die lokale Änderungsrate den Wert der mittleren (0,3) an? Wählen Sie zur Lösung ein geeignetes Näherungsverfahren (Startwert 2).

(Zur Kontrolle: $R'(x) = \frac{-0{,}05(x^3 - 4x^2 - 40)}{x^2}$)

d) Wird bei maximaler Umsatzrentabilität auch ein maximaler Gewinn erzielt?

8 Ein Unternehmen ist Anbieter eines speziellen Aggregates. Die Produktion befindet sich derzeit mit 5 ME noch in der Startphase. Es entstehen Gesamtkosten von 337,5 GE mit einem Fixkostenanteil von 200 GE. Für eine Produktionsausweitung auf 9 ME beträgt die mittlere Änderungsrate der Gesamtkosten 9,5 $\frac{GE}{ME}$ und die lokale 7,5 GE/ME. Die gesamte Produktion von 5 ME wurde mit einem Gewinn von 72,5 GE abgesetzt. Bei Erhöhung des Absatzes auf 9 ME kann von einer gleich hohen mittleren und momentanen Änderungsrate der Erlöse ausgegangen werden.

a) Bestimmen Sie die Funktionsgleichung der Gesamtkosten, wenn ein ertragsgesetzlicher Verlauf angenommen wird. Ermitteln Sie für $K(x) = 0{,}5x^3 - 9x^2 + 60x + 200$ mit einem geeigneten Näherungsverfahren (Startwert 10) das Betriebsoptimum sowie die langfristige Preisuntergrenze.

b) Begründen Sie, weshalb die Erlösfunktion linear verläuft, und zeigen Sie, dass der Stückpreis 82 GE/ME beträgt. Die gesamte Produktion kann jeweils abgesetzt werden. Ermitteln Sie den Gewinn, der nach der Produktionsausweitung auf 9 ME erzielt wird, und bestimmen Sie den maximal erzielbaren Gewinn.

c) Zeigen Sie, dass für $x \in [4; 19{,}2]$ das Unternehmen wirtschaftlich arbeitet. Berechnen Sie die maximale Wirtschaftlichkeit und den dabei erzielbaren Gewinn. Interpretieren Sie die Ergebnisse ökonomisch. Vergleichen Sie die maximal erreichbare Wirtschaftlichkeit mit der Wirtschaftlichkeit bei maximalem Gewinn.

9 Durch längerfristige Beobachtungen auf einem regionalen Baumarkt für Dachdeckermaterialien sind folgende Funktionen als Angebots- und Nachfragefunktion bekannt.

Angebotsfunktion: p_A mit $p_A(x) = 0{,}2x + 0{,}25$ und die

Nachfragefunktion: p_N mit $p_N(x) = \frac{15 - x}{3 + x}$.

a) Ermitteln Sie den maximalen ökonomisch sinnvollen Definitionsbereich der Nachfragefunktion und der Angebotsfunktion. Untersuchen Sie die Eigenschaften einer typischen Nachfragefunktion (streng monoton fallend und linksgekrümmt).

Bestimmen Sie die Sättigungsmenge und den Höchstpreis.

b) Bestimmen Sie die Gleichgewichtsmenge x_G und den Gleichgewichtspreis p_G. Bestimmen Sie die Produzenten- und Konsumentenrente und interpretieren Sie die Ergebnisse. Bestimmen Sie für einen Garantiepreis von 2 Geldeinheiten den Angebotsüberhang.
(Zur Kontrolle: $p_N(x) = -x + 18 \ln|x + 3|$)
c) Der Staat setzt eine Stücksteuer von $r = 1{,}15 \, \frac{GE}{ME}$ fest. Errechnen Sie das zu erwartende Steueraufkommen R.

10 Für ein bestimmtes Wirtschaftsgut gelten auf einem Markt die
Angebotsfunktion: p_A mit $p_A(x) = 0{,}5 \cdot e^{0{,}5x}$ und die
Nachfragefunktion: p_N mit $p_N(x) = 8 \cdot e^{-0{,}25x}$.
a) Bestimmen Sie grafisch und rechnerisch das Marktgleichgewicht. Wie hoch ist die Konsumentenrente, wenn das Marktgleichgewicht in $G(3{,}7 \mid 3{,}17)$ angenommen wird?
b) Der Staat greift durch Festsetzung eines Mindestpreises in Höhe von $p_{Min} = 5$ (GE/ME) auf die Marktpreisbildung ein. Untersuchen Sie mathematisch die Konsequenzen dieser Maßnahme im Hinblick auf Angebot und Nachfrage. Welche Aussagen lassen sich treffen?
c) Betrachtet werde nun die Kurvenschar $f_t(x) = (x - t) \cdot e^{-0{,}25x}$, $t > 0$.
(1) Untersuchen Sie f_t auf das Verhalten im Unendlichen.
(2) Untersuchen Sie die Kurvenschar auf Nullstellen und Extrema (nur notwendige Bedingung verlangt). Begründen Sie, warum es sich bei dem Extremum um einen Hochpunkt handeln muss. Bestimmen Sie auch die Ortslinie der Hochpunkte.
(3) Alle Kurven der Schar G_t schließen mit der x-Achse und der Geraden $x = z$ (mit $z > 0$) eine Fläche ein. Zeigen Sie mithilfe der Integration, dass die folgende Funktion F_t eine Stammfunktion darstellt: $F_t(x) = (-4x + 4t - 16) \cdot e^{-0{,}25x}$.
Bestimmen Sie die Fläche mit dem Inhalt $A_0(z)$ für $z = 3$ und weisen Sie nach, dass die ins Unendliche reichende Fläche einen Inhalt von 16 Flächeneinheiten besitzt.

11 Gegeben sei die Funktion f mit $f_a(x) = \frac{a}{x - 4} + a$ mit $a \in \mathbb{R}^*$.
a) Bestimmen Sie den maximalen Definitionsbereich und die Schnittpunkte der Funktion mit den Koordinatenachsen.
b) Untersuchen Sie die Funktion auf Polstellen (Lage und Art!), Extrema und Asymptoten.
c) Bestimmen Sie die vom Funktionsgraphen $f_{30}(x)$ und den Koordinatenachsen eingeschlossene Fläche.
d) $f_a(x)$ sei die Isoquante für einen Output von 100 ME, der durch die Faktorkombinationen $(5 \mid 60)$ und $(9 \mid 36)$ erzeugt wird. Bestimmen Sie den Wert von a dieser Isoquantenfunktion.
e) I_{100} sei gegeben durch $y = \frac{30}{x - 4} + 30$ mit den Produktionsfaktoren x und y. Geben Sie einen sinnvollen ökonomischen Definitions- und Wertebereich an. Im allgemeinen Fall (Substituierbarkeit der Einsatzfaktoren) weisen Isoquanten negative Steigungen auf, die abnehmend sind (abnehmende Grenzrate der Substitution $\Rightarrow$ Konvexität). Zeigen Sie, dass die Isoquante I_{100} diese Eigenschaften besitzt.
f) Die Faktorkombinationen $(5 \mid 60)$ und $(9 \mid 36)$ verursachen Kosten in Höhe von 900 GE. Welche Mengen von x und y müssen eingesetzt werden, um die 100 ME zu minimalen Kosten zu erzeugen? Wie hoch sind diese Kosten? Stellen Sie die Situation grafisch dar.

12 Eine Schimmelpilzkultur hat zum Zeitpunkt null eine Ausdehnung von $2{,}5\,cm^2$. Wir beobachten nach einer Woche bereits eine Fläche von $3{,}58\,cm^2$.
a) Angenommen, die Kultur wächst zunächst exponentiell. Mit welcher Funktionsgleichung s(t) ließe sich dieses Wachstum beschreiben?

b) Berechen Sie, ab welcher Woche die Kultur eine Fläche von $10\,cm^2$ überschreitet.

Aufgrund des besonderen Umfeldes und der Flächenbegrenzung wird angenommen, dass die Kultur maximal auf $45\,cm^2$ anwachsen kann und von logistischem Wachstum auszugehen ist.

c) Bestimmen Sie die Werte der Parameter S, B und k, wenn f mit $f(t) = \frac{S}{1 + B \cdot e^{-k \cdot t}}$ die logistische Wachstumsfunktion repräsentiert. (Zur Kontrolle: $f(t) = \frac{45}{1 + 17 \cdot e^{-0{,}3848\,t}}$)

d) Skizzieren Sie die Graphen s(t) und f(t).

e) Berechnen Sie, in welcher Woche bei logistischem Wachstum die Kultur eine Fläche von $10\,cm^2$ überschreitet.

f) Wie groß ist das Sättigungsmanko in der 8. Woche und was besagt dieser Wert?

g) In der 5. Woche ist die momentane Änderungsrate 3,5446. Vergleichen Sie diese mit der mittleren Wachstumsrate von der 5. zur 6. Woche.

h) Kennzeichnen Sie in der Grafik, ab welchem Punkt das Wachstum der Kultur abnimmt? Bestimmen Sie den Wert mit dem GTR/CAS.

13 a) Untersuchen Sie die durch die Funktion f_a mit der Gleichung $f_a(x) = \frac{5a\,e^{-x}}{(1 + a\,e^{-x})^2}$ mit $a \in \mathbb{R}_+^*$ gegebene Kurvenschar allgemein auf den größtmöglichen Definitionsbereich und das Verhalten an den Definitionsgrenzen.

b) Zeigen Sie, dass für die 1. Ableitungsfunktion f'_a gilt: $f'_a(x) = \frac{5a\,e^{-x}(a\,e^{-x} - 1)}{(1 + a\,e^{-x})^3}$. Weiterhin sind $E_a\left(-\ln\frac{1}{a}\middle|\frac{5}{4}\right)$ Extrempunkte der Graphen. Begründen Sie, warum es Hochpunkte sein müssen. Wie ändern sich Form und Lage der Funktion mit wachsendem a?

Wegen einer Naturkatastrophe wurde zu einer bundesweiten Spendenaktion aufgerufen, an der sich alle Banken beteiligten. Für die weiteren Betrachtungen wird angenommen, dass die Spendeneingänge durch einen kontinuierlich fließenden Zahlungsstrom beschrieben werden können. Für a = 4 gibt $f_a(x)$ die momentanen Änderungsraten des Spendenzuflusses an, wobei die Zeit x in Wochen gemessen wird. Der Spendenbestand wird in Millionen Euro angegeben. Der Startwert zum Zeitpunkt null ist der Betrag, den einige Großspender zum Spendenauftakt eingezahlt haben.

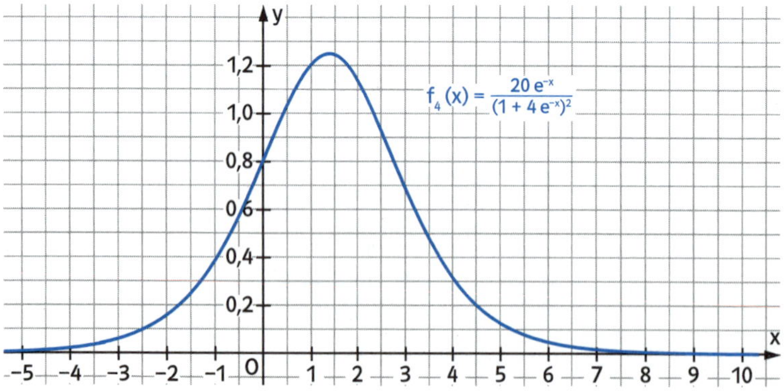

Überlegen Sie, wie sich aus Änderungsraten Bestände ermitteln lassen. Der Technologieeinsatz ist erlaubt und notwendig.

c) Welchen Betrag haben die Großspender zum Start eingezahlt und mit welcher oberen Schranke (Sättigungsgrenze) des Spendenaufkommens ist zu rechnen (auf ganze Mio gerundet)? Skizzieren Sie den Graphen der Wachstumsfunktion für den Spendenbestand und begründen Sie Ihre Annahmen. Für welche Art des Wachstums ist dieser Kurvenverlauf typisch?

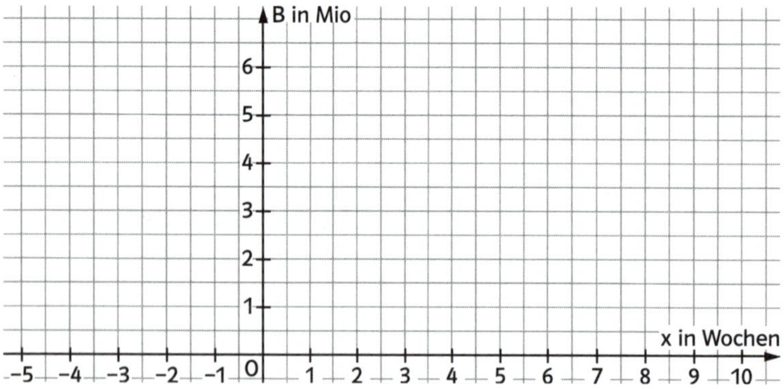

$B(x) = \frac{S}{c + (S - c)\,e^{-x}}$ sei die allgemeine Wachstumsfunktion für den Spendenbestand. Begründen Sie die Wahl der Werte für S und c dieser Funktion. (Zur Kontrolle: $B(x) = \frac{5}{1 + 4\,e^{-x}}$)

Bestätigen Sie durch Differenziation, dass B(x) eine mögliche Stammfunktion von $f_4(x)$ ist.

d) Zu welchem Zeitpunkt ist die Hälfte des insgesamt zu erwartenden Spendenaufkommens eingegangen? Für welchen Wert von a würde dieser Wert erst nach zwei Wochen erreicht?

14 a) Untersuchen Sie die durch die Funktion f_a mit der Gleichung $f_a(x) = a x^2 e^{-\frac{a}{2}x}$ mit $a \in \mathbb{R}_+^*$ gegebene Kurvenschar allgemein auf den größtmöglichen Definitionsbereich und das Verhalten an den Definitionsgrenzen. Untersuchen Sie rechnerisch Art und Lage von Extremstellen der Graphen und die Existenz von Wendestellen. (Zur Kontrolle: $f_a''(x) = (2a - 2a^2x + \frac{a^3}{4}x^2)e^{-\frac{a}{2}x}$)
Zeigen Sie, dass die Hochpunkte auf der Ortslinie $y = 4e^{-2x}$ liegen.
b) Für $a \in \{2, 4, 6\}$ lässt sich mit $f_a(x)$ der Produktlebenszyklus eines Produktes darstellen, wobei x die Zeit in Jahren und $f_a(x)$ den Umsatz in Millionen GE angibt. Der Parameter a repräsentiert den Innovationsdruck, der durch die Mitwettbewerber auf dem Markt erzeugt wird. Welchen Einfluss hat a auf die Produktlebensdauer? Betrachten Sie dabei besonders das Ende der Sättigungsphase, das für den maximalen Umsatz angenommen wird. Nehmen Sie Stellung zu der Aussage, dass sich mit der Verdoppelung des Wertes für a die Zeitspanne bis zum Ende der Sättigungsphase halbiert.
c) Analysieren Sie für a = 2 den Produktlebenszyklus. Betrachten Sie dabei besonders die Zeitpunkte maximaler Zuwachs- und Rückgangsraten. Ab welchem Zeitpunkt unterschreitet der Umsatz die Grenze von 500 000 GE?

15 Gegeben sei die Funktion I mit $I_a(i) = \frac{(i-a)^2}{i+2}$; $a \in \mathbb{R}_+^*$.
a) Bestimmen Sie den maximalen Definitionsbereich und das Verhalten an den Definitionsgrenzen. Untersuchen Sie den Graphen rechnerisch auf Schnittstellen mit den Achsen sowie Art und Lage von Extremstellen.
(Zur Kontrolle: $I_a'(i) = \frac{(i-a)(i+a+4)}{(i+2)^2}$; $I_a''(i) = \frac{2(a^2+4a+4)}{(i+2)^3}$)
In einer Volkswirtschaft hängt das Investitionsvolumen (Ausgaben für die Anschaffung von Betriebsgebäuden, Anlagen, Maschinen etc.) neben vielen anderen Faktoren auch wesentlich von der Höhe des langfristigen Zinssatzes ab. Für $a \in \{10, 15, 20\}$ soll mit $I_a(i)$ das Investitionsvolumen einer Volkswirtschaft modelliert werden, wobei i die Höhe des Zinssatzes in % angibt und a für die übrigen Einflussfaktoren steht.
b) Geben Sie für a = 15 die Investitionsfunktion I und deren sinnvollen ökonomischen Definitions- und Wertebereich an. Bei der weiteren Analyse soll das Ausmaß der Investitionsbereitschaft lediglich vom Marktzins abhängen (Ceteris paribus = unter sonst gleichen Bedingungen). Ein wachsender Zinssatz i führt zu sinkenden und ein sinkender zu steigenden Investitionen I in GE. Überprüfen Sie für den ökonomischen Definitionsbereich, ob der Kurvenverlauf diesen Kriterien entspricht, und erläutern Sie, wie die Krümmung des Graphen der Investitionsfunktion wirtschaftlich zu interpretieren ist.

Investitionsfunktion

c) Bestimmen Sie die lokalen Änderungsraten der Investitionsfunktion für die Zinssätze 4 und 5. Interpretieren Sie die Ergebnisse. Zeigen Sie, dass ab einem Zinssatz von 2,65 die Investoren elastisch auf Zinssatzänderungen reagieren.
(Zur Kontrolle: $\varepsilon_{I,i}(i) = \frac{(i+19)\cdot i}{(i+2)(i-15)}$)

$\varepsilon_{f,x}(x) = \frac{f'(x)}{f(x)} \cdot x$

d) Wie hoch darf der Zinssatz höchstens sein, wenn das Investitionsvolumen mindestens 20 GE betragen soll?
Neben dem Zinssatz üben aber auch die Erwartungen der Investoren und das „wirtschaftliche Klima" einen starken Einfluss auf die Investitionsentscheidungen aus. Dies spiegelt der Parameter a wider. Bei welchem Zinssatz ist für a = 20 das Investitionsvolumen mindestens 20 GE?

Lösungen

1 Kostentheorie

1.1 Lineare, neoklassische und ertragsgesetzliche Kostenfunktionen

1 a) Der Gesamtkostenzuwachs je Mengeneinheit ist konstant, daher liegt eine lineare Kostenfunktion vor.
Die allgemeine Gleichung der linearen Kostenfunktion ist:
$K(x) = ax + b$ oder $K(x) = k_v \cdot x + K_f$.
k_v ist die Steigung der linearen Kostenfunktion.
$k_v = \frac{K_2 - K_1}{x_2 - x_1}$ $\quad k_v = \frac{3000 - 2500}{40 - 30} = 50$
Zur Bestimmung der Fixkosten werden k_v und die Koordinaten eines Punktes in die allgemeine Gleichung der Kostenfunktion eingesetzt:
$2500 = 50 \cdot 30 + K_f$
$K_f = 1000$
$K(x) = 50 \cdot x + 1000$
Die gesuchte Kostenfunktion ist $K(x) = 50 \cdot x + 1000$.
b) Die allgemeine Gleichung der quadratischen Kostenfunktion ist: $K(x) = ax^2 + bx + c$.
Zur Bestimmung der Kostenfunktion lösen wir das zugehörige LGS.
$3400 = 900a + 30b + c$
$4600 = 1600a + 40b + c$
$6000 = 2500a + 50b + c$

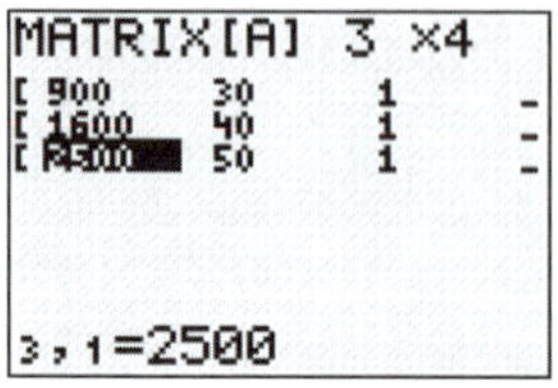

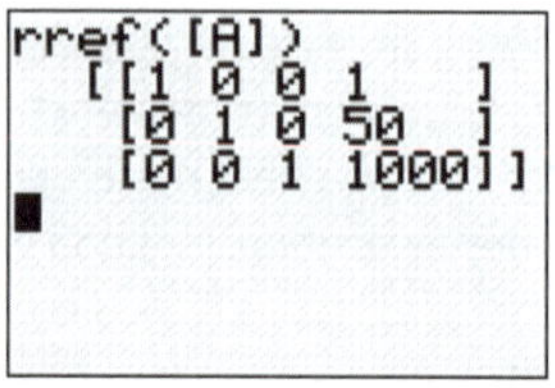

$a = 1$; $b = 50$; $c = 1000$
Die gesuchte Kostenfunktion ist $K(x) = x^2 + 50x + 1000$.
c) Die allgemeine Gleichung der kubischen Kostenfunktion ist: $K(x) = ax^3 + bx^2 + cx + d$.
Zur Bestimmung der Kostenfunktion lösen wir das zugehörige LGS.
$5870 = 27000a + 900b + 30c + d$
$6040 = 64000a + 1600b + 40c + d$
$6250 = 125000a + 2500b + 50c + d$
$6560 = 216000a + 3600b + 60c + d$

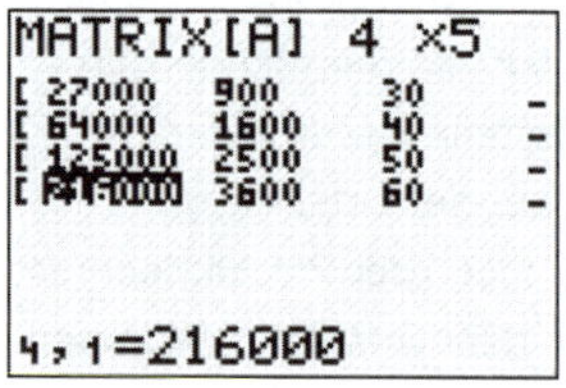

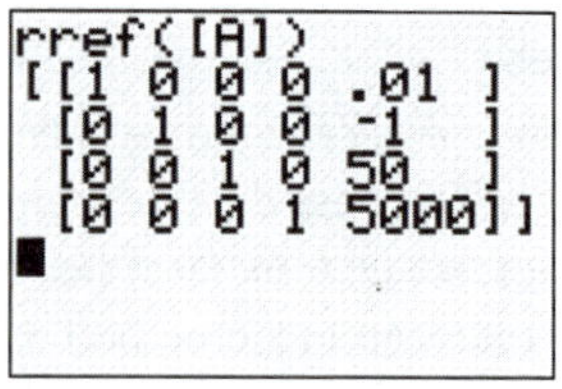

$a = 0{,}01$; $b = -1$; $c = 50$; $d = 5000$
Die gesuchte Kostenfunktion ist
$K(x) = 0{,}01x^3 - x^2 + 50x + 5000$.

Grundsätzlich können die Aufgaben auch mittels Regression mit dem GTR gelöst werden.
a)

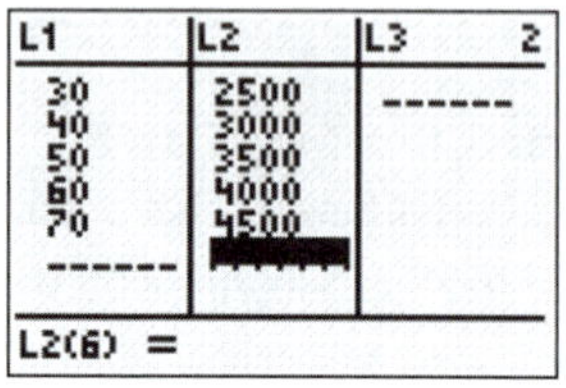

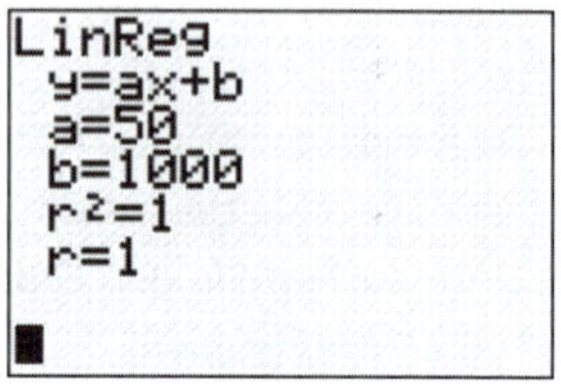

Selbst die kubische Regression liefert das korrekte Ergebnis ($R^2 = 1$).

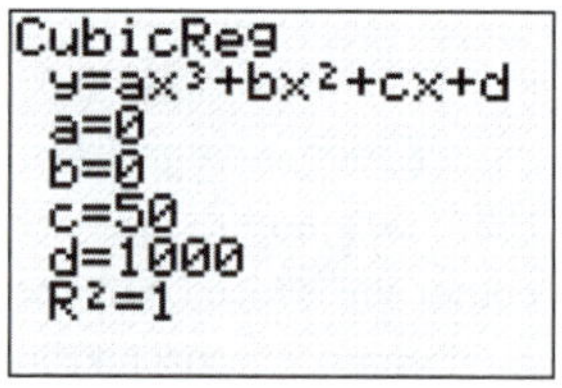

b)

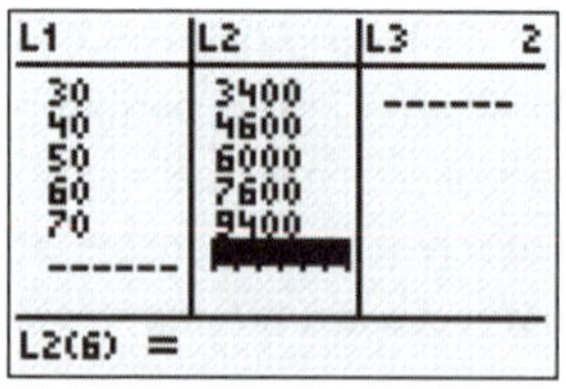

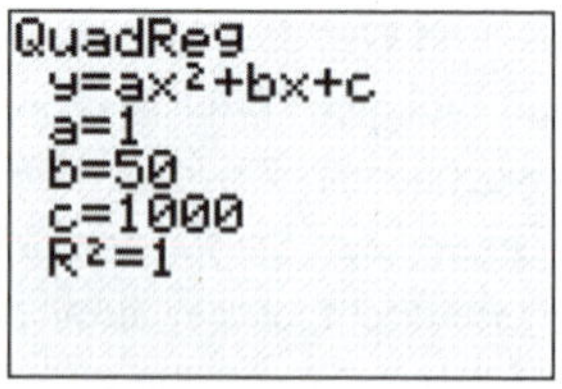

c)

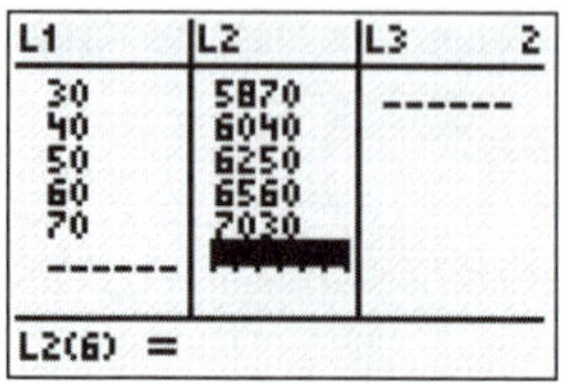

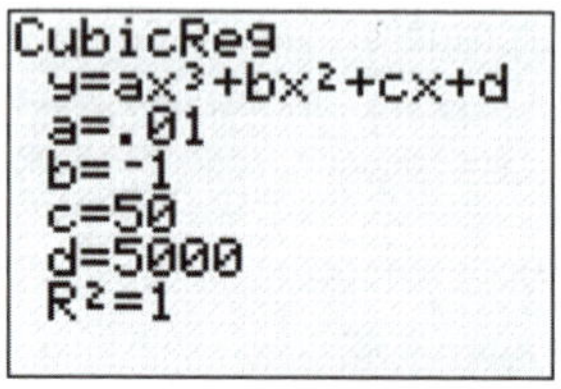

2 a) Der Gesamtkostenzuwachs je Mengeneinheit ist konstant, daher liegt eine lineare Kostenfunktion vor.
b) Die allgemeine Gleichung der linearen Kostenfunktion ist $K(x) = k_v \cdot x + K_f$ und k_v ist die Steigung der linearen Kostenfunktion.
$k_v = \frac{K_2 - K_1}{x_2 - x_1}$ $\quad k_v = \frac{24000 - 17000}{200 - 100} = 70$

Zur Bestimmung der Fixkosten werden k_v und die Koordinaten eines Punktes in die allgemeine Kostenfunktion eingesetzt:

$17000 = 70 \cdot 100 + K_f$

$K_f = 10000$

Gesamtkostenfunktion: $K(x) = 70 \cdot x + 10000$

Grenzkostenfunktion: $K'(x) = 70$, bei linearen Kostenfunktionen ist $K'(x) = k_v$.

Stückkostenfunktion: $k(x) = \frac{K(x)}{x}$, $k(x) = 70 + \frac{10000}{x}$

variable Stückkosten: $k_v(x) = \frac{K_v(x)}{x}$, $k_v = 70$.

Bei linearen Kostenfunktionen sind die variablen Stückkosten konstant und nicht abhängig von der Ausbringungsmenge x.

c)

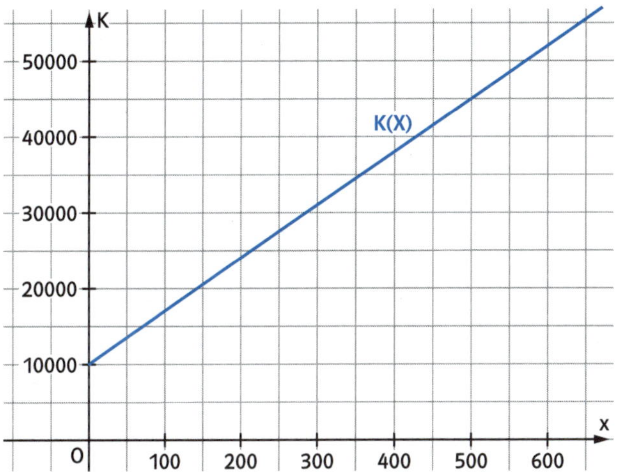

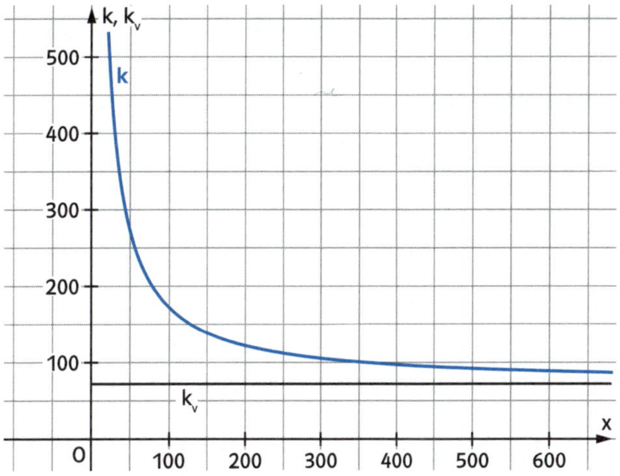

d) $k(x) = 70 + \frac{10000}{x}$

Für große x strebt der gebrochenrationale Teil gegen Null und die Stückkosten streben damit gegen 70 (= k_v).

$k(500) = 70 + \frac{10000}{500} = 90$

Die Differenz beträgt an der Kapazitätsgrenze

90 – 70 = 20 €. Da der Fixkostenanteil bei zunehmender Ausbringungsmenge immer geringer wird, nähern sich die Stückkosten den variablen Stückkosten.

3

	$K(x) = 500x + 10000$	$K(x) = x^2 + 5x + 500$	$K(x) = 0{,}5x^3 - 4x^2 + 12x + 50$
Variable Gesamtkosten	$K_v(x) = 500x$	$K_v(x) = x^2 + 5x$	$K_v(x) = 0{,}5x^3 - 4x^2 + 12x$
Fixe Gesamtkosten	$K_f = 10000$	$K_f = 500$	$K_f = 50$
Totale Stückkosten	$k(x) = 500 + \frac{10000}{x}$	$k(x) = x + 5 + \frac{500}{x}$	$k(x) = 0{,}5x^2 - 4x + 12 + \frac{50}{x}$
Variable Stückkosten	$k_v(x) = 500$	$k_v(x) = x + 5$	$k_v(x) = 0{,}5x^2 - 4x + 12$
Fixe Stückkosten	$k_f(x) = \frac{10000}{x}$	$k_f(x) = \frac{500}{x}$	$k_f(x) = \frac{50}{x}$
Grenzkosten	$K'(x) = 500$	$K'(x) = 2x + 5$	$K'(x) = 1{,}5x^2 - 8x + 12$
Grenzstückkosten	$k'(x) = -\frac{10000}{x^2}$	$k'(x) = 1 - \frac{500}{x^2}$	$k'(x) = x - 4 - \frac{50}{x^2}$

4 Ein progressiver Gesamtkostenverlauf ist für quadratische Kostenfunktionen typisch.

Die allgemeine Gleichung der quadratischen Kostenfunktion ist: $K(x) = ax^2 + bx + c$.

Zur Bestimmung der Kostenfunktion benötigen wir drei Aussagen.

① Kostenpunkt (10/1600)	$1600 = 100a + 10b + c$
② Fixkosten 1000 GE	$c = 1000$
③ Grenzkosten $K'(10) = 65$	$K'(x) = 2ax + b$
	$65 = 20a + b$
Es ergibt sich folgendes LGS:	$600 = 100a + 10b$
	$65 = 20a + b$

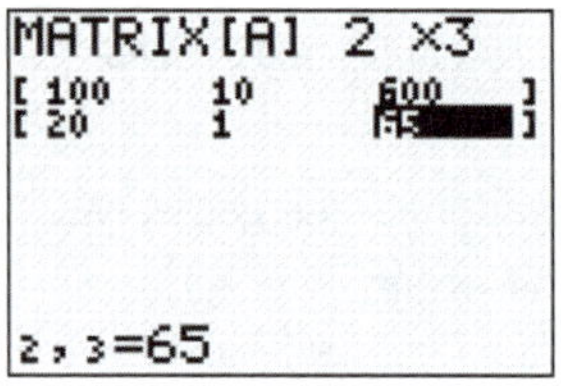

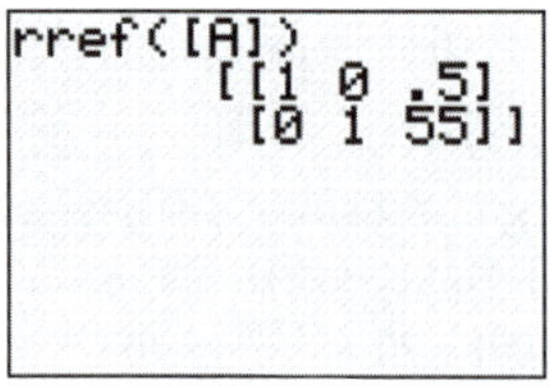

$a = 0{,}5$; $b = 55$; $c = 1000$

Gesamtkostenfunktion: $K(x) = 0{,}5x^2 + 5x + 1000$

5 a) Ein anfangs degressiver und dann progressiver Gesamtverlauf ist typisch für ertragsgesetzliche Kostenfunktionen. Es ist daher von einer Kostenfunktion 3. Ordnung auszugehen.

Allgemeine Funktionsgleichungen:

$K(x) = ax^3 + bx^2 + cx + d$

$k(x) = ax^2 + bx + c + \frac{d}{x}$ $\quad k'(x) = 2ax + b - \frac{d}{x^2}$

$k_v(x) = ax^2 + bx + c$ $\quad k_v'(x) = 2ax + b$

Zur Bestimmung der Kostenfunktion benötigen wir vier Aussagen.

① variable Stückkosten	$k_v(12{,}5) = 443{,}75$
	$443{,}75 = 156{,}25a + 12{,}5b + c$
② minimale v. Stückkosten:	$k_v'(12{,}5) = 0$
	$0 = 25a + b$
③ minimale Stückkosten	$k'(20) = 0$
	$0 = 40a + b - \frac{d}{400}$
④ Fixkosten:	$20 \cdot 300 \frac{GE}{ME}$
	$d = 6000$

Es ergibt sich folgendes LGS:

$443{,}75 = 156{,}25a + 12{,}5b + c$

$0 = 25a + b$

$15 = 40a + b$

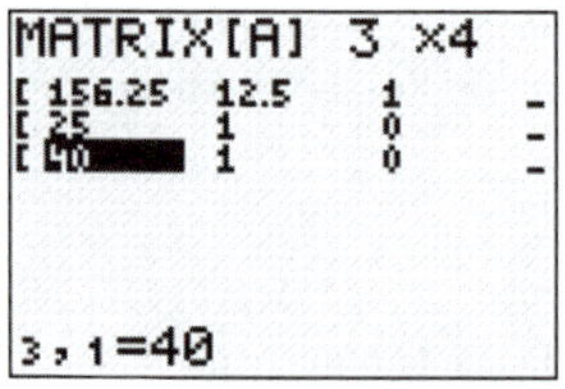

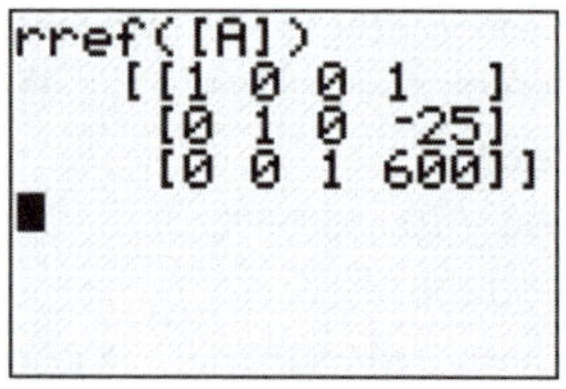

$a = 1$; $b = -25$; $c = 600$; $d = 6000$

$K(x) = x^3 - 25x^2 + 600x + 6000$

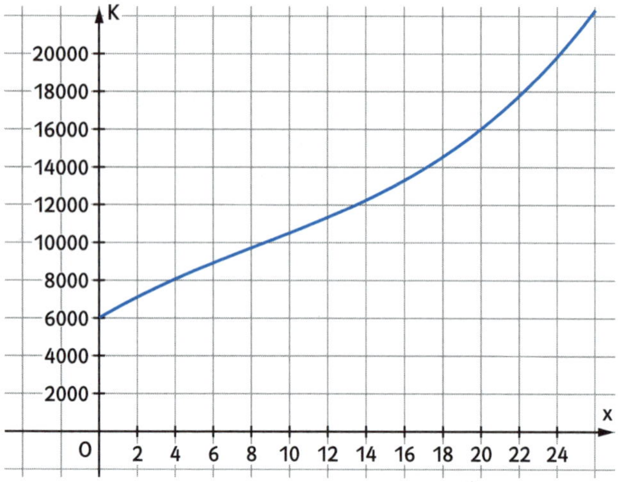

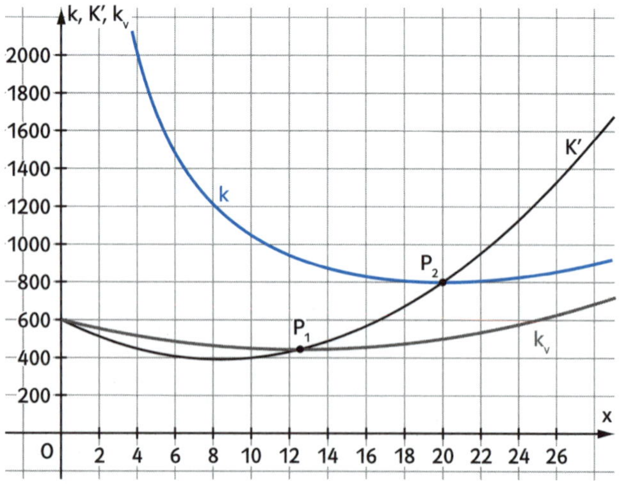

b) $K'(x) = 3x^2 - 50x + 600$; $k(x) = x^2 - 25x + 600 + \frac{6000}{x}$;

$k_v(x) = x^2 - 25x + 600$

Da die Grenzkostenfunktion die Funktionen der variablen und totalen Stückkosten in ihren Minima schneidet, ergeben sich die zu berechnenden Schnittpunkte bereits aus der Aufgabenstellung.

$P_1(12{,}5 \mid 443{,}75)$ und $P_2(20 \mid 800)$

Rechenwege

Erster Schnittpunkt: $K'(x) = k_v(x)$

$3x^2 - 50x + 600 = x^2 - 25x + 600$

$2x^2 - 25x = 0$

$2x(x - 12{,}5) = 0$

$x_1 = 0 \vee x_2 = 12{,}5$

Für $x_1 = 0$ sind die variablen Stückkosten nicht definiert.

$k_v(12{,}5) = 12{,}5^2 - 25 \cdot 12{,}5 + 600 = 443{,}75$

$P_1(12{,}5\,|\,443{,}75)$

Zweiter Schnittpunkt: $K'(x) = k(x)$

$3x^2 - 50x + 600 = x^2 - 25x + 600 + \frac{6000}{x} \quad | \cdot x \text{ für } x \neq 0$

$3x^3 - 50x^2 + 600x = x^3 - 25x^2 + 600x + 6000$

$2x^3 - 25x^2 - 6000 = 0$

1. Nullstelle $\mathbf{x = 20}$ durch Probieren

Polynomdivision:

$(2x^3 - 25x^2 - 6000):(x - 20) = 2x^2 + 15x + 300$

$x^2 + 7{,}5x + 150 = 0$

$x_{2,3} = -3{,}75 \pm \sqrt{3{,}75^2 - 150}$

$x_{2,3} \notin \mathbb{R}$

$k(20) = 20^2 - 25 \cdot 20 + 600 + \frac{6000}{20} = 800$

$P_2(20\,|\,800)$

6 a) (I)

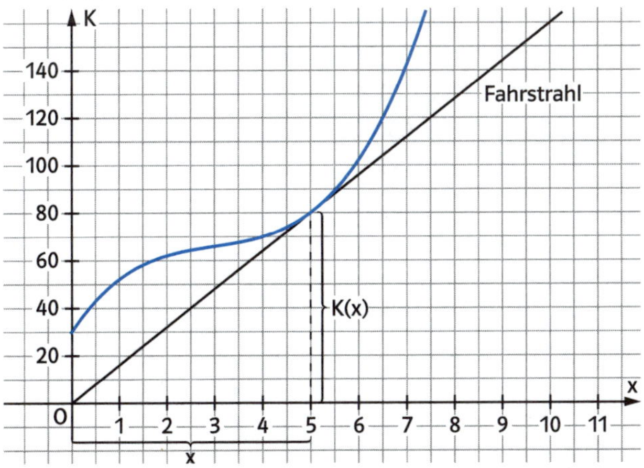

1. **wahr**

   Die Kostenfunktion hat offensichtlich für x = 3 einen Wendepunkt und damit dort den geringsten Kostenzuwachs.

2. **wahr**

   Die Steigung des Fahrstrahls gibt das Verhältnis von K(x) zu x, also die Stückkosten an. Für x = 5 wird der Fahrstrahl zur Tangente, die Stückkosten sind damit hier am geringsten.

3. **wahr**

   Die Funktion verläuft für $x \leq 3$ konkav (rechtsgekrümmt) und die Kosten steigen degressiv.

(II)

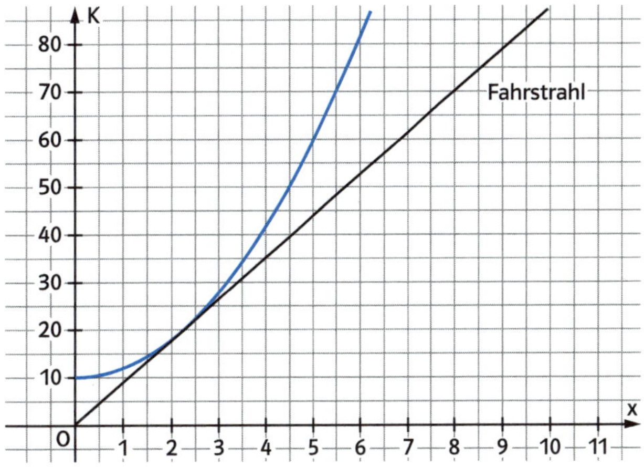

1. **falsch**

   Die Kurve verläuft konvex, hat also steigende Kostenzuwächse.

2. **falsch**

   Der Fahrstrahl wird für einen x-Wert, der größer als 1,5 ist zur Tangente. Die Stückkosten sind für 1,5 ME nicht minimal.

3. **wahr**

   Die Funktion verläuft im gesamten Bereich konvex. Die Kosten steigen daher progressiv.

b) (I)

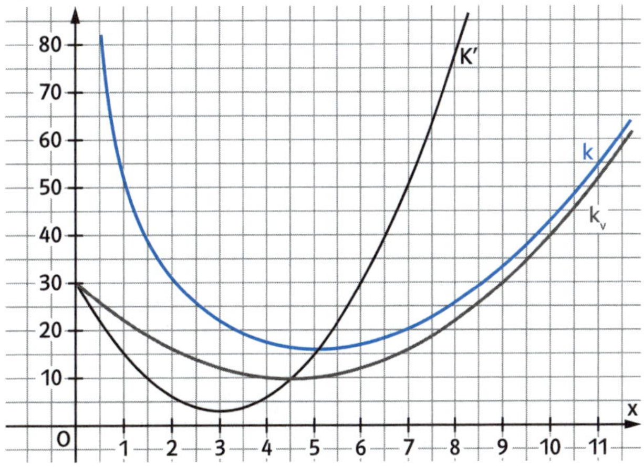

(II)

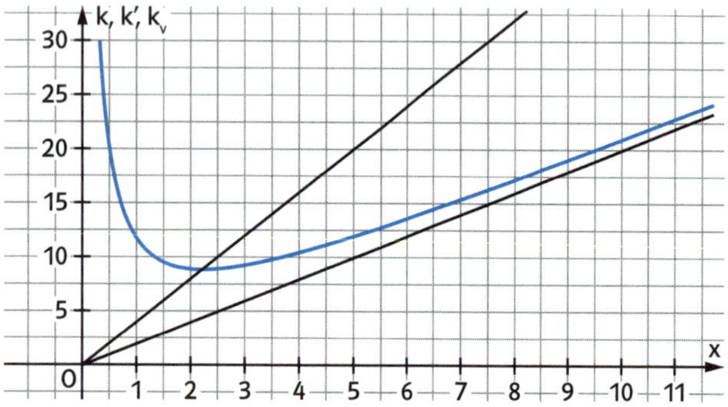

7 a) $K(x) = 0{,}1x^3 - 5x^2 + 90x + 100$

(I) monoton steigend $K'(x) > 0$

$K'(x) = 0{,}3x^2 - 10x + 90$

$0{,}3x^2 - 10x + 90 > 0$

$x^2 - \frac{100}{3}x + 300 > 0$

$x^2 - \frac{100}{3}x + \left(\frac{50}{3}\right)^2 > \left(\frac{50}{3}\right)^2 - 300$

$\left(x - \frac{50}{3}\right)^2 > -22{,}2$

Die Funktion ist für alle $x \geqq 0$ monoton steigend.

(II) keine Extremwerte

Da die Funktion für alle $x \geqq 0$ monoton steigend ist, kann sie keine Extremwerte besitzen.

(III) konkav/konvexer Wendepunkt

Es ist das Krümmungsverhalten zu untersuchen.

$K''(x) = 0{,}6x - 10$

konkav (rechtsgekrümmt)	konvex (linksgekrümmt)
$0{,}6x - 10 < 0$	$0{,}6x - 10 > 0$
$x < 16{,}6\ldots$	$x > 16{,}6\ldots$

Der Wendepunkt geht von einer konkaven in eine konvexe Krümmung über.

(IV) Aus $d = 100$ folgt, dass positive Fixkosten existieren.

$K(x) = 0{,}1x^3 - 5x^2 + 90x + 100$

weist einen für ertragsgesetzliche Kostenfunktionen typischen Verlauf auf.

b) $K(x) = 0{,}1x^3 - 5x^2 + 80x + 100$

$K'(x) = 0{,}3x^2 - 10x + 80$

$0{,}3x^2 - 10x + 80 > 0$

$x^2 - \frac{100}{3}x + \frac{800}{3} > 0$

$x^2 - \frac{100}{3}x + \left(\frac{50}{3}\right)^2 > \left(\frac{50}{3}\right)^2 - \frac{800}{3}$

$\left(x - \frac{50}{3}\right)^2 > \frac{100}{9}$

$\left|x - \frac{50}{3}\right| > \frac{10}{3}$

$x > 20 \vee x < 13{,}3\ldots$

Die Funktion $K(x) = 0{,}1x^3 - 5x^2 + 80x + 100$ fällt im Intervall $]13{,}33;\ 20[$ und kann daher keine Kostenfunktion darstellen.

Hinweis:

Für ertragsgesetzliche Kostenverläufe müssen die Koeffizienten folgende Bedingungen erfüllen:

$a > 0;\ b < 0;\ c > 0;\ b^2 < 3 \cdot a \cdot c;\ d \geqq 0$

a) $0{,}1 > 0;\ -5 < 0;\ 25 < 27;\ 100 > 0$

b) $0{,}1 > 0;\ -5 < 0;\ 25 > 24$ (nicht erfüllt!); $100 > 0$

1.2 Betriebsminimum und Betriebsoptimum

1 a) Betriebsminimum

$K(x) = 0{,}02x^3 - 18x^2 + 6000x + 500\,000$

$K'(x) = 0{,}06x^2 - 36x + 6000$

$k(x) = 0{,}02x^2 - 18x + 6000 + \frac{500\,000}{x}$

$k_v(x) = 0{,}02x^2 - 18x + 6000$ $\quad k_v'(x) = 0{,}04x - 18$

$k_v'(x) = 0$

$0{,}04x - 18 = 0$

$x_{BM} = 450$

Das Betriebsminimum liegt bei $x_{BM} = 450$ ME.

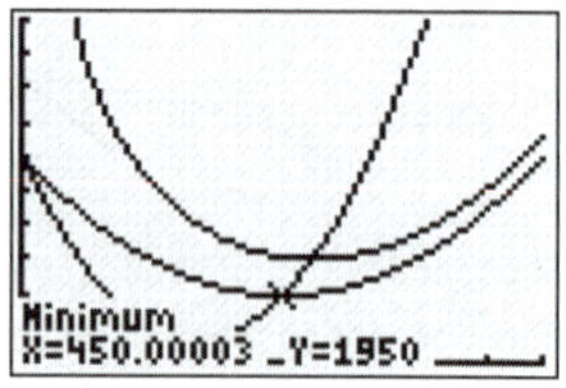

Kurzfristige Preisuntergrenze KPU

$k_v(450) = 0{,}02 \cdot 450^2 - 18 \cdot 450 + 6000$

$k_v(450) = 1950$

Die kurzfristige Preisuntergrenze ist KPU = 1950 GE/ME.

b) Betriebsoptimum

$K'(x) = k(x)$

$0{,}006x^2 - 36x + 6000 = 0{,}02x^2 - 18x + 6000 + \frac{500\,000}{x}$

$0{,}04x^2 - 18x - \frac{500\,000}{x} = 0 \quad | \cdot x$ für $x \neq 0$

$0{,}04x^3 - 18x^2 - 500\,000 = 0$

Probieren führt zu

$x_{BO} = 500$ ME.

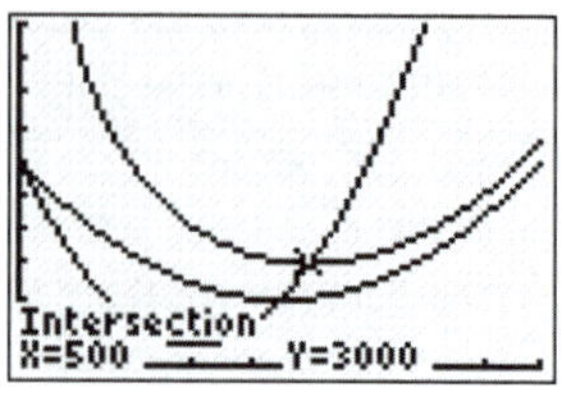

Polynomdivision:

$(0{,}04x^3 - 18x^2 - 500\,000) : (x - 500) = 0{,}04x^2 + 2x + 1000$

$0{,}04x^2 + 2x + 1000 = 0$

$x^2 + 50x + 25\,000 = 0$

$x_{2,3} = -25 \pm \sqrt{625 - 25\,000} \notin \mathbb{R}$

Das Betriebsoptimum liegt bei $x_{BO} = 500$ ME.

Langfristige Preisuntergrenze LPU

$k(500) = 0{,}02 \cdot 500^2 - 18 \cdot 500 + 6000 + \frac{500\,000}{500}$

$k(500) = 3000$

Die langfristige Preisuntergrenze ist LPU = 3000 GE/ME.

2 $K_v(x) = 0{,}3x^3 - 1{,}8x^2 + 5x \qquad K_f = 60$

$K(x) = 0{,}3x^3 - 1{,}8x^2 + 5x + 60$

$K'(x) = 0{,}9x^2 - 3{,}6x + 5$

$k(x) = 0{,}3x^2 - 1{,}8x + 5 + \frac{60}{x}$

$k'(x) = 0{,}6x - 1{,}8 - \frac{60}{x^2}$

$k_v(x) = 0{,}3x^2 - 1{,}8x + 5$

$k_v'(x) = 0{,}6x - 1{,}8$

a) Betriebsminimum

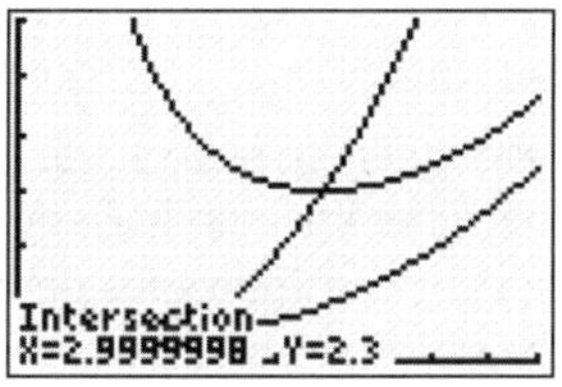

$k_v'(x) = 0$

$0{,}6x - 1{,}8 = 0$

$x_{BM} = 3$

Das Betriebsminimum liegt bei $x_{BM} = 3$ ME.

Kurzfristige Preisuntergrenze KPU

$k_v(3) = 0{,}3 \cdot 3^2 - 1{,}8 \cdot 3 + 5$

$k_v(3) = 2{,}3$

Die kurzfristige Preisuntergrenze ist KPU = 2,3 GE/ME.

b) Betriebsoptimum

$k'(x) = 0$

$0{,}6x - 1{,}8 - \frac{60}{x^2} = 0 \quad | \cdot x^2 \text{ für } x \neq 0$

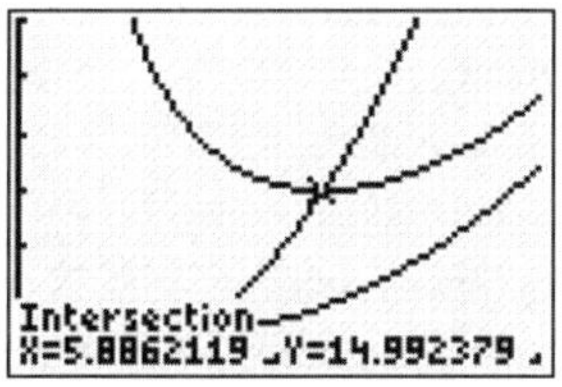

$0{,}6x^3 - 1{,}8x^2 - 60 = 0$

Ein Näherungsverfahren liefert $x_{BO} \approx 5{,}88$.

Wegen $k''(x_{BO}) > 0$ liegt ein Minimum vor.

Das Betriebsoptimum liegt bei $x_{BO} = 5{,}88$ ME.

Langfristige Preisuntergrenze LPU

$k(5{,}88) = 0{,}3 \cdot 5{,}88^2 - 1{,}8 \cdot 5{,}88 + 5 + \frac{60}{5{,}88}$

$k(5{,}88) \approx 15$

Die langfristige Preisuntergrenze ist LPU = 15 GE/ME.

3 a) $K(x) = ax^3 + bx^2 + cx + d$

$k(x) = ax^2 + bx + c + \frac{d}{x}$

$k'(x) = 2ax + b - \frac{d}{x^2}$

$k_v(x) = ax^2 + bx + c$

$k_v'(x) = 2ax + b$

$k_v'(2) = 0 \qquad$ LGS: $0 = 4a + b$

$k'(5) = 0 \qquad 18 = 4a + 2b + c$

$d = 75 \qquad 0 = 10a + b - \frac{75}{25}$

$a = 0{,}5$; $b = -2$; $c = 20$; $d = 75 \qquad K(x) = 0{,}5x^3 - 2x^2 + 20x + 75$

b) Da für x = 5 die Stückkosten minimal sind, ergibt k(5) die langfristige Preisuntergrenze LPU.

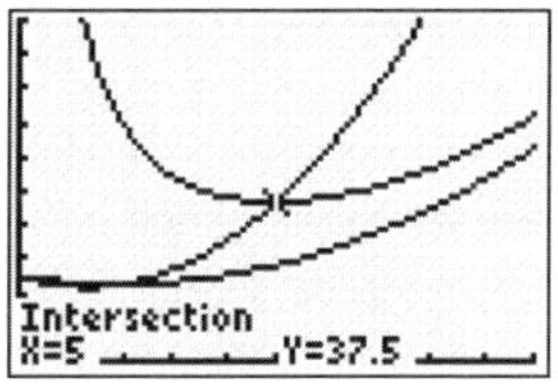

$k(x) = 0{,}5x^2 - 2x + 20 + \frac{75}{x}$

$k(5) = 0{,}5 \cdot 5^2 - 2 \cdot 5 + 20 + \frac{75}{5}$

$k(5) = 37{,}5$

Die langfristige Preisuntergrenze ist LPU = 37,5 GE/ME.

c) $k'(x) = x - 2 - \frac{d}{x^2}$

$k'(4) = 0$

$4 - 2 - \frac{d}{4^2} = 0$

$-d = -32$

$d = 32$

Die Fixkosten müssten 32 GE betragen.

4 a)

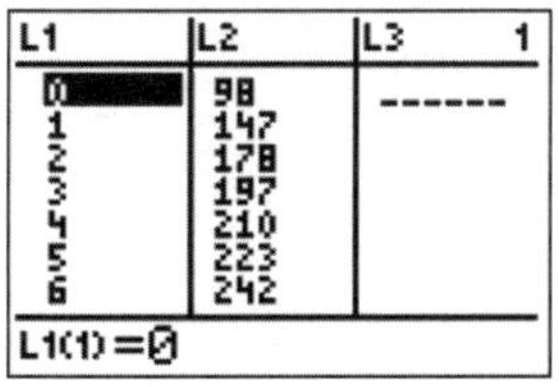

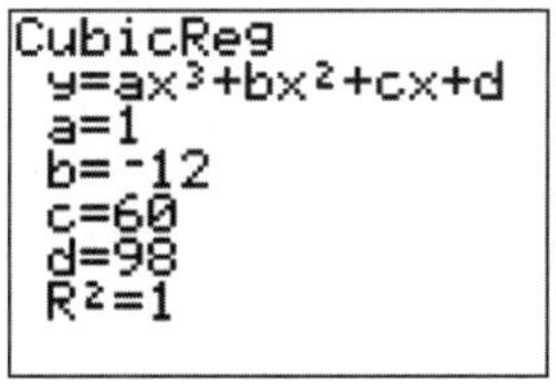

b) degressive Kosten;	progressive Kosten;
konkaver Kurvenverlauf	konvexer Kurvenverlauf
$K''(x) < 0$	$K''(x) > 0$
$K''(x) = 6x - 24$	$K''(x) = 6x - 24$
$6x - 24 < 0$	$6x - 24 > 0$
$x < 4$	$x > 4$

c) Kurzfristige Preisuntergrenze; Betriebsminimum bestimmen $k_v'(x) = 0$ und x_{BM} in k_v einsetzen.

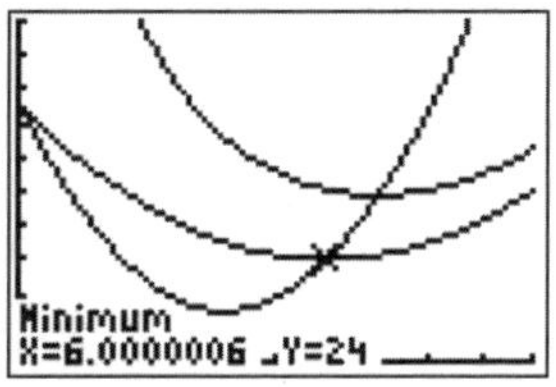

$k_v(x) = x^2 - 12x + 60$

$k_v'(x) = 2x - 12$

$2x - 12 = 0$

$x_{BM} = 6$

$k_v(6) = 6^2 - 12 \cdot 6 + 60$

$k_v(6) = 24$

Die kurzfristige Preisuntergrenze beträgt 24 GE/ME.

Langfristige Preisuntergrenze; Betriebsoptimum bestimmen $k'(x) = 0$ und x_{BO} in k einsetzen

$k(x) = x^2 - 12x + 60 + \frac{98}{x}$

$k'(x) = 2x - 12 - \frac{98}{x^2}$

$2x^3 - 12x^2 - 98 = 0$

$x^3 - 6x^2 - 49 = 0$

$x_{BM} = 7$

$k''(7) > 0 \rightarrow$ *Min.*

$k(7) = 7^2 - 12 \cdot 7 + 60 + \frac{98}{7} = 39$

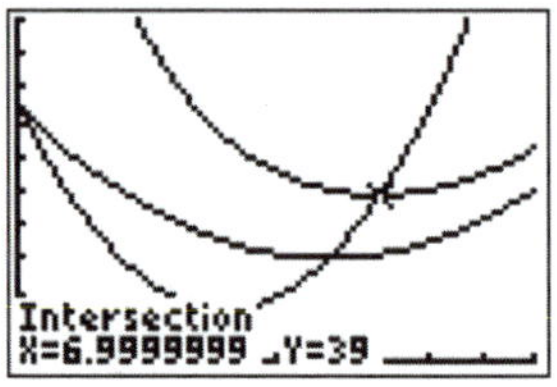

Die langfristige Preisuntergrenze beträgt 39 GE/ME.

5 Gesamtkostenfunktion $K(x) = 0{,}3\,(e^x - x^2)$

Grenzkostenfunktion $K'(x) = 0{,}3\,(e^x - 2x)$

Stückkostenfunktion $k(x) = \frac{0{,}3\,(e^x - x^2)}{x}$

Fixkosten $K_f = K(0) = 0{,}3\,(e^0 - 0^2) = 0{,}3$

Funktion der variablen Kosten

$K_v(x) = K(x) - K_f = 0{,}3\,(e^x - x^2) - 0{,}3$

Funktion der variabeln Stückkosten

$k_v(x) = \frac{0{,}3\,(e^x - x^2) - 0{,}3}{x}$

Betriebsminimum und kurfristeige Preisuntergrenze

$K'(x) = k_v(x)$

$0{,}3\,(e^x - 2x) = \frac{0{,}3\,(e^x - x^2) - 0{,}3}{x}$

$x\,(e^x - 2x) = e^x - x^2 - 1$

$x e^x - e^x - x^2 + 1 = 0$

$x_{BM} = 1$

$k_v(x_{BM}) \approx 0{,}22$

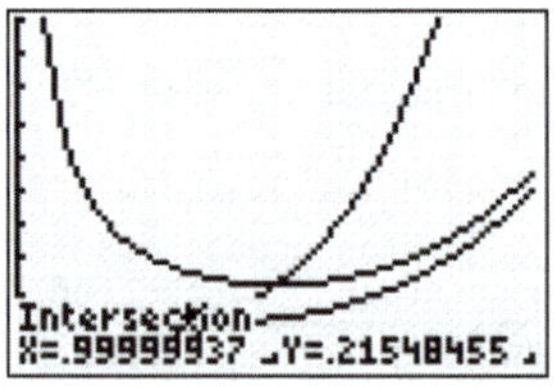

Das Betriebsminimum liegt bei $x_{BM} = 1$ ME und die kurzfristige Preisuntergrenze ist KPU ≈ 0,22 GE/ME.

Betriebsoptimum und langristige Preisuntergrenze

$K'(x) = k(x)$

$0{,}3\,(e^x - 2x) = \frac{0{,}3\,(e^x - x^2)}{x}$

$x\,(e^x - 2x) = (e^x - x^2)$

$x e^x - e^x - x^2 = 0$

$x_{BO} \approx 1{,}5$

$k(x_{BO}) \approx 0{,}45$

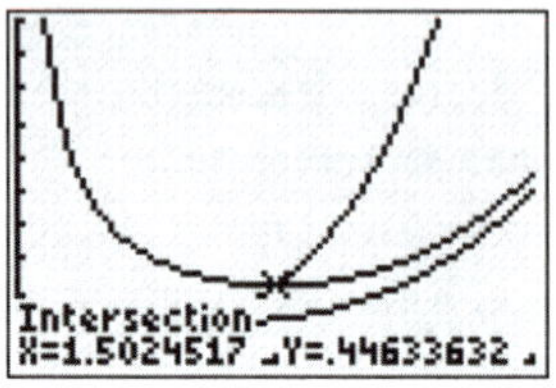

Das Betriebsoptimum liegt bei $x_{BO} = 1{,}5$ ME und die langfristige Preisuntergrenze ist LPU ≈ 0,45 GE/ME.

Der Graph der Grenzkostenfunktion schneidet den Graphen der Stückkostenfunktion sowie den Graphen der variablen Stückkostenfunktion jeweils im Minimum.

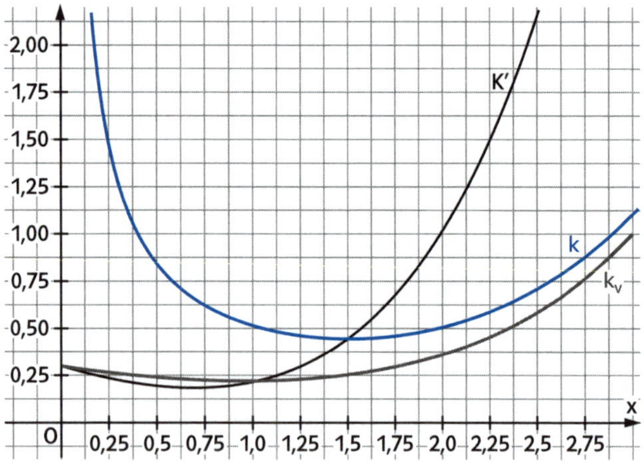

2 Nachfrage- und Erlösfunktionen

1

Preis $\bar{p} = 100$

Erlösfunktion $E(x) = 100x$

Grenzerlösfunktion $E'(x) = 100$

Bei einer linearen PAF entspricht der Grenzerlös dem Preis.

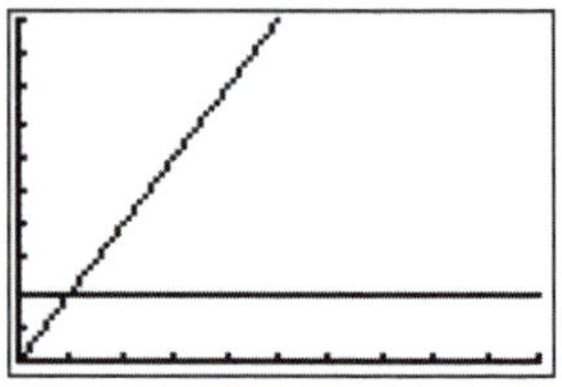

2

a) Erlösfunktion:	$E(x) = 30x$
Grenzerlösfunktion:	$E'(x) = 30$
E(40):	$E(40) = 1200$
maximaler Erlös:	$E_{max} = 50 \cdot 30 = 1500$
b) Erlösfunktion:	$E(x) = -2x^2 + 100x$
Grenzerlösfunktion:	$E'(x) = -4x + 100$
E(40):	$E(40) = 800$
maximaler Erlös:	$-4x + 100 = 0 \Rightarrow x = 25$
	$E_{max} = -2 \cdot 25^2 + 100 \cdot 25 = 1250$
c) Erlösfunktion:	$E(x) = 100x\,e^{-0{,}1x}$
Grenzerlösfunktion:	$E'(x) = (100 - 10x)\,e^{-0{,}1x}$
E(40):	$E(40) \approx 73{,}26$
maximaler Erlös:	$(100 - 10x)\,e^{-0{,}1x} = 0 \Rightarrow x = 10$
	$E_{max} = 100 \cdot 10 \cdot e^{-1} \approx 367{,}9$

3 a) $\frac{\Delta p}{\Delta x} = \frac{156 - 160}{22 - 20} = -2$; $\frac{\Delta p}{\Delta x} = \frac{150 - 156}{25 - 22} = -2$;

$\frac{\Delta p}{\Delta x} = \frac{142 - 150}{29 - 25} = -2$

Die Änderungsraten sind konstant. Mit jeder zusätzlich angebotenen Einheit fällt der Preis um 2 Einheiten. Die Preis-Absatz-Funktion ist linear.

$p(x) = mx + b$

$m = -2$ und $P(20|160)$ führt zu folgender Gleichung:
$160 = -2 \cdot 20 + b$,
damit ist $b = 200$ und $p(x) = -2x + 200$.

b) Höchstpreis: $p(0) = 200$ GE/ME
Schnittpunkt mit der y-Achse
Sättigungsmenge: $0 = -2x + 200$
Schnittpunkt mit der x-Achse
$x = 100$
Die Sättigungsmenge beträgt 100 ME.

c) $E(x) = -2x^2 + 200x$
maximale Erlöse: $E'(x) = -4x + 200$
$-4x + 200 = 0$
$x = 50$
Bei einer Absatzmenge von 50 ME können maximale Erlöse erzielt werden.

4 Gesucht ist die Umkehrfunktion von
$x(p) = -5p + 500$ oder $p \mapsto -5p + 500$
mit $x \in [0; 500]$ und $p \in [0; 100]$
als Gleichung $y = -5x + 500$
Vertauschen von x und y: $x = -5y + 500$
Nach y auflösen $y = -\frac{1}{5}x + 100$
$p(x) = -\frac{1}{5}x + 100$ oder
$x \mapsto -\frac{1}{5}x + 100$
mit $p \in [0; 100]$ und $x \in [0; 500]$

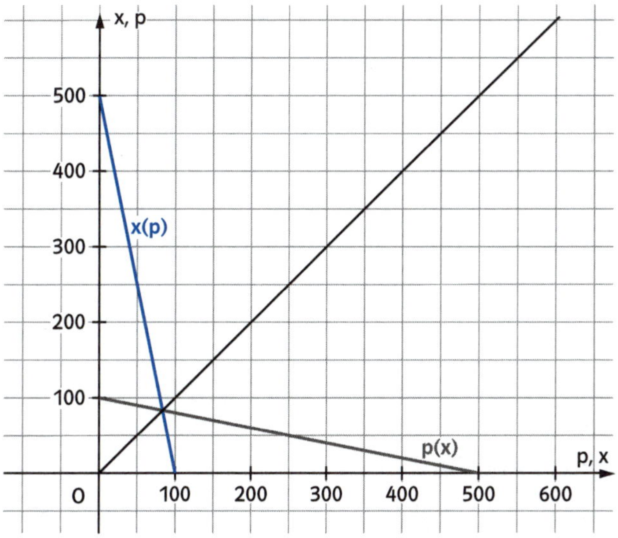

5 $p(x) = ax^2 + bx + c$; $E(x) = ax^3 + bx^2 + cx$;
$E'(x) = 3ax^2 + 2bx + c$
$H(0|288)$ $288 = a \cdot 0^2 + b \cdot 0 + c$
$\Rightarrow c = 288$
$S(12|0)$ $0 = 12^2 \cdot a + 12b + 288$
$x = 4 \rightarrow$ Erlösmaximum $E' = 0$ $0 = 3 \cdot a \cdot 4^2 + 2b \cdot 4 + 288$

LGS $144a + 12b = -288$
$48a + 8b = -288$

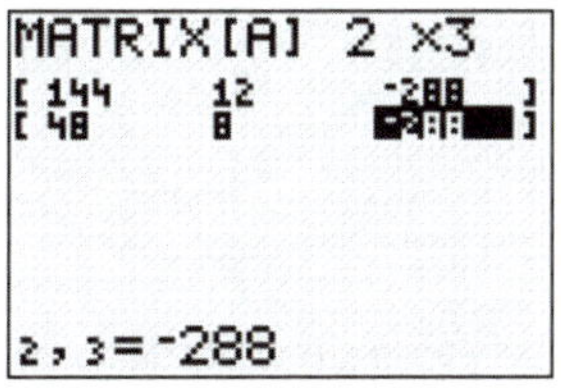

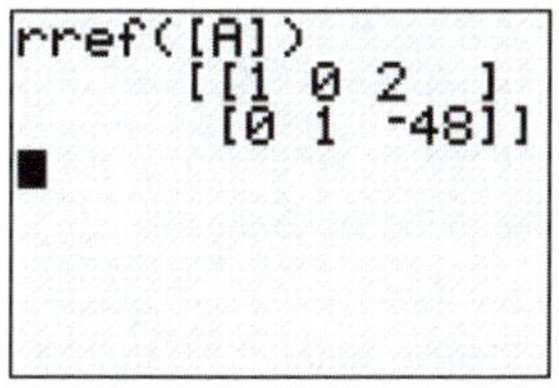

$p(x) = 2x^2 - 48x + 288$
$p'(x) = 4x - 48$
$p'(x) < 0$
$4x - 48 < 0$
$x < 12$
Damit ist die PAF im gesamten ökonomisch sinnvollen Definitionsbereich $x \in [0; 12]$ (12 ist die Sättigungsmenge.) streng monoton fallend.

6 $p(x) = \frac{U(x)}{x} = -2x^2 - 8x + 192$
$U(x) = -2x^3 - 8x^2 + 192x$
$U'(x) = -6x^2 - 16x + 192$
$-6x^2 - 16x + 192 = 0$
$x^2 + \frac{8}{3}x - 32 = 0$
$x_{1,2} = -\frac{4}{3} \pm \sqrt{\frac{16}{9} + 32}$
$x_1 \approx 4{,}48$
$x_2 \approx -7{,}15 \notin D_{\text{Ök}}$
$U''(x) = -12x - 16$
$U''(4{,}48)$ 0 → *Maximum*
$p(4{,}48) = -2 \cdot 4{,}48^2 - 8 \cdot 4{,}48 + 192 \approx 116{,}3$
Der umsatzmaximale Preis beträgt 116 GE/ME.

7 $p(x) = mx + b$
Höchstpreis: $(0|b)$
Sättigungsmenge: $(a|0)$
$0 = m \cdot a + b$ $m = -\frac{b}{a}$
$p(x) = -\frac{b}{a}x + b$
$E(x) = -\frac{b}{a}x^2 + bx$
$E'(x) = -\frac{2b}{a}x + b$
$-\frac{2b}{a}x + b = 0$
$-2bx = -ab$
$x = \frac{a}{2}$
$E''(x) = -\frac{2b}{a} < 0 \rightarrow$ Maximum
$E\left(\frac{a}{2}\right) = -\frac{b \cdot a^2}{a \cdot 4} + \frac{ba}{2} = \frac{ba}{4}$
Das Erlösmaximum liegt bei $\left(\frac{a}{2}\middle|\frac{ba}{4}\right)$.

8 a) Wenn $p_a(x) = (a + 0{,}5x)e^{a-x}$ streng monoton fallend sein soll, muss $p_a'(x) < 0$ sein.

$p_a'(x) = 0{,}5e^{a-x} - (a + 0{,}5x)e^{a-x}$

$p_a'(x) = (0{,}5 - a - 0{,}5x)e^{a-x}$

$p_a'(x) < 0 \Rightarrow 0{,}5 - a - 0{,}5x < 0$

$-0{,}5x < a - 0{,}5$

$x > 1 - 2a$

Aus ökonomischer Sicht sollten die Eigenschaften der Nachfragefunktion ab $x = 0$ gelten.

$1 - 2a = 0$

$a = 0{,}5$

Daraus folgt: Für $a \geqq 0{,}5$ ist die Funktion für alle $x \geqq 0$ monoton fallend und hat die typischen Eigenschaften einer Nachfragefunktion.

b) $p_2(x) = (2 + 0{,}5x)e^{2-x}$

Höchstpreis:

$p_2(0) = (2 + 0{,}5 \cdot 0)e^2$

$p_2(0) = 2e^2 \approx 14{,}8$

Der Höchstpreis beträgt 14,8 GE/ME.

maximaler Erlös:

$E(x) = (2x + 0{,}5x^2)e^{2-x}$

$E'(x) = (2 - x - 0{,}5x^2)e^{2-x}$

$2 - x - 0{,}5x^2 = 0$

$x^2 + 2x - 4 = 0$

$x_{1,2} = -1 \pm \sqrt{1 + 4}$

$x_1 \approx 1{,}23$

$x_2 \approx -3{,}23 + D_{Ök}$

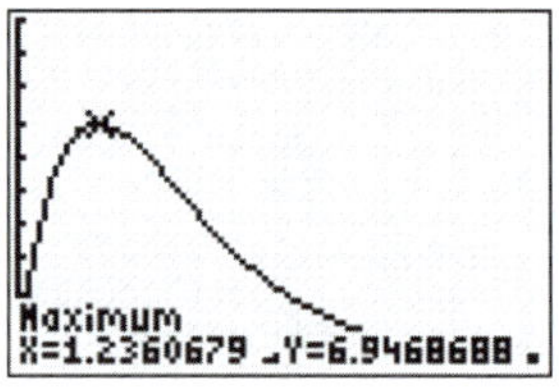

$E''(x) = (0{,}5x^2 - 3)e^{2-x}$

$E''(1{,}23) = (0{,}5x^2 - 3)e^{2-x} = -4{,}84 \rightarrow$ *Maximum*

$E(1{,}23) = (2 \cdot 1{,}23 + 0{,}5 \cdot 1{,}23^2)e^{2-1{,}23} = 6{,}946$

Der maximale Erlös beträgt 6,95 GE.

c)

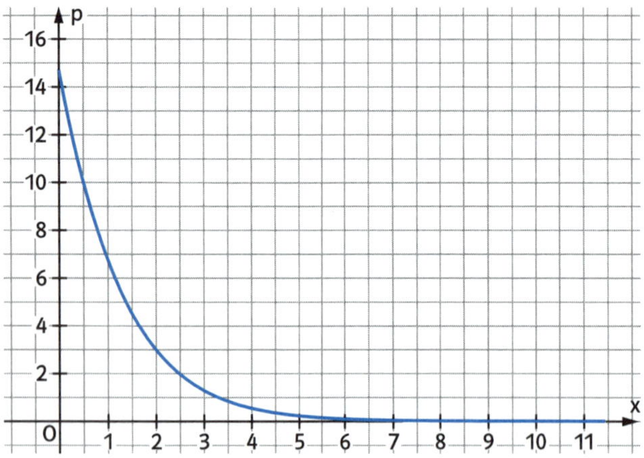

9 a) Eingabe der Daten:
[STAT] > EDIT > 1:Edit

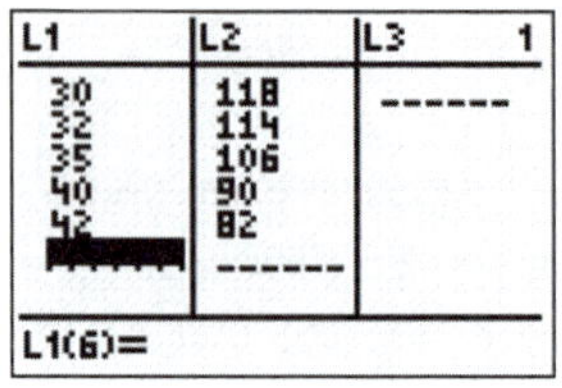

Berechnung durchführen: [STAT] > [CALC] > 4:LinReg(ax+b)
Mit der Eingabe: LinReg(ax+b) L1, L2, Y1
wird die Regressionsgerade berechnet und im Funktionseditor unter **Y1** gespeichert. Ist der Diagnose-Modus aktiviert ([CATALOG] > **DiagnosticOn**), so werden automatisch auch noch das Bestimmtheitsmaß r^2 und die Korrelation r berechnet.

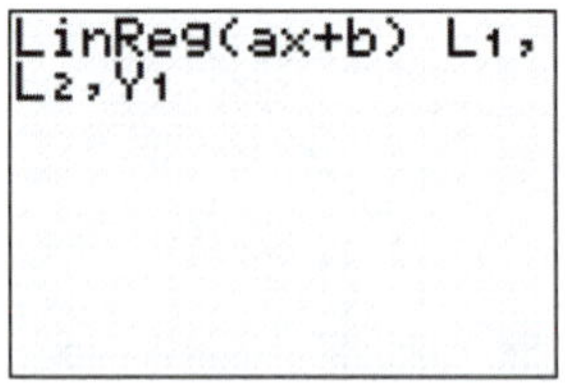

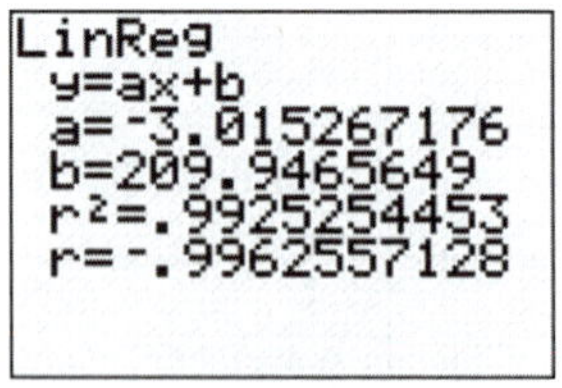

Das Bestimmtheitsmaß $r^2 = 0{,}9925\ldots$ besagt, dass sich 99,25 % der Streuung der Preise durch die Regression erklären lässt, nur 0,75 % der Gesamtstreuung sind durch die Regressionsgerade nicht erklärt.

Grafische Darstellungen: [2nd] [STAT PLOT] **Type: Punkt-Diagramm**

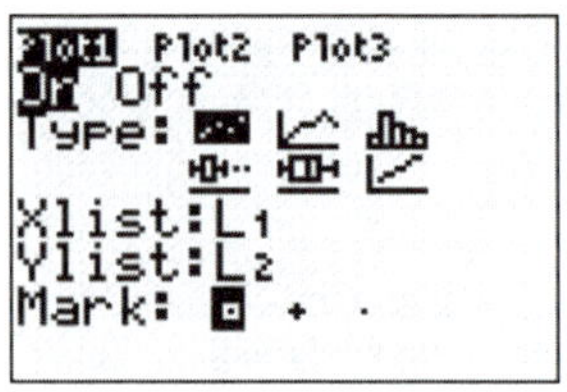

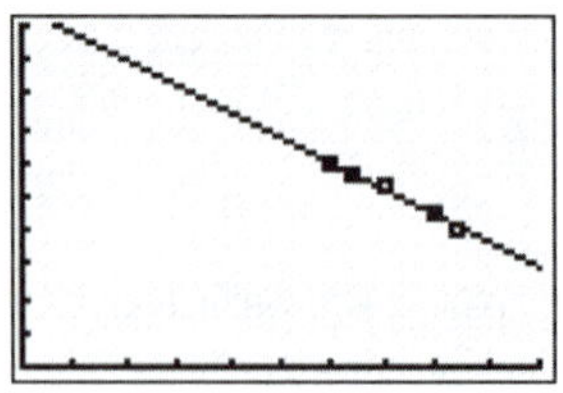

Optimale Window-Einstellung

$P(x) = -3x + 210$

Höchstpreis 120 GE/ME;

Sättigungsmenge 70 ME

$E(x) = -3x^2 + 210x$

$E'(x) = -6x + 210$

$-6x + 210 = 0$

$x = 35$

$E(35) = 3675$

Die maximalen Erlöse betragen 3675 GE.

Die übrigen Regressionen führen zu Kurvenverläufen, die keine Preis-Absatz-Funktionen darstellen können.

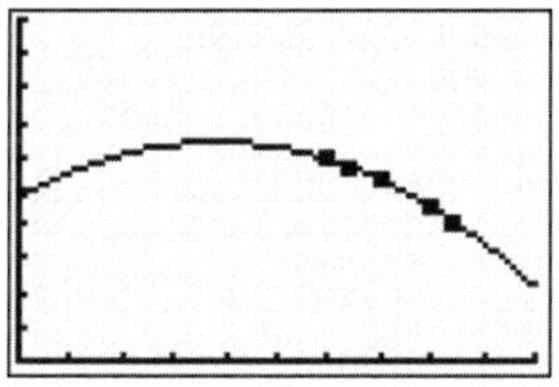
QuadReg

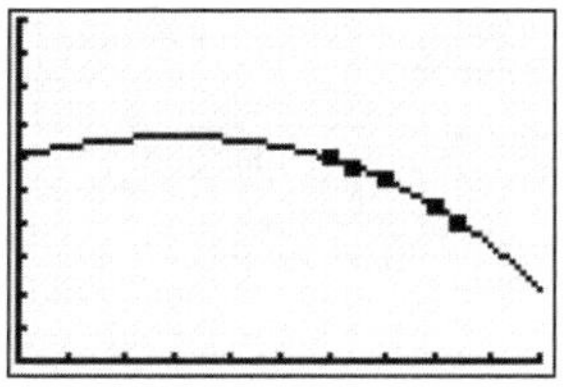
CubicReg

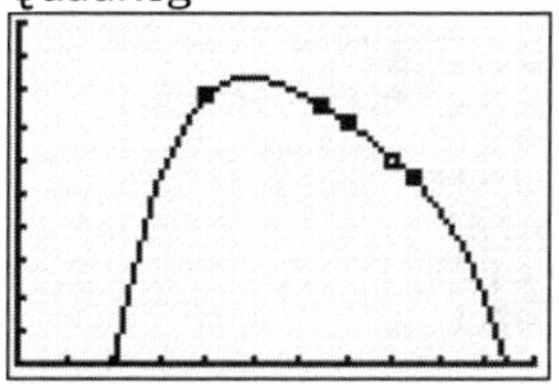
QuartReg

b) CubicReg liefert den besten Wert für R^2, da der Kurvenverlauf für die Funktion 4. Grades (QuartReg mit $R^2 = 1$) eher untypisch für eine Preis-Absatz-Funktion ist.

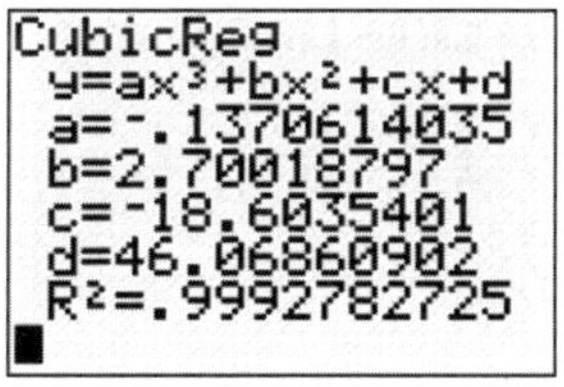

$p(x) = -0{,}14x^3 + 2{,}7x^2 - 18{,}6x + 46$

(Koeffizienten gerundet)

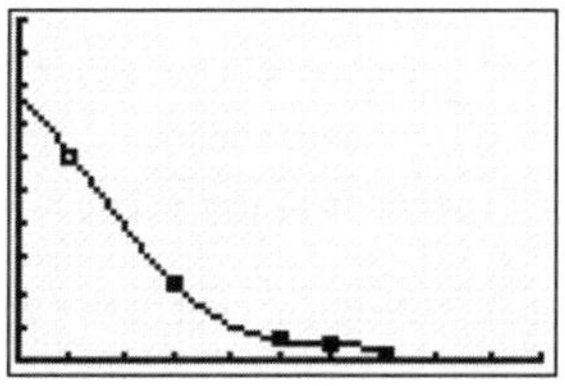

Höchstpreis 46 GE/ME

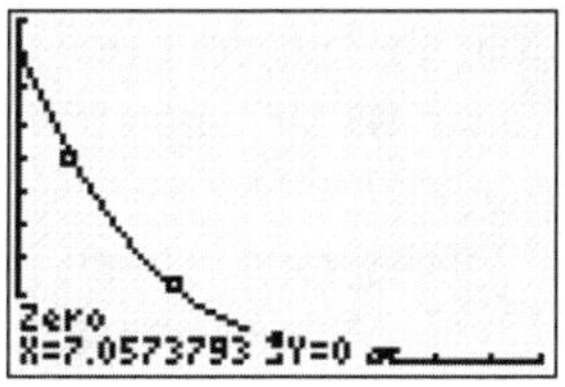

Sättigungsmenge 7,1 ME

$E(x) = -0{,}14x^4 + 2{,}7x^3 - 18{,}6x^2 + 46x$

Die maximalen Erlöse betragen 36,7 GE.

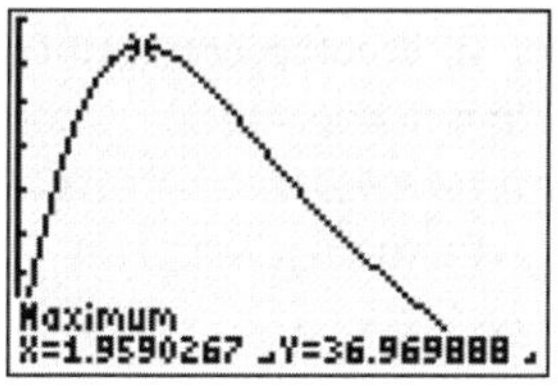

3 Kosten, Erlöse und Gewinne

1 Marktform von A1

Die Gewinnschwelle und Gewinngrenze können als Schnittstellen von E und K oder Nullstellen der Gewinnfunktion bestimmt werden.

$K(x) = E(x)$

$\frac{1}{2}x^3 - 6x^2 + 30x + 70{,}5 = 40x$

$x^3 - 12x^2 - 20x + 141 = 0$

bzw.

$G(x) = E(x) - K(x)$

$G(x) = -\frac{1}{2}x^3 + 6x^2 + 10x - 70{,}5$

$-\frac{1}{2}x^3 + 6x^2 + 10x - 70{,}5 = 0$

$x^3 - 12x^2 - 20x + 141 = 0$

Probieren ergibt $x_{NS} = 3$ ME

Polynomdivision:

$(x^3 - 12x^2 - 20x + 141) : (x - 3) = x^2 - 9x - 47$

$x^2 - 9x - 47 = 0$

$x_{1,2} = 4{,}5 \pm \sqrt{4{,}5^2 + 47}$

$x_1 \approx 12{,}7$

$x_2 \approx -3{,}7 \notin D_{Ök}$

Die gewinnmaximale Menge kann als Schnittstelle von Grenzkosten und Grenzerlösen oder als Maximum der Gewinnfunktion bestimmt werden.

$E'(x) = K'(x)$

$40 = \frac{3}{2}x^2 - 12x + 30$

$\frac{3}{2}x^2 - 12x - 10 = 0$

$x^2 - 8x - \frac{20}{3} = 0$

$x_{1,2} = 4 \pm \sqrt{16 + \frac{20}{3}}$

$x_1 \approx 8{,}76$

$x_2 \approx -0{,}76$

$G'(x) = -\frac{3}{2}x^2 + 12x + 10$ $\qquad G''(x) = -3x + 12$

$G'(x) = 0$

$-\frac{3}{2}x^2 + 12x + 10 = 0$

$x^2 - 8x - \frac{20}{3} = 0$

Hinreichende Bedingung für ein Gewinnmaximum:

$G''(x) < 0.$

$G''(8{,}76) = -3 \cdot 8{,}76 + 12 = -14{,}28 \rightarrow$ *Maximum*

Der Maximalgewinn ergibt sich als Funktionswert der Gewinnfunktion.

$G(8{,}76) = -\frac{1}{2} \cdot 8{,}76^3 + 6 \cdot 8{,}76^2 + 10 \cdot 8{,}76 - 70{,}5 \approx 141{,}41$

$x_{NS} = 3$ ME; $x_{NG} = 12{,}7$ ME; $x_G = 8{,}76$ ME; $G_{max} = 141{,}4$ GE

Marktform von A2:

$x_{NS} = 4$ ME; $x_{NG} = 10$ ME (Kapazitätsgrenze)

$x_G = 10$ ME; $G_{max} = 45$ GE

Marktform von B1:

$x_{NS} = 2$ ME; $x_{NG} = 7{,}75$ ME

$x_G = 5{,}19$ ME; $G_{max} = 105{,}47$ GE; $p_c = 68{,}1$ GE/ME

Marktform von B2:

$x_{NS} = 0{,}85$ ME; $x_{NG} = 7{,}81$ ME; $x_c = 4{,}33$ ME

$G_{max} = 36{,}33$ GE; $p_c = 17$ GE/ME

2 a)

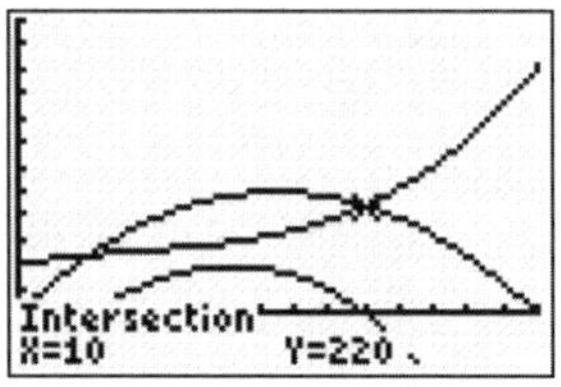

Gewinngrenze: $x_{NS} = 10$ ME

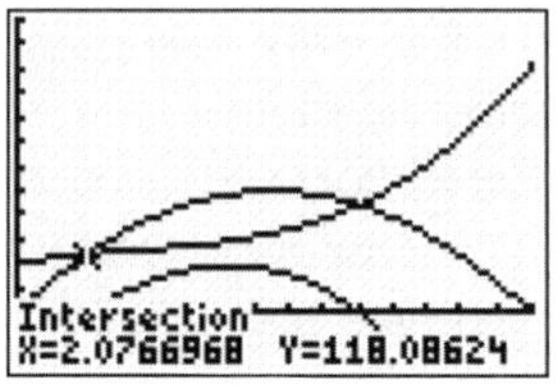

Gewinnschwelle: $x_{NS} = 2{,}07$ ME

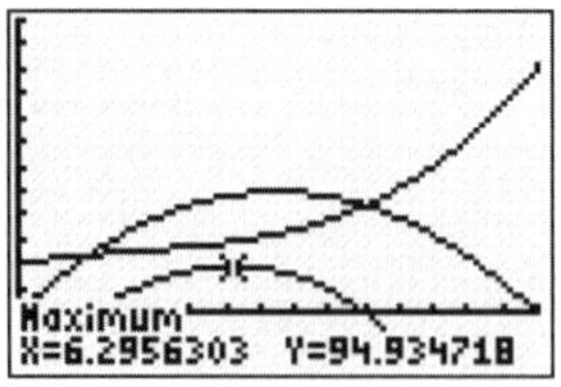

$G_{max}(6{,}29 \mid 94{,}93)$

b)

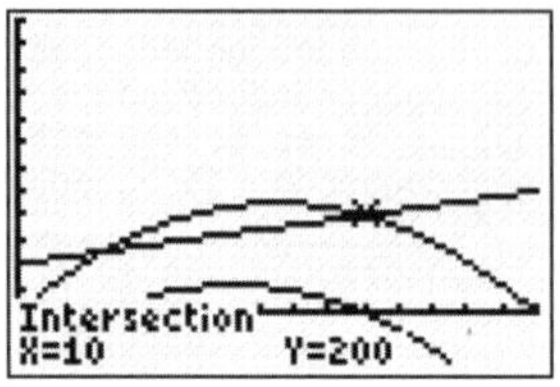

Gewinngrenze: $x_{NS} = 10$ ME

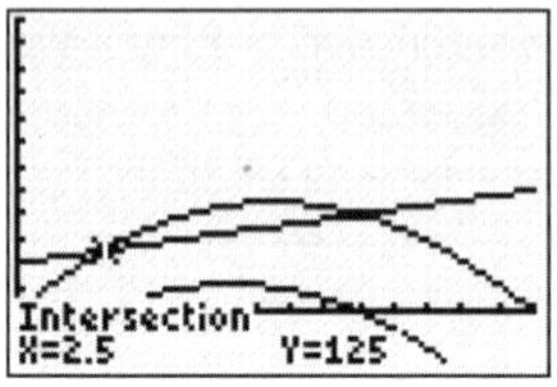

Gewinnschwelle: $x_{NS} = 2{,}5$ ME

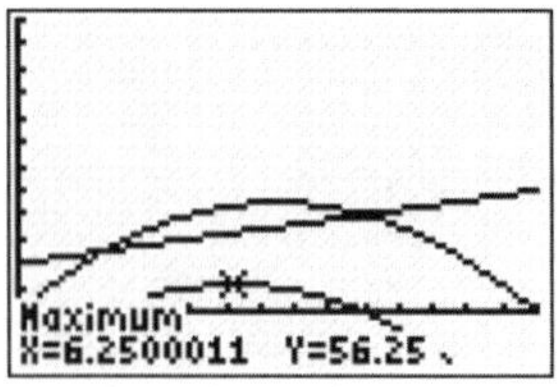

$G_{max}(6{,}25 \mid 56{,}25)$

c) $K(x) = 0{,}1x^3 - 2x^2 + 15x + 100$

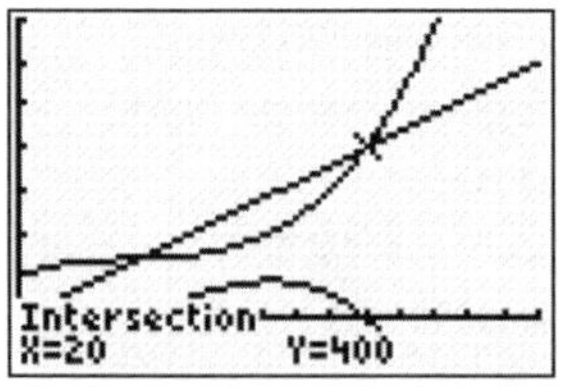

Gewinngrenze: $x_{NS} = 20$ ME

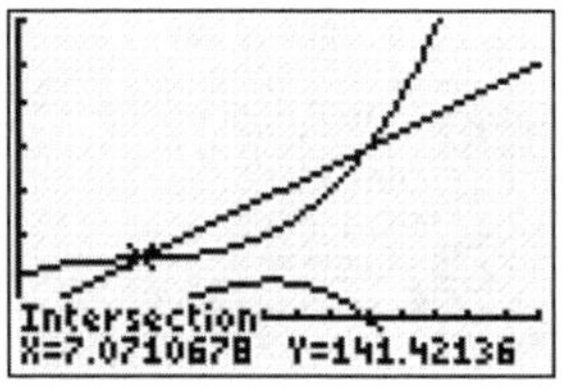

Gewinnschwelle: $x_{NS} = 7{,}07$ ME

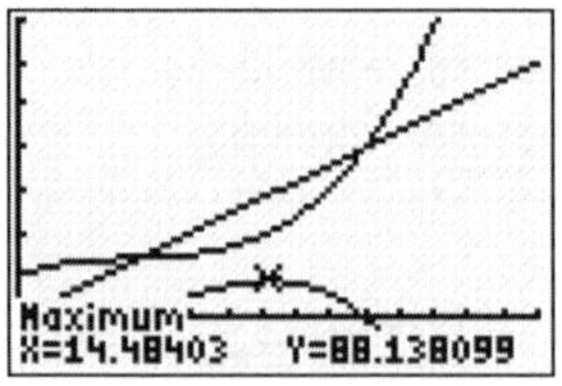

$G_{max}(14{,}48 \mid 88{,}14)$

3 Es wird eine Funktion 3. Grades vermutet, die durch die Regression bestätigt wird (Wert für R^2 ist 1).

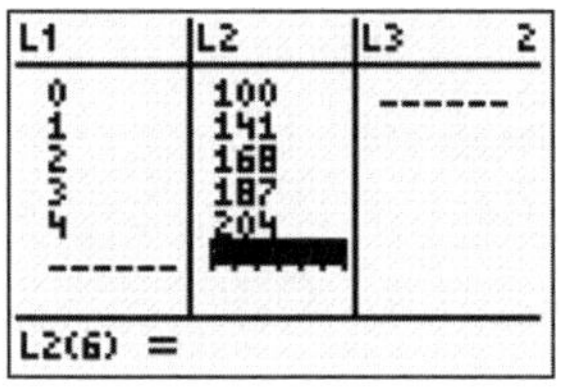

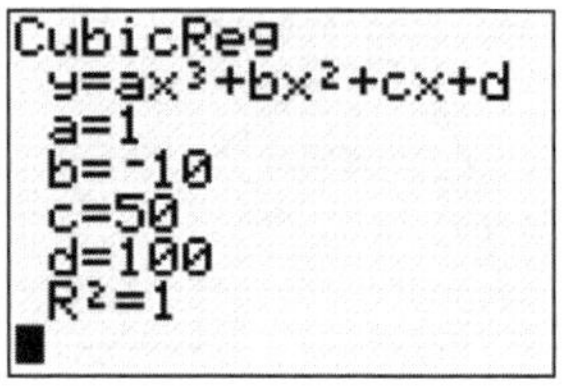

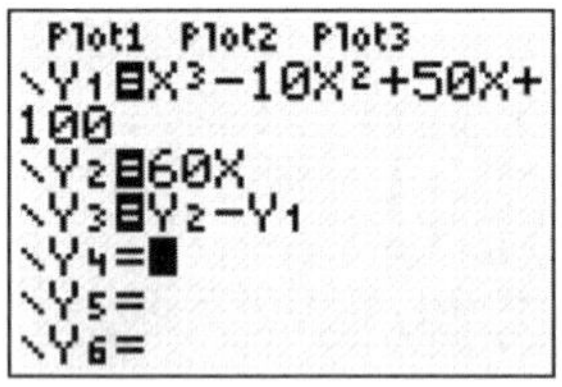

a) $K(x) = x^3 - 10x^2 + 50x + 100$; $E(x) = 60x$

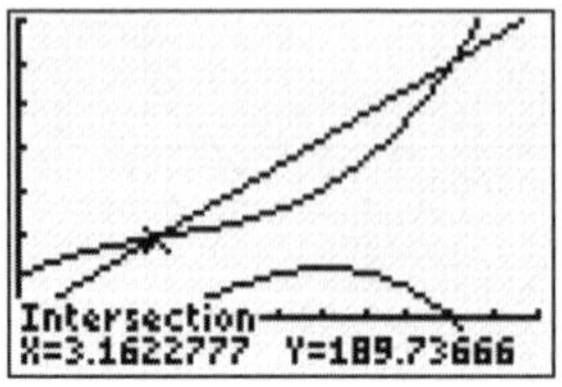

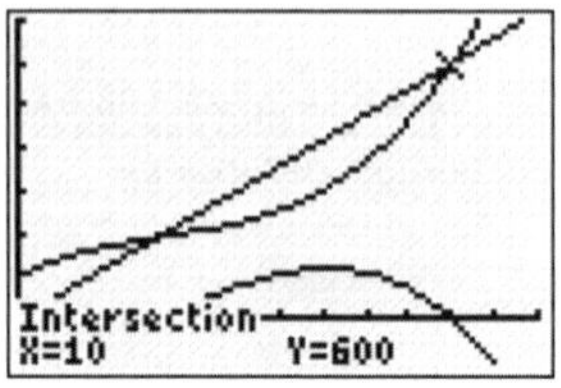

Für Ausbringungsmengen von 3,16 bis 10 ME lässt sich das Produkt gewinnbringend absetzen.

b) Der maximale Gewinn wird für 7,13 ME erzielt und beträgt 117,20 GE.
Der Stückgewinn beträgt 117,20 : 7,13 ≈ 16,44 GE/ME.

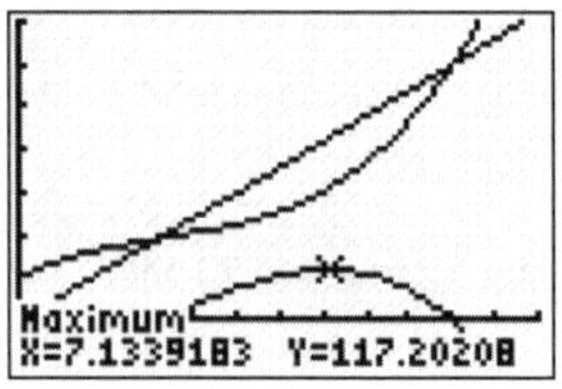

c)

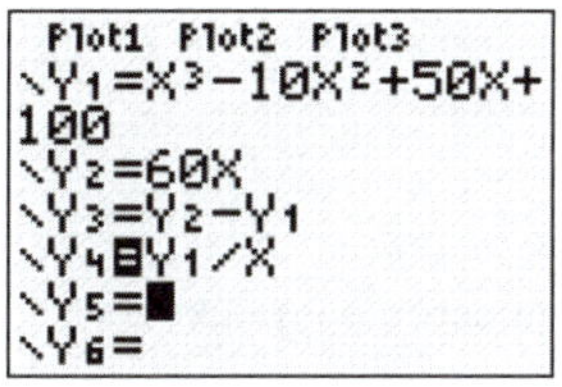

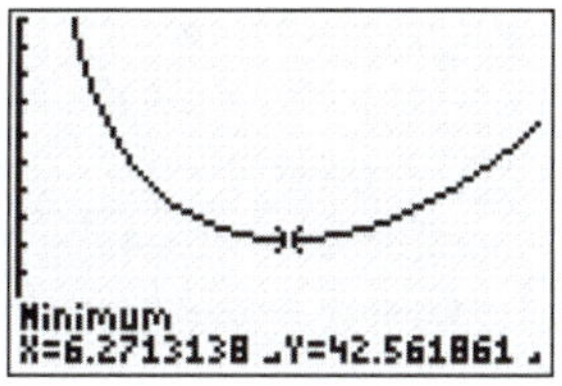

$k'(x) = 2x - 10 - \frac{100}{x^2} \rightarrow$ *Minimum*

$x^3 - 5x^2 - 50 = 0$

Newton'sches Näherungsverfahren: $x_{n+1} = x_n - \frac{f(x_n)}{f'(x_n)}$

Startwert z.B. $x_0 = 5$; $x_1 = 7$; $x_2 = 6{,}3766$; $x_3 = 6{,}2739$; $x_4 = 6{,}2713$

4 a) Bestimmung der Erlösfunktion:

Aus den Abbildungen ergeben sich folgende Punkte der Erlösfunktion:

(0 | 0); (2 | 140) und (16 | 0) [Xmax = 16]

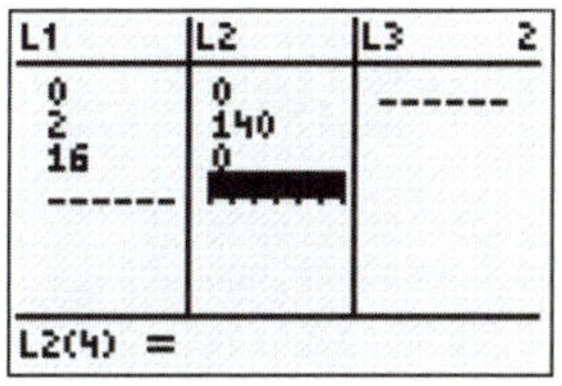

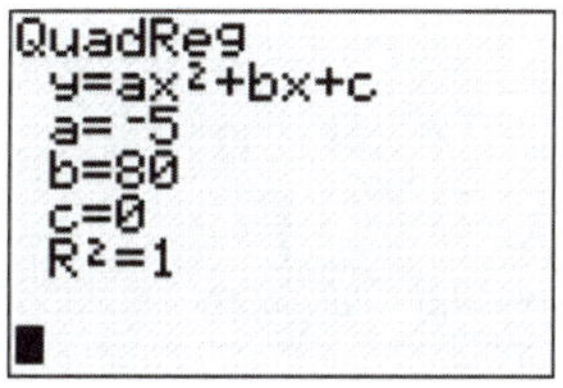

$E(x) = -5x^2 + 80x$

Bestimmung der Kostenfunktion:

Aus den ersten drei Abbildungen können folgende Kostenpunkte abgelesen werden: (2 | 140); (4 | 200); (8 | 284)

Die letzte Abbildung zeigt das Gewinnmaximum G (6) = 56.

Daraus lässt sich schließen:

$E(6) = -5 \cdot 6^2 + 80 \cdot 6 = 300$ und

$K(6) = E(6) - G(6) = 300 - 56 = 244$

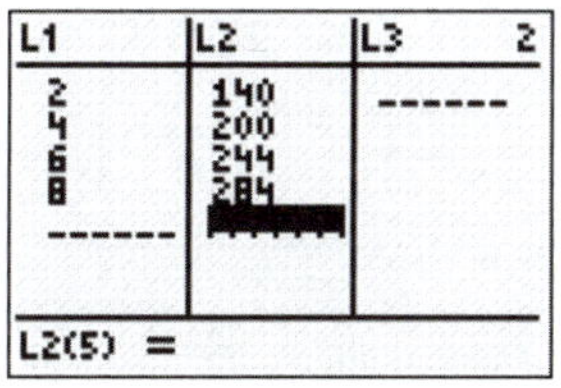

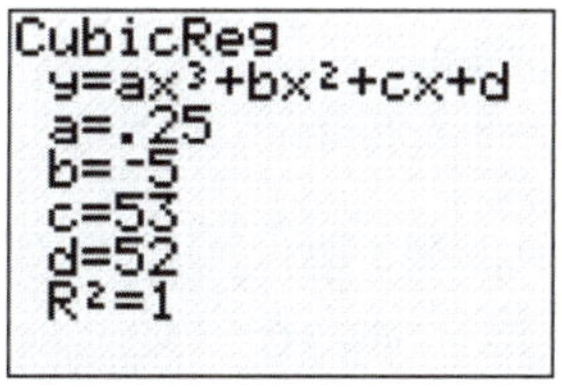

$K(x) = 0{,}25x^3 - 5x^2 + 53x + 52$

b) Bestimmung der Gewinngrenze:

$0{,}25x^3 - 5x^2 + 53x + 52 = -5x^2 + 80x$

$0{,}25x^3 - 27x + 52 = 0$

$x^3 - 108x + 208 = 0$; BEP: x = 2 laut Zeichnung

Polynomdivsion:

$(x^3 - 108x + 208) : (x - 2) = x^2 + 2x - 104$

$x^2 + 2x - 104 = 0$

$x_{2,3} = -1 \pm \sqrt{1 + 104}$

$x_2 \approx 9{,}24$ $\qquad$ $x_3 \approx -11{,}24 \notin D_{Ök}$

Die Gewinngrenze liegt bei $x \approx 9{,}24$ ME.

Bestimmung des Gewinnmaximums:

$G(x) = -0{,}25x^3 + 27x - 52$

$G'(x) = -0{,}75x^2 + 27$

$-0{,}75x^2 + 27 = 0$ $\qquad$ $G''(x) = -1{,}5x$

$x^2 = 36$ $\qquad$ $G''(6) = -9 \rightarrow$ *Maximum*

$x_1 = 6$ ME

$x_2 = -6 \notin D_{Ök}$

$G(6) = -0{,}25 \cdot 6^3 + 27 \cdot 6 - 52$

$G(6) = 56$ GE

$G_{max}(6 | 36)$

5 a) $E(x) = p(x) \cdot x$ $\qquad$ $E(x) = -10x^2 + 120x$

BEP und Gewinngrenze:

$E(x) = K(x)$

$-10x^2 + 120x = x^3 - 12x^2 + 60x + 96$

$x^3 - 2x^2 - 60x + 96 = 0$

$x_1 = 8$

Polynomdivision:

$(x^3 - 2x^2 - 60x + 96) : (x - 8) = x^2 + 6x - 12$

$x^2 + 6x - 12 = 0$

$x_2 \approx 1{,}58$

$x_3 \approx -7{,}58 \notin D_{Ök}$

Der Break-even-Point liegt bei 1,58 ME und die Gewinngrenze bei 8 ME.

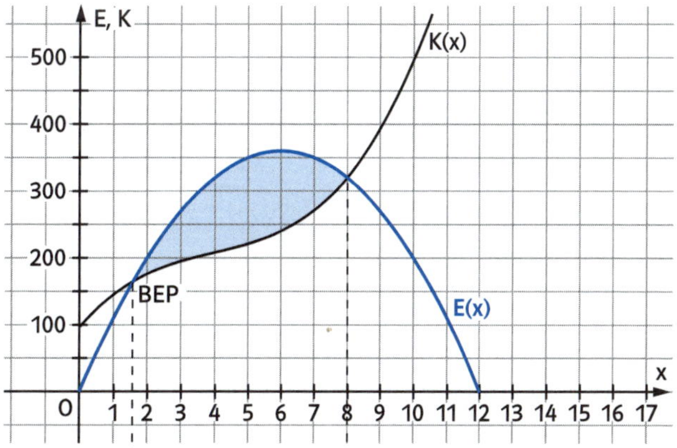

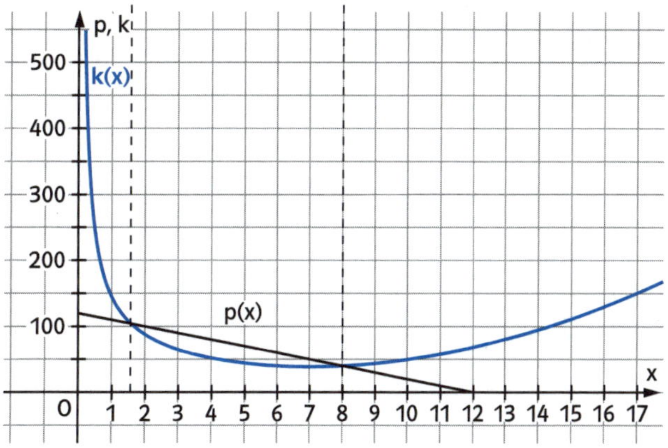

b) $k(x) = p(x)$

$x^2 - 12x + 60 + \frac{96}{x} = -10x + 120$

$x^2 - 2x - 60 + \frac{96}{x} = 0$

$x^3 - 2x^2 - 60x + 96 = 0$

Zur Lösung vgl. a). Wir erzielen erstmals Gewinne, wenn die Kosten je Stück durch den Preis gedeckt werden (Gewinnschwelle). Sind die Kosten je Stück höher als die erzielbaren Preise je Einheit, so geraten wir wieder in die Verlustzone.

6 a)

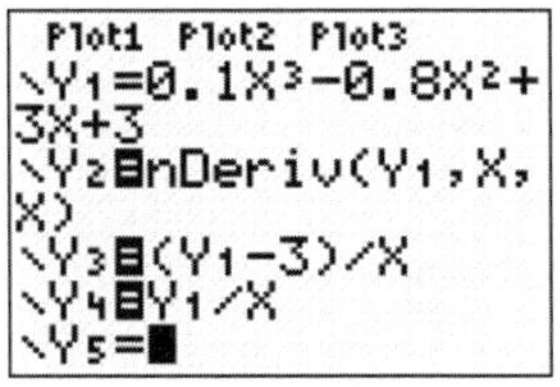

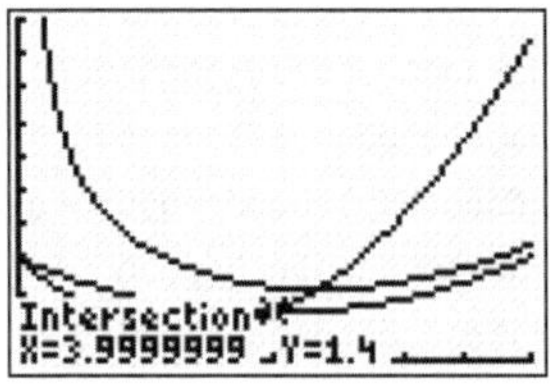

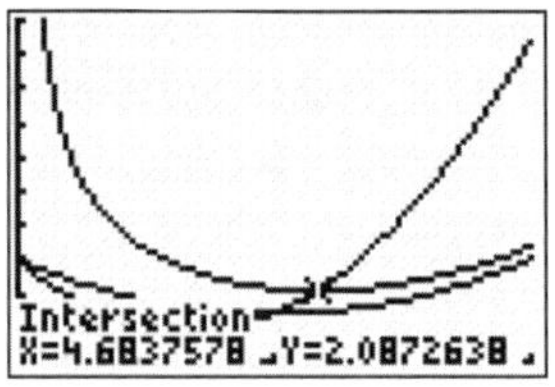

Die Grenzkostenfunktion schneidet die Funktionen der variablen Stückkosten und der Stückkosten in ihren Minima. Hier liegen das Betriebsminimum (x = 4) und das Betriebsoptimum (x = 4,68).

b)

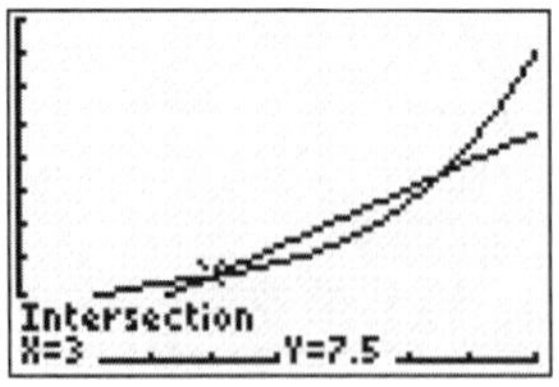

Gewinnschwelle: $x_{NS} = 3$ ME

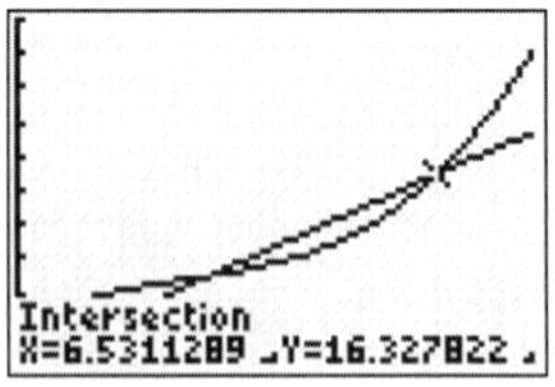

Gewinngrenze: $x_{NS} = 6{,}53$ ME

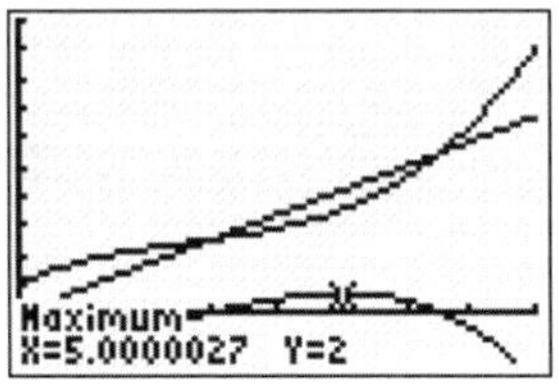

$G_{max}(5\,|\,2)$

c)

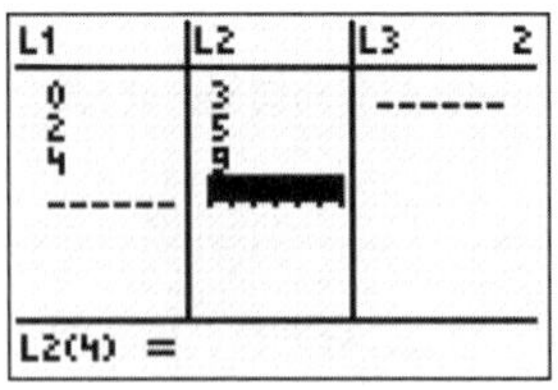

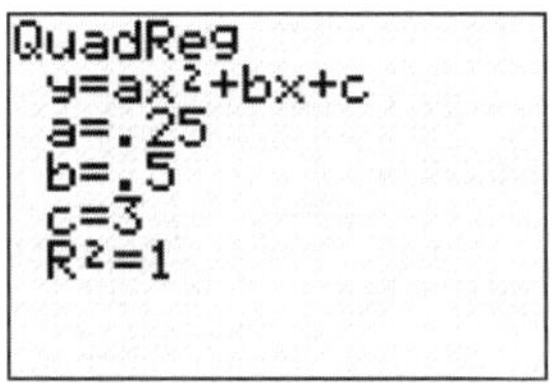

$K^*(x) = 0{,}25x^2 + 0{,}5x + 3$

$0{,}25x^2 + 0{,}5x + 3 = tx$

$0{,}25x^2 + 0{,}5x - tx + 3 = 0$

$x^2 + 2(1 - 2t)x + 12 = 0$

$x_{1,2} = 1 - 2t \pm \sqrt{1 - 4t + 4t^2 - 12}$

Für $1 - 4t + 4t^2 - 12 < 0$ ist eine verlustfreie Produktion **nicht** möglich.

$t^2 - t - \frac{11}{4} < 0$ $\qquad t < \sqrt{3} + 0{,}5 \wedge t > -\sqrt{3} + 0{,}5$

$t < 2{,}23 \wedge t > -1{,}23$

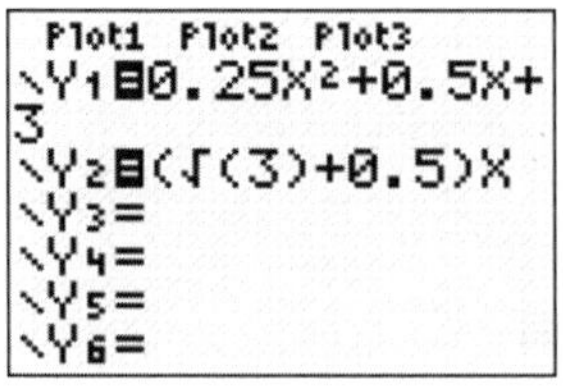

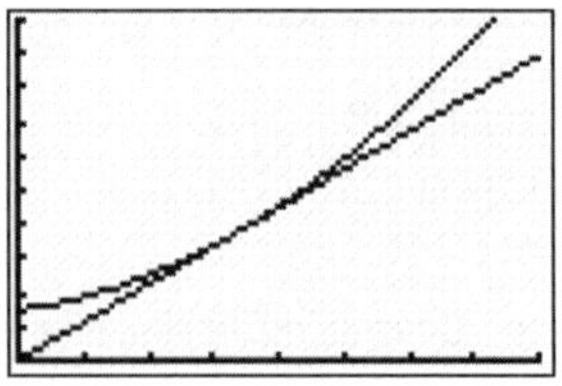

Bei Preisen von 0 bis 2,23 GE ist die Produktion mit Verlusten verbunden.

7 a) $K(x) = \frac{1}{4}x^3 - 4x^2 + 40x + 80$

$k(x) = \frac{1}{4}x^2 - 4x + 40 + \frac{80}{x}$

$k'(x) = \frac{1}{2}x - 4 - \frac{80}{x^2}$

$k_v(x) = \frac{1}{4}x^2 - 4x + 40$

$k_v'(x) = \frac{1}{2}x - 4$

Betriebsminimum bestimmen: $k_v'(x) = 0$

$k_v'(x) = 0$

$\frac{1}{2}x - 4 = 0$

$x_{BM} = 8$

Kurzfristige Preisuntergrenze: x_{BM} in k_v einsetzen

$k_v(8) = 24$

Das Betriebsminimum liegt bei einer Ausbringungsmenge von 8 ME und die kurzfristige Preisuntergrenze beträgt 24 GE/ME.

Betriebsoptimum: $k'(x) = 0$

$k'(x) = 0$

$\frac{1}{2}x - 4 - \frac{80}{x^2} = 0$

$x^3 - 8x^2 - 160 = 0$

Lösung mit Näherungsverfahren liefert: $x_{BO} = 9{,}7$

Langfristige Preisuntergrenze: x_{BO} in k einsetzen

$k(9{,}7) = 32{,}97$

Das Betriebsoptimum liegt bei einer Ausbringungsmenge von 9,7 ME und die langfristige Preisuntergrenze beträgt 32,97 GE/ME.

b) $p(x) = ax + b$ $\qquad E(x) = ax^2 + bx$

$G(x) = E(x) - K(x)$

$G(x) = ax^2 + bx - \frac{1}{4}x^3 + 4x^2 - 40x - 80$

$G(4) = 0$

$$0 = 16a + 4b - 16 + 64 - 160 - 80$$

$G(5) = 5 \cdot 2{,}75 = 13{,}75$

$$13{,}75 = 25a + 5b - \frac{125}{4} + 100 - 200 - 80$$

$192 = 16a + 4b$

$225 = 25a + 5b$

$a = -3 \quad b = 60$

$p(x) - 3x + 60$

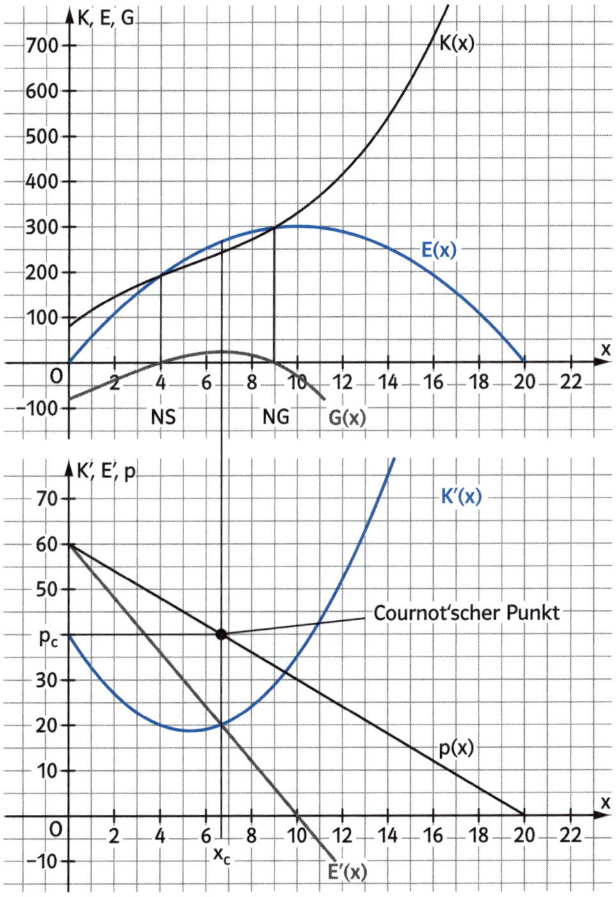

$G(x) = -\frac{1}{4}x^3 + x^2 + 20x - 80$

$G'(x) = -\frac{3}{4}x^2 + 2x + 20$

$-\frac{3}{4}x^2 + 2x + 20 = 0$

$x^2 - \frac{8}{3}x - \frac{80}{3} = 0$

$x_{1,2} = \frac{4}{3} \pm \sqrt{\frac{16}{9} + \frac{80}{3}}$

$x_1 \approx 6{,}67$ ME $\quad G''(6{,}67) < 0$

$x_2 = -4 \notin D_{Ök}$ $\qquad p(6{,}67) = -3 \cdot 6{,}67 + 60$

$G(x_c) = 23{,}70$ GE $\quad p_c = 40$ GE/ME

Cournot'scher Punkt: $(6{,}67 \mid 40)$

Nutzengrenze:

$G(x) = -\frac{1}{4}x^3 + x^2 + 20x - 80$

$-\frac{1}{4}x^3 + x^2 + 20x - 80 = 0$

$x^3 - 4x^2 - 80x + 320 = 0$

Polynomdivision

$(x^3 - 4x^2 - 80x + 320) : (x - 4) = x^2 - 80$

$x^2 - 80 = 0$

$x^2 = 80$

$x_2 \approx 8{,}94$ $\qquad x_3 \approx -8{,}94 \notin D_{Ök}$

$x_{NG} = 8{,}94$

Die Nutzengrenze liegt bei einer Ausbringungsmenge von 8,94 ME.

8 a) $K(x) = ax^3 + bx^2 + cx + d$

$k_v(x) = ax^2 + bx + c$ $\qquad k_v'(x) = 2ax + b$

$k(x) = ax^2 + bx + c + \frac{d}{x}$

$K(0) = 40$ $\qquad d = 40$ (Fixkosten)

Für $x = 4$ liegt das Betriebsminimum mit variablen Stückkosten von 8 GE vor.

$k_v'(4) = 0$ $\qquad 0 = 8a + b$

$k_v(4) = 8$ $\qquad 8 = 16a + 4b + c$

Für 5 ME beträgt der Stückgewinn 35 : 5 = 7 GE/ME.

Die Stückkosten betragen damit 24 − 7 = 17 GE/ME.

$k(5) = 17$ $\qquad 17 = 25a + 5b + c + \frac{40}{5}$

LGS
$$8a + b = 0$$
$$16a + 4b + c = 8$$
$$25a + 5b + c = 9$$

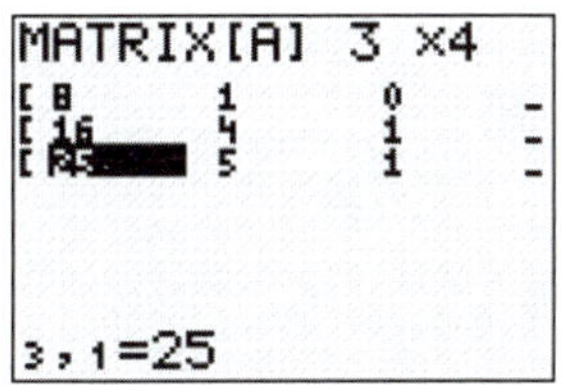

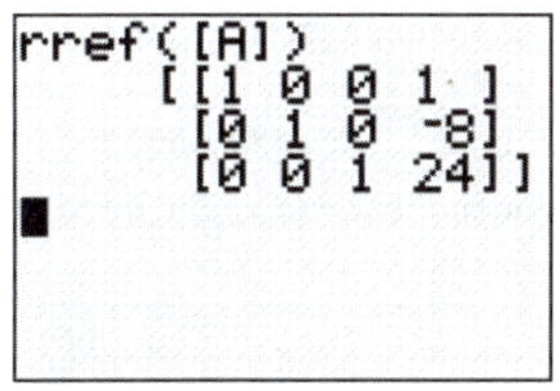

$K(x) = x^3 - 8x^2 + 24x + 40$

b) $k_v(x) = x^2 - 8x + 24$ $\qquad K'(x) = 3x^2 - 16x + 24$

Minimum der variablen Stückkosten:

$k_v'(x) = 2x - 8$

$2x - 8 = 0$

$x = 4$

$k_v''(4) = 2 \rightarrow$ *Min*

Schnittpunkt der Graphen der Grenzkosten und variablen Stückkosten:

$3x^2 - 16x + 24 = x^2 - 8x + 24$

$2x^2 - 8x = 0$

$2x(x - 4) = 0$

$x_1 = 0 \vee x_2 = 4$

Für $x = 4$ (Min. von k_v) schneiden sich k_v und K'.

c) Gewinn = Erlös – Kosten

$G(x) = E(x) - K(x)$

$G(x) = 24x - (x^3 - 8x^2 + 24x + 40)$

$G(x) = -x^3 + 8x^2 - 40$

$G'(x) = -3x^2 + 16x$

$x \cdot (-3x + 16) = 0$

$x_1 = 0 \vee x_2 = \frac{16}{3}$

$G''\left(\frac{16}{3}\right) < 0 \rightarrow$ *Max* $\qquad G''(0) > 0 \rightarrow$ *Min*

$G\left(\frac{16}{3}\right) = 35{,}85$

Für $\frac{16}{3}$ ME wird der maximale Gewinn von 35,85 GE erzielt.

9 a) Für streng monoton steigende Kosten gilt $K'(x) > 0$.

$K(x) = 0{,}8x + 0{,}8 + \frac{40}{x+8}$

$K'(x) = 0{,}8 - \frac{40}{(x+8)^2}$

$0{,}8 - \frac{40}{(x+8)^2} > 0$

$0{,}8 > \frac{40}{(x+8)^2}$

$(x+8)^2 > 50$

Gilt für alle $x \geqq 0$.

b) fixe Kosten: $K(0)$ $\qquad K_f = K(0) = 0{,}8 + \frac{40}{8} = 5{,}8$

fixe Stückkosten $\qquad k_f(x) = \frac{5{,}8}{x}$

totale Stückkosten $\qquad k(x) = 0{,}8 + \frac{0{,}8}{x} + \frac{40}{(x+8)x}$

Grenzkosten $\qquad K'(x) = 0{,}8 - \frac{40}{(x+8)^2}$

c) $K_v(x) = K(x) - K_f$

$K_v(x) = 0{,}8x + 0{,}8 + \frac{40}{x+8} - 5{,}8$

$K_v(x) = 0{,}8x - 5 + \frac{40}{x+8}$

$k_v(x) = 0{,}8 - \frac{5}{x} + \frac{40}{(x+8)x} \qquad D = \mathbb{R}_+^*$

Betriebsminimum bestimmen:

$K'(x) = k_v(x)$

$0{,}8 - \frac{40}{(x+8)^2} = 0{,}8 - \frac{5}{x} + \frac{40}{(x+8)x}$

$\frac{40}{(x+8)^2} = \frac{5}{x} - \frac{40}{(x+8)x} \qquad | \cdot (x+8)^2 x$ für $x \neq 0$

$40x = 5(x+8)^2 - 40(x+8)$

$5x^2 + 80x + 320 - 40x - 320 - 40x = 0$

$5x^2 = 0$

$x = 0 \notin D$

Es gibt keine Lösungen im Definitionsbereich, daher existiert kein Betriebsminimum.

d) $G(x) = -0{,}2x^2 + 3{,}6x - 0{,}8x - 0{,}8 - \frac{40}{x+8}$

$G(x) = -0{,}2x^2 + 2{,}8x - 0{,}8 - \frac{40}{x+8}$

$-0{,}2x^2 + 2{,}8x - 0{,}8 - \frac{40}{x+8} = 0$

$x^2 - 14x + 4 + \frac{200}{x+8} = 0$

$x^3 - 6x^2 - 108x + 232 = 0$

Polynomdivision (BEP: $x_1 = 2$):

$(x^3 - 6x^2 - 108x + 232) : (x - 2) = x^2 - 4x - 116$

$x^2 - 4x - 116 = 0$

$x_{2,3} = 2 \pm \sqrt{4 + 116}$

$x_2 \approx 12{,}95 \qquad x_3 \approx -8{,}95 \notin D_{ök}$

$x_2 = 12{,}95$ ME Gewinngrenze $\qquad x_3 = -8{,}95$ nicht definiert

Gewinnmaximale Menge:

$G'(x) = -0{,}4x + 2{,}8 + \frac{40}{(x+8)^2}$

$-0{,}4x + 2{,}8 + \frac{40}{(x+8)^2} = 0$

Lösung mit dem Solver des GTR:

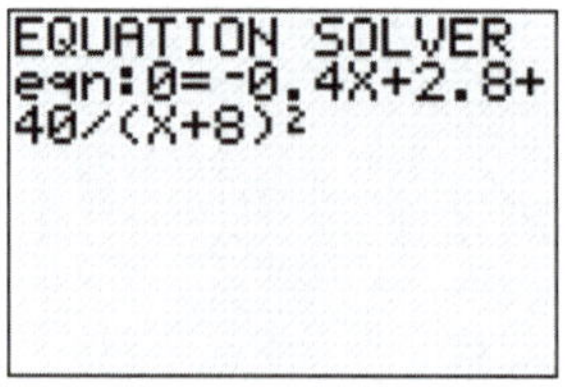

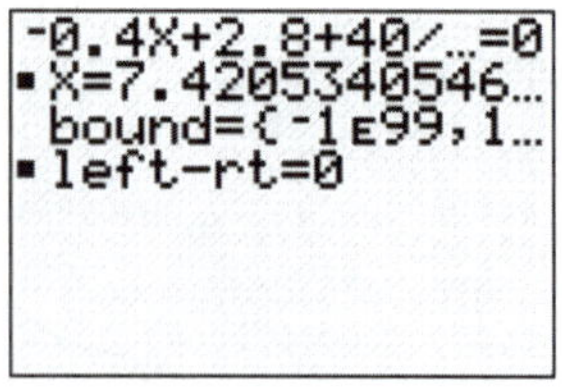

Lösung mit dem GTR (Maximum der Gewinnfunktion)

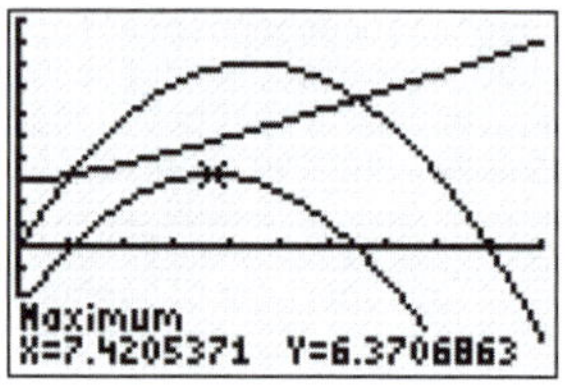

10 a) $K(x) = 10e^{0{,}5x-2} - 0{,}4x^2$

$k(x) = \frac{10}{x}e^{0{,}5x-2} - 0{,}4x \qquad$ Stückkosten

$K'(x) = 5e^{0{,}5x-2} - 0{,}8x \qquad$ Grenzkosten

Im Wendepunkt der Gesamtkostenkurve wird aus dem degressiven ein progressiver Gesamtkostenverlauf.

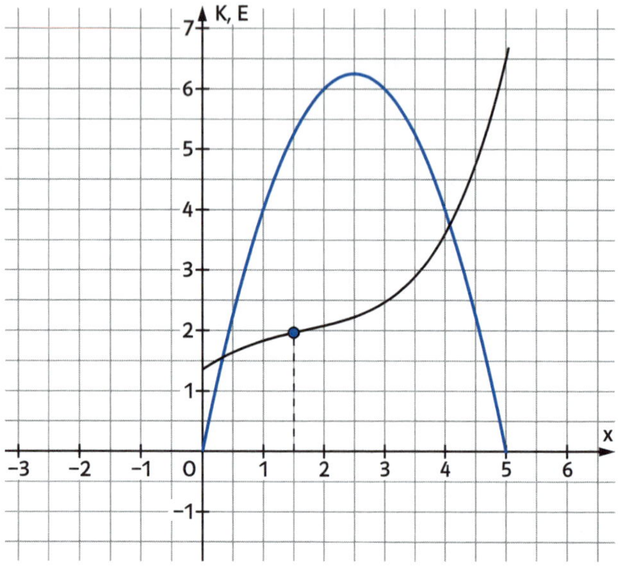

Bestimmung des Wendepunktes:

$K''(x) = 2{,}5\,e^{0{,}5x-2} - 0{,}8$

$2{,}5\,e^{0{,}5x-2} - 0{,}8 = 0$

$e^{0{,}5x-2} = 0{,}32$

$0{,}5x - 2 = \ln 0{,}32$

$0{,}5x = 2 + \ln 0{,}32$

$x = 4 + 2 \cdot \ln 0{,}32$

$x \approx 1{,}72$ ME

$K''(x) < 0$ für $x < 1{,}72$ degressiver Kostenverlauf

$K''(x) > 0$ für $x > 1{,}72$ progressiver Kostenverlauf

Betriebsoptimum bestimmen:

$K'(x) = k(x)$

$5e^{0{,}5x-2} - 0{,}8x = \frac{10}{x}e^{0{,}5x-2} - 0{,}4x$

$5x\,e^{0{,}5x-2} - 0{,}8x^2 - 10\,e^{0{,}5x-2} + 0{,}4x^2 = 0$

$(5x - 10)\,e^{0{,}5x-2} - 0{,}4x^2 = 0$

Newton'sches Näherungsverfahren: $x_2 = x_1 - \frac{f(x_1)}{f'(x_1)}$

$x_1 = 3$

$x_2 = 3{,}264007$

$x_3 = 3{,}226888$

$x_4 = 3{,}226001$

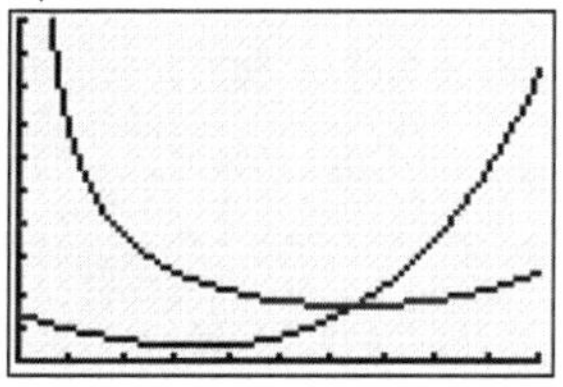

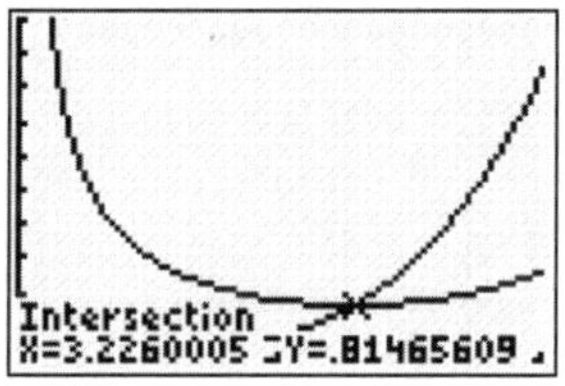

b) Gewinnschwelle

$x = 0{,}33$ ME

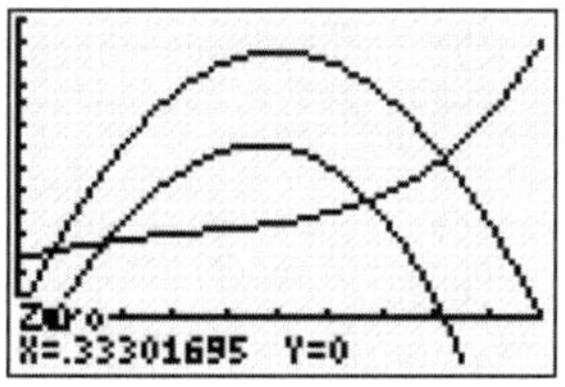

Gewinnmaximale Menge

$x = 2{,}35$ ME

maximaler Gewinn

$G_{max} = 4{,}05$ GE

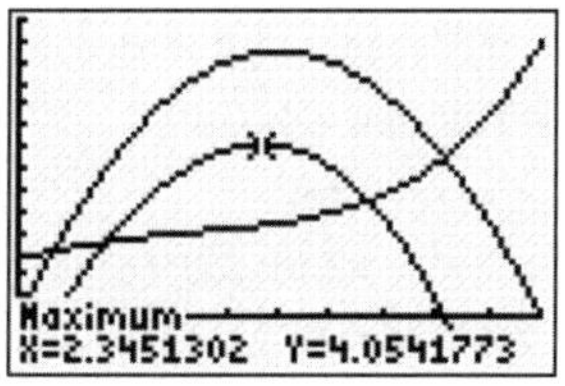

11 a) Definitionsbereich

$16 - x = 0$

$x = 16$

$D = [0; 16]$

Höchstpreis $P(0) = 4$

Der Höchstpreis beträgt 4 GE/ME.

Die maximal absetzbare Menge beträgt 16 ME (vgl. Definitionsbereich).

Monotonie der PAF:

$p'(x) = \frac{-20}{(x+4)^2}$

$p'(x) < 0$ für alle x aus dem ökonomischen Definitionsbereich. Die PAF ist im ökonomischen Definitionsbereich monoton fallend.

Erlösfunktion:

$E(x) = p(x) \cdot x$

$E(x) = \frac{16x - x^2}{x + 4}$

$E'(x) = \frac{-x^2 - 8x + 64}{(x+4)^2}$

$E''(x) = \frac{-160}{(x+4)^3}$

Notwendige Bedingung: $E'(x) = 0$

$-x^2 - 8x + 64 = 0$

$x^2 + 8x - 64 = 0$

$x_{1,2} = -4 \pm \sqrt{16 + 64}$

$x_1 \approx 4{,}94 \vee x_2 \approx -12{,}94 \notin D$

$E''(4{,}94) < 0 \Rightarrow$ *Maximum*

$E(4{,}94) \approx 6{,}11$

Bei einer Absatzmenge von 4,94 ME sind die Erlöse maximal und betragen 6,11 GE.

b) Wenn die Kosten im gesamten Bereich progressiv verlaufen, kann von einer quadratischen Kostenfunktion ausgegangen werden.

$K(x) = ax^2 + bx + c$

$K_f = 2{,}89 = c$

Für $x = 1$ ist $K(1) = E(1)$.

$E(1) = \frac{16 - 1}{1 + 4} = 3 = K(1)$ $\rightarrow 3 = a + b + 2{,}89$

Aus $G(4) = 2{,}55$ folgt

$K(4) = E(4) - G(4) = \frac{16 \cdot 4 - 4^2}{4 + 4} - 2{,}55 = 3{,}45$

$\rightarrow 3{,}45 = 16a + 4b + 2{,}89$

LGS

$a + b = 0{,}11$

$16a + 4b = 0{,}56$

$a = 0{,}01;\; b = 0{,}1$

$K(x) = 0{,}01x^2 + 0{,}1x + 2{,}89$

c) $G(x) = \frac{16x - x^2}{x + 4} - (0{,}01x^2 + 0{,}1x + 2{,}89)$

Gewinngrenze

$16x - x^2 - (x + 4) \cdot (0{,}01x^2 + 0{,}1x + 2{,}89) = 0$

$-0{,}01x^3 - 1{,}14x^2 - 12{,}71x - 11{,}56 = 0$

$x^3 + 114x^2 - 1271x + 1156 = 0$

Polynomdivision (bei $x = 1$ liegt die Gewinnschwelle)

$(x^3 + 114x^2 - 1271x + 1156) : (x - 1) = x^2 + 115x - 1156$

$x^2 + 115x - 1156 = 0$

$x_{2,3} = -57{,}5 \pm \sqrt{57{,}5^2 + 1156}$

$x_2 \approx 9{,}3 \vee x_3 \approx -124{,}3 \notin D$

Die Gewinngrenze liegt bei 9,3 ME.

Gewinnmaximum $E' = K'$

$$\frac{-x^2 - 8x + 64}{(x+4)^2} = 0{,}02x + 0{,}1$$

$-x^2 - 8x + 64 = (0{,}02x + 0{,}1) \cdot (x+4)^2$

$-x^2 - 8x + 64 = 0{,}02x^3 + 0{,}26x^2 + 1{,}12x + 1{,}6$

$0{,}02x^3 + 1{,}26x^2 + 9{,}12x + 1{,}6 = 0$

Näherungsverfahren liefert:

$x_{Gmax} \approx 4{,}22$

$G(4{,}22) \approx 2{,}56$

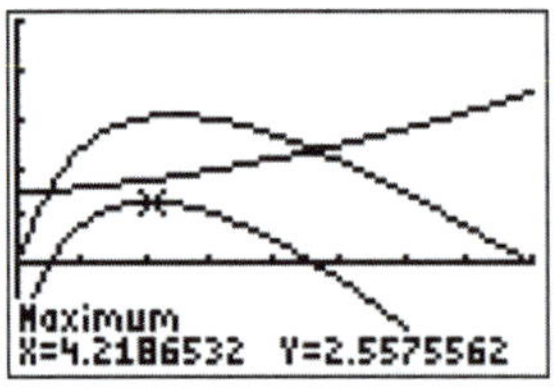

Bei einer Absatzmenge von 4,22 ME kann der maximale Gewinn von 2,56 GE erzielt werden.

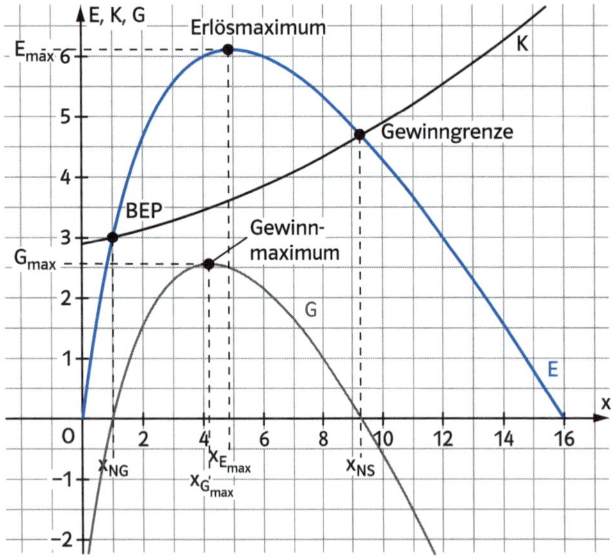

4 Wirtschaftlichkeit und Umsatzrentabilität

1 a) $p(x) = ax + b$

$(0|48) \rightarrow 48 = b$

$(6|0) \rightarrow 0 = 6a + 48 \Rightarrow a = -8$

$p(x) = -8x + 48$

$E(x) = -8x^2 + 48x$

$G(x) = -x^3 - 2x^2 + 32x - 29$

b)

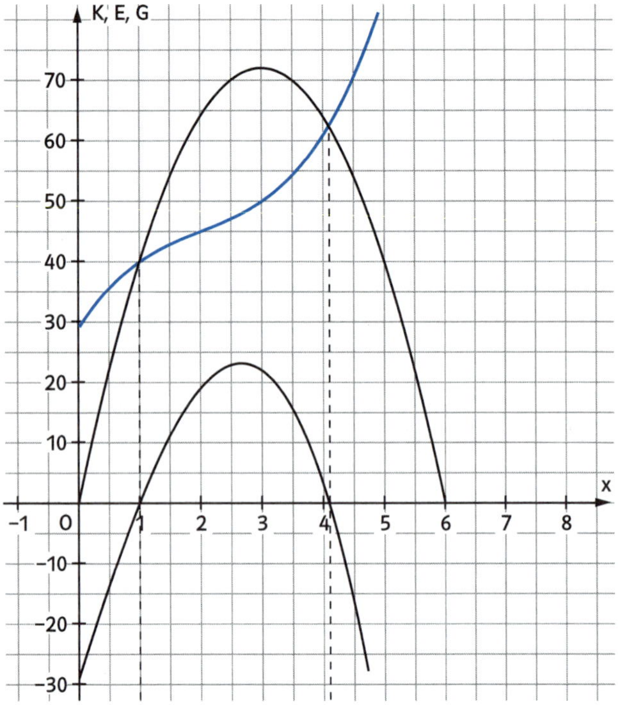

d)

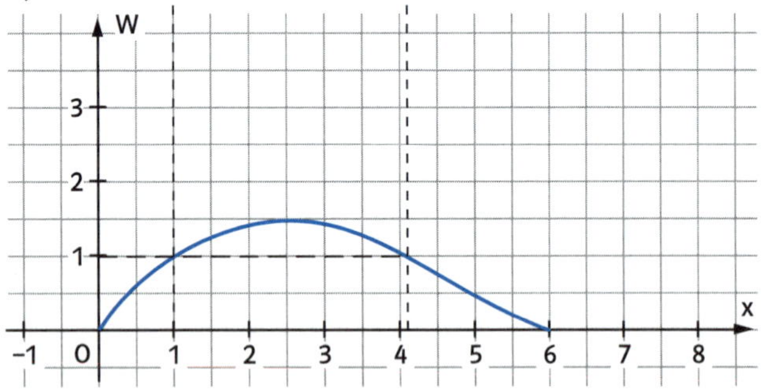

c) Nullstellen der Gewinnfunktion bestimmen

$-x^3 - 2x^2 + 32x - 29 = 0$

$x_{NS} = 1$ Nutzenschwelle

Polynomdivision:

$(-x^3 - 2x^2 + 32x - 29) : (x - 1) = -x^2 - 3x + 29$

$x^2 + 3x - 29 = 0$

$x_{NG} = 4{,}09$ Nutzengrenze

$x_3 = -7{,}09 \notin D_{ök}$

e) $E(3) = 72$ GE; $K(3) = 50$ GE; $W(3) = \frac{72\text{ GE}}{50\text{ GE}} = 1{,}44$

$$W(x) = \frac{-8x^2 + 48x}{x^3 - 6x^2 + 16x + 29}$$

$$\frac{-8x^2 + 48x}{x^3 - 6x^2 + 16x + 29} = 1$$

$-8x^2 + 48x = x^3 - 6x^2 + 16x + 29$

$x^3 + 2x^2 - 32x + 29 = 0$

$x_1 = 1 \vee x_2 = 4{,}09$

Die Wirtschaftlichkeit stellt ein wertmäßiges Verhältnis von Output zu Input (Ertrag zu Aufwand) dar. Beträgt das Ergebnis Ertrag/Aufwand = 1, so wird weder Gewinn noch Verlust erzielt.

2 a) $E(x) = ax^2 + bx + c$ $E'(x) = 2ax + b$

$E(0) = 0 \rightarrow c = 0$

$E'(5) = 0 \rightarrow 0 = 10a + b$

$E(5) = 50 \rightarrow 50 = 25a + 5b$

$a = -2$ $b = 20$

$E(x) = -2x^2 + 20x$

$K(x) = k_v \cdot x + K_f$ $k_v = 5$ $K_f = 13$

$K(x) = 5x + 13$

$G(x) = E(x) - K(x)$

$G(x) = -2x^2 + 15x - 13$

b)

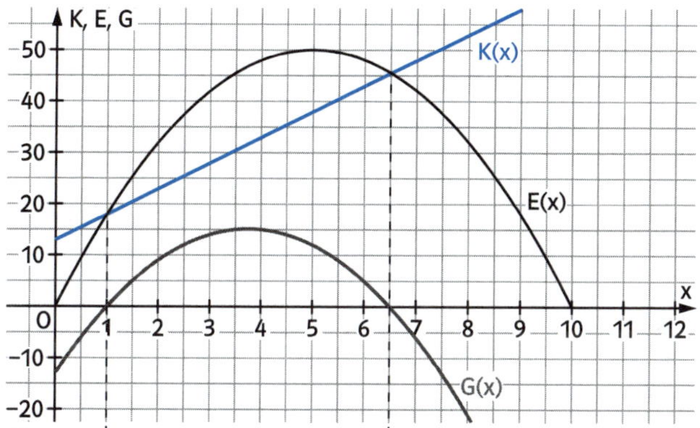

d)

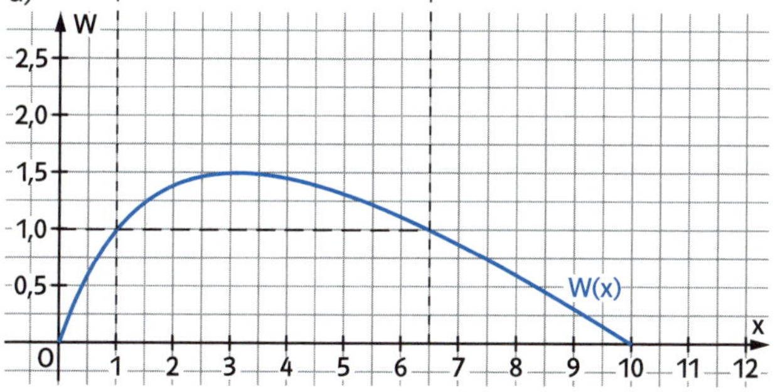

c) Nullstellen der Gewinnfunktion

$-2x^3 + 15x - 13 = 0$

$x_{NS} = 1$ Nutzenschwelle

$x_{NG} = 6{,}5$ Nutzengrenze

e) $W(x) = \frac{-2x^2 + 20x}{5x + 13}$

$\frac{-2x^2 + 20x}{5 + 13} = 1$

$-2x^2 + 20x = 5x + 13$

$-2x^2 + 15x - 13 = 0$

$x_1 = 1$

$x_2 = 6{,}5$

Die Wirtschaftlichkeit stellt ein wertmäßiges Verhältnis von Output zu Input (Ertrag zu Aufwand) dar. Beträgt das Ergebnis Ertrag/Aufwand = 1, so wird weder Gewinn noch Verlust erzielt.

f) $W'(x) = \frac{-10x^2 - 52x + 260}{(5x + 13)^2}$

$-10x^2 - 52x + 260 = 0$

$x^2 + 5{,}2x + 26 = 0$

$x_1 = 3{,}12$ ME $x_2 = -8{,}32 \notin D_{Ök}$

$W''(x) = -\frac{3276}{(5x + 13)^3}$

$W''(3{,}12) = -0{,}14 \Rightarrow$ *Maximum*

$W(3{,}12)=1{,}5$

Für eine Ausbringungsmenge von 3,12 ME ergibt sich die maximale Wirtschaftlichkeit 1,5.

$G'(x) = -4x + 15$

$-4x + 15 = 0$

$x = 3{,}75$

Nein. Das Gewinnmaximum liegt bei 3,75 ME.

3 a) Gewinnfunktion

$E(x) = 8x$

$G(x) = E(x) - K(x)$

$G(x) = 8x - (0{,}2x^3 - 1{,}6x^2 + 5x + 18)$

$G(x) = -0{,}2x^3 + 1{,}6x^2 + 3x - 18$

Gewinnzone

$-0{,}2x^3 + 1{,}6x^2 + 3x - 18 = 0$

$x^3 - 8x^2 - 15x + 90 = 0$

Probieren liefert: $x_1 = 3$

Polynomdivision

$(x^3 - 8x^2 - 15x + 90):(x - 3) = x^2 - 5x - 30$

$x^2 - 5x - 30 = 0$

$x_2 \approx 8{,}52$

$x_3 \approx -3{,}52 \notin D$

Gewinnzone: $x \in [3; 8{,}52]$

b) $R(x) = \frac{G(x)}{U(x)}$ oder $R(x) = \frac{G(x)}{E(x)}$

$R(x) = \frac{-0{,}2x^3 + 1{,}6x^2 + 3x + - 18}{8x}$

$R(x) > 0$

$\frac{-0{,}2x^3 + 1{,}6x^2 + 3x - 18}{8x} > 0$

$-0{,}2x^3 + 1{,}6x^2 + 3x - 18 > 0$

$x^3 - 8x^2 - 15x + 90 > 0$

vgl. Lösung aus a)

R(x) ist positiv, wenn die Unternehmung Gewinne erwirtschaftet., also für $x \in [3; 8{,}52]$.

Da die Erlöse immer positiv sind, wird die Umsatzrentabilität dann positiv, wenn Gewinne erwirtschaftet werden. Für die Gewinnschwelle und -grenze ist die Umsatzrentabilität Null, da $G(x) = 0$ ist.

c) maximale Umsatzrentabilität

$R'(x) = \frac{-0{,}4x^3 + 1{,}6x^2 + 18}{8x^2}$

$-0{,}4x^3 + 1{,}6x^2 + 18 = 0$

$x \approx 5{,}49$

maximaler Gewinn

$G'(x) = -0{,}6x^2 + 3{,}2x + 3$

$-0{,}6x^2 + 3{,}2x + 3 = 0$

Ein geeignetes Näherungsverfahren liefert: $x \approx 6{,}15$.

Maximale Umsatzrentabilität und maximaler Gewinn werden für unterschiedliche Ausbringungsmengen erzielt.

5 Marktgleichgewicht, Konsumenten- und Produzentenrente

1 a) $p_A(x) = 1{,}5x + 4$, $p_N(x) = 18 - 2x$

Definitionsbereich

$18 - 2x = 0$

$x = 9$

$D = [0; 9]$

Höchstpreis

$p_N(0) = 18$

Der Höchsatpreis beträgt 18 GE/ME.

Sättigungsmenge $x_S = 9$ ME (siehe Definitionsbereich)

Angebotsüberhang für $p_1 = 12$ GE

$12 = 1{,}5x_A + 4$ | $12 = 18 - 2x_N$ | $A_Ü = x_A - x_N = 2\frac{1}{3}$ ME

$x_A = 5\frac{1}{3}$ | $x_N = 3$

Nachfrageüberhang für $p_2 = 8$ GE

$8 = 18 - 2x_N$ | $8 = 1{,}5x_A + 4$ | $N_Ü = x_N - x_A = 2\frac{1}{3}$ ME

$x_N = 5$ | $x_A = 2\frac{2}{3}$

Marktgleichgewicht

$1{,}5x + 5 = 18 - 2x$

$3{,}5x = 14$

$x_G = 4$

$P_G = p(4) = 10$ MGW(4|10)

Konsumentenrente

$K_R = \frac{(18-10)\cdot 4}{2} = 16$

Die Konsumentenrente beträgt 16 GE.

Produzentenrente

$P_R = \frac{(10-4)\cdot 4}{2} = 12$

Die Produzentenrente beträgt 12 GE.

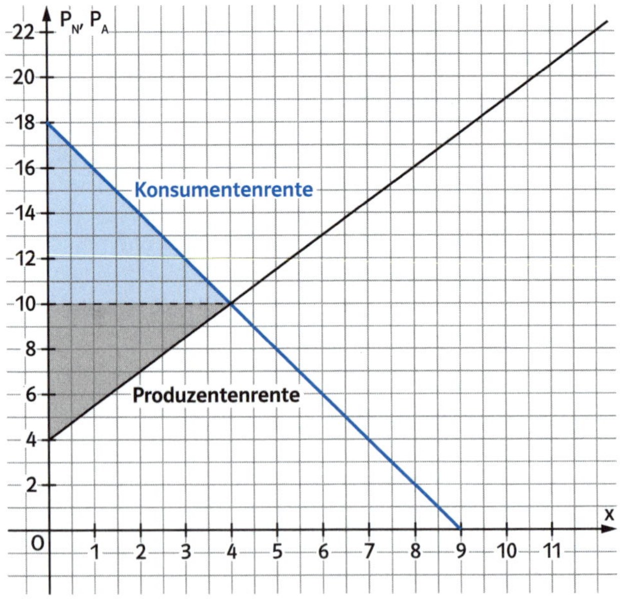

b) $p_A(x) = 2x + 2$, $p_N(x) = 18 - 0{,}5x^2$

Definitionsbereich

$18 - 0{,}5x^2 = 0$

$x = 6$

$D = [0; 6]$

Höchstpreis

$p_N(0) = 18$

Der Höchsatpreis beträgt 18 GE/ME.

Sättigungsmenge $x_S = 6$ (siehe Definitionsbereich)

Angebotsüberhang für $p_1 = 12$ GE/ME

$12 = 2x_A + 2$ | $12 = 18 - 0{,}5x_N^2$

$x_A = 5$ | $x_N = \sqrt{12} \approx 3{,}46$

$A_Ü = x_A - x_N \approx 1{,}54$ ME

Nachfrageüberhang für $p_2 = 8$ GE/ME

$8 = 18 - 0{,}5x_N^2$ | $8 = 2x_A + 2$

$x_N = \sqrt{20} \approx 4{,}47$ | $x_A = 3$

$N_Ü = x_N - x_A \approx 1{,}47$ ME

Marktgleichgewicht

$2x + 2 = 18 - 0{,}5x^2$

$0{,}5x^2 + 2x - 16 = 0$

$x^2 + 4x - 32 = 0$ | $P_G = p(4) = 10$

$x_G = 4 \vee x_2 = -8 \notin D$ | MGW(4|10)

Konsumentenrente

$K_R = \int_0^4 (18 - 0{,}5x^2 - 10)\,dx$

$K_R = \left[8x - \frac{0{,}5}{3}x^3\right]_0^4 = 21{,}33$

Die Konsumentenrente beträgt 21,33 GE.

Produzentenrente

$P_R = \frac{(10-2)\cdot 4}{2} = 16$

Die Produzentenrente beträgt 16 GE.

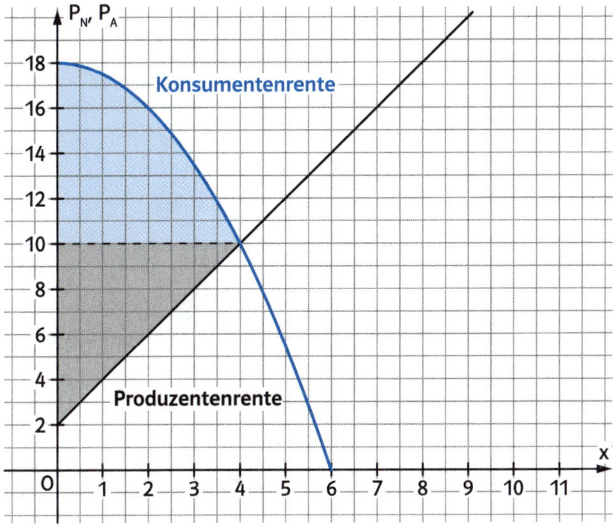

c) $p_A(x) = 0{,}05x^3 + 0{,}5x + 4{,}8$, $p_N(x) = 0{,}5x^2 - 10x + 42$

Definitionsbereich

$0{,}5x^2 - 10x + 42 = 0$

$x^2 - 20x + 84 = 0$

$x = 14 \vee x = 6$

$D = [0; 6]$

Höchstpreis

$p_N(0) = 42$

Der Höchsatpreis beträgt 42 GE/ME.

Sättigungsmenge $x_S = 6$ ME (siehe Definitionsbereich)

Angebotsüberhang für $p_1 = 12$ GE/ME

$12 = 0{,}05x_A^3 + 0{,}5x_A + 4{,}8$	$12 = 0{,}5x_N^2 - 10x_N + 42$
$0{,}05x_A^3 + 0{,}5x_A - 7{,}2 = 0$	$x_N^2 - 20x_N + 60 = 0$
$x_A \approx 4{,}61$	$x_1 \approx 16{,}32 \notin D$
	$x_N \approx 3{,}68$

$A_Ü = x_A - x_N \approx 0{,}93$ ME

Nachfrageüberhang für $p_2 = 8$ GE/ME

$8 = 0{,}5x_N^2 - 10x_N + 42$	$8 = 0{,}05x_A^3 + 0{,}5x_A + 4{,}8$
$0{,}5x_N^2 - 10x_N + 34 = 0$	$0{,}05x_A^3 + 0{,}5x_A - 3{,}2 = 0$
$x_1 \approx 15{,}66 \notin D$	$x_A \approx 3{,}18$
$X_N = 4{,}34$	$N_Ü = x_N - x_A \approx 1{,}16$ ME

Marktgleichgewicht

$0{,}05x^3 + 0{,}5x + 4{,}8 = 0{,}5x^2 - 10x + 42$

$0{,}05x^3 - 0{,}5x^2 + 10{,}5x - 37{,}2 = 0$

$x^3 - 10x^2 + 10x - 744 = 0$

$x_G = 4$

Polynomdivision

$(x^3 - 10x^2 + 210x - 744) : (x - 4) = x^2 - 6x + 186$

$x_{2,3} \notin \mathbb{R}$

$P_G = p(4) = 10$ MGW(4 | 10)

Konsumentenrente

$$K_R = \int_0^4 (0{,}5x^2 - 10x + 42 - 10)\,dx$$

$$K_R = \left[\frac{0{,}5}{3}x^3 - 5x^2 + 32x\right]_0^4 = 58\tfrac{2}{3}$$

Die Konsumentenrente beträgt 58,66 GE.

Produzentenrente

$$P_R = \int_0^4 (10 - (0{,}05x^3 + 0{,}5x + 4{,}8))\,dx$$

$$P_R = \left[-\frac{0{,}05}{4}x^4 - 0{,}25x^2 + 5{,}2x\right]_0^4 = 13{,}6$$

Die Produzentenrente beträgt 13,6 GE.

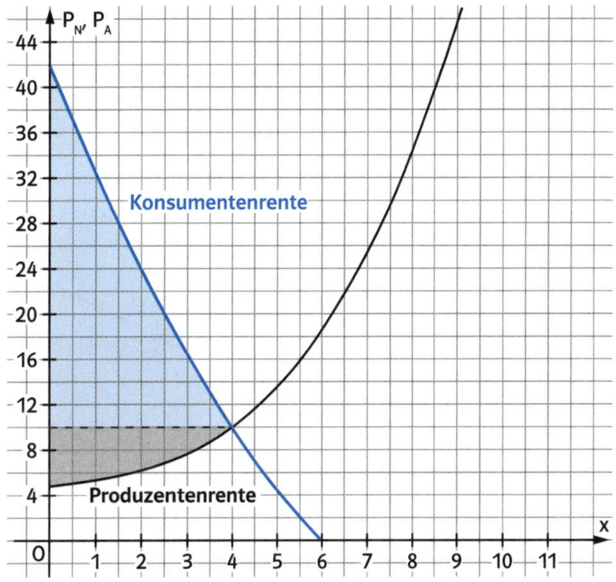

2 a) Definitionsbereich

$x + 1 = 0$

$x = -1 \Rightarrow x > 0$

$\frac{11 - x}{x + 1} = 0$

$x = 11$

$D = [0; 11]$

Höchstpreis

$p_N(0) = 11$

Der Höchstpeis beträgt 11 GE/ME.

Sättigungsmenge $x_S = 11$ ME (siehe Definitionsbereich)

b) $0{,}5x + 0{,}5 = \frac{11 - x}{x + 1}$

$0{,}5x^2 + x + 0{,}5 = 11 - x$

$x^2 + 4x - 21 = 0$

$x_G = 3 \vee x_2 = -7 \notin D$

$P_G = p(3) = 2$ MGW(3 | 2)

$K_R = \int_0^3 \left(\frac{11 - x}{x + 1} - 2\right) dx$

$K_R = \int_0^3 \left(-1 + \frac{12}{x + 1} - 2\right) dx$

Nebenrechnung:
$(-x + 11) : (x + 1) = -1 + \frac{12}{x + 1}$

$K_R = \int_0^3 \left(-3 + \frac{12}{x + 1}\right) dx$

$K_R = [-3x + 12 \ln|x + 1|]_0^3$

$K_R \approx 7{,}64$

Die Konsumentenrente beträgt 7,64 GE.

$P_R = \frac{(2 - 0{,}5) \cdot 3}{2} = 2{,}25$

Die Produzentenrente beträgt 2,25 GE.

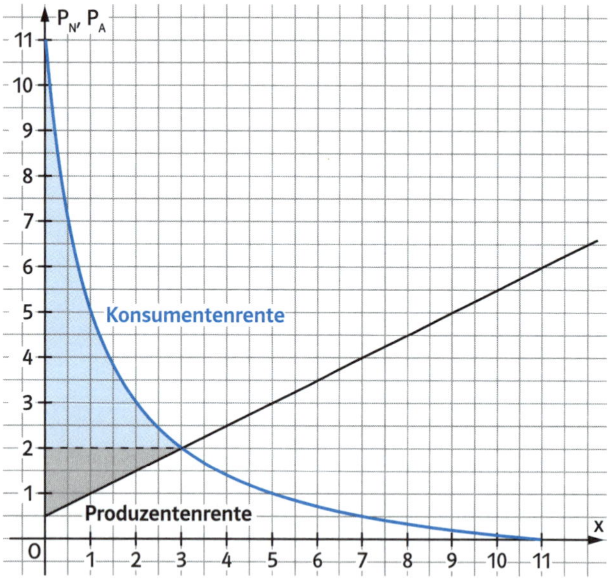

3 a) $0{,}4 \cdot e^{0{,}4x} = 4 \cdot e^{-0{,}2x} \quad | : 0{,}4 e^{-0{,}2x}$

$e^{0{,}6x} = 10$

$0{,}6x = \ln 10$

$x_G = \frac{\ln 10}{0{,}6} \approx 3{,}84$ ME

$P_G = p(3{,}84) = 0{,}4 \cdot e^{0{,}4 \cdot 3{,}84} \approx 1{,}86$

MGW(3,84 | 1,86)

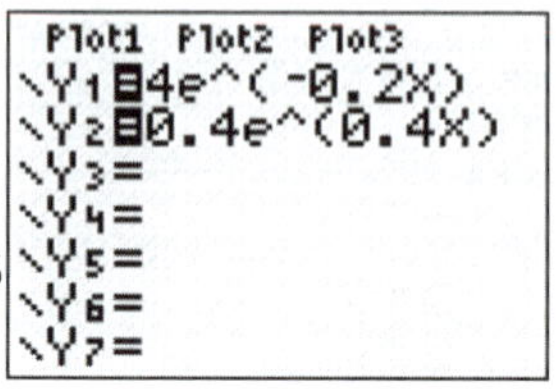

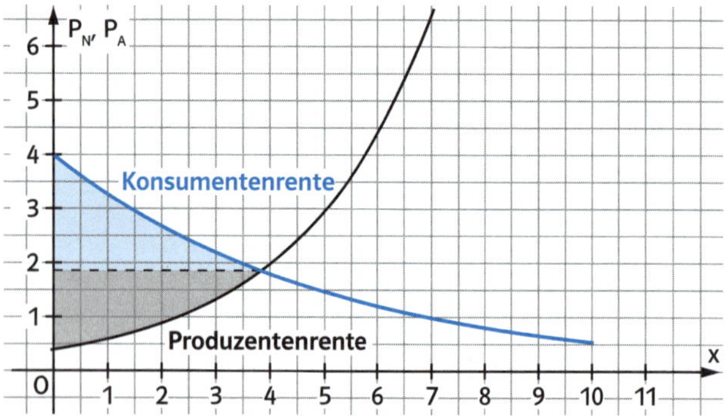

Konsumentenrente

$K_R = \int_0^{3{,}84} (4 e^{-0{,}2x} - 1{,}86)\, dx$

$K_R = [-20 e^{-0{,}2x} - 1{,}86x]_0^{3{,}84}$

$K_R = 3{,}58$

Die Konsumentenrente beträgt 3,58 GE.

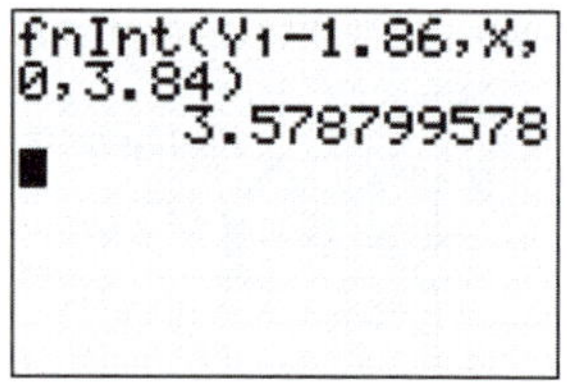

Produzentenrente

$P_R = \int_0^{3{,}84} (1{,}86 - 0{,}4 e^{0{,}4x})\, dx$

$P_R = [1{,}86x - e^{0{,}4x}]_0^{3{,}84}$

$P_R = 3{,}5$

Die Produzentenrente beträgt 3,5 GE.

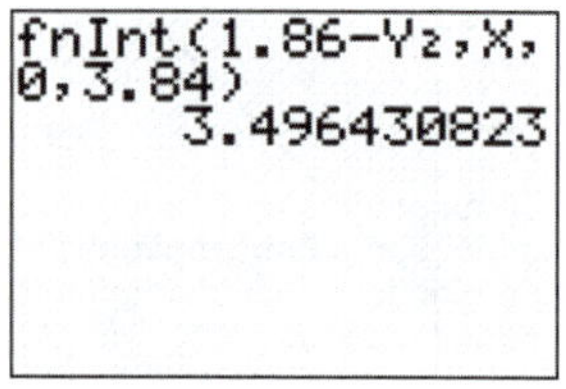

b) Angebot bei $p_{Min} = 2{,}5$ GE/ME

$2{,}5 = 0{,}4 \cdot e^{0{,}4x}$

$e^{0{,}4x} = 6{,}25$

$0{,}4x = \ln(6{,}25)$

$x_A = 4{,}58$

Nachfrage bei $p_{Min} = 2{,}5$ GE/ME

$2{,}5 = 4 \cdot e^{-0{,}2x}$

$e^{-0{,}2x} = 0{,}625$

$-0{,}2x = \ln(0{,}625)$

$x_N = 2{,}35$

Es ergibt sich ein Angebotsüberhang von

$A_Ü = x_A - x_N \approx 2{,}23$ ME.

4 a) Eine Stücksteuer von 2 GE/ME führt zu einer Verschiebung der Angebotsfunktion um 2 Einheiten nach oben, wenn die Steuer voll an die Konsumenten weiter gegeben wird.

$p_A(x) = p_A^r(x) = + r$

$p_A^r(x) = 2x + 4$

Neues Marktgleichgewicht

$2x + 4 = 18 - 0{,}5x^2$

$0{,}5x^2 + 2x - 14 = 0$

$x^2 + 4x - 28 = 0$

$x_G^r \approx 3{,}66$

$x_2 \approx -7{,}66 + D_{Ök}$

$P_G = p(3{,}66) \approx 11{,}32$

MGW(3,66 | 11,32)

Berechnung des Steueraufkommens
(abgesetzte Menge · Stücksteuer):

$R = x_G^r \cdot r$

$R = 3{,}66 \cdot 2 = 7{,}32$ GE

b) Die Subvention von 1 GE/ME führt zu einer Verschiebung der Angebotsfunktion um 1 Einheit nach unten, wenn die Subvention voll an die Konsumenten weiter gegeben wird.

$p_A(x) = p_A^s(x) - s$

$p_A^s(x) = 2x + 1$

Neues Marktgleichgewicht

$2x + 1 = 18 - 0{,}5x^2$

$0{,}5x^2 + 2x - 17 = 0$

$x^2 + 4x - 34 = 0$

$x_G^r \approx 4{,}16$ ME

$x_2 \approx -8{,}16 \notin D_{Ök}$

$P_G = p(4{,}16) \approx 9{,}33$

MGW(4,16 | 9,33)

Berechnung der Gesamtsubvention
(abgesetzte Menge · Subvention je ME):

$S = x_G^s \cdot s$

$R = 4{,}16 \cdot 1 = 4{,}16$ GE

Lösung mit dem CAS-Rechner (TI-Nspire)

a) neues Gleichgewicht und erwartetes Steueraufkommen

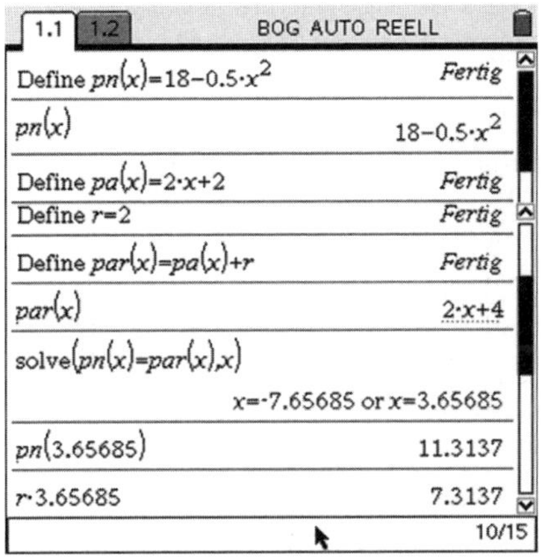

Nachfragefunktion

Angbotsfunktion
Steuersatz
Angebotsfunktion mit Steuersatz

x_G = 3,65685 ME neue Gleichgewichtsmenge

p_G = 11,3137 GE/ME neuer Gleichgewichtspreis
gesamtes Steueraufkommen

b) neues Gleichgewicht und Gesamtsubvention

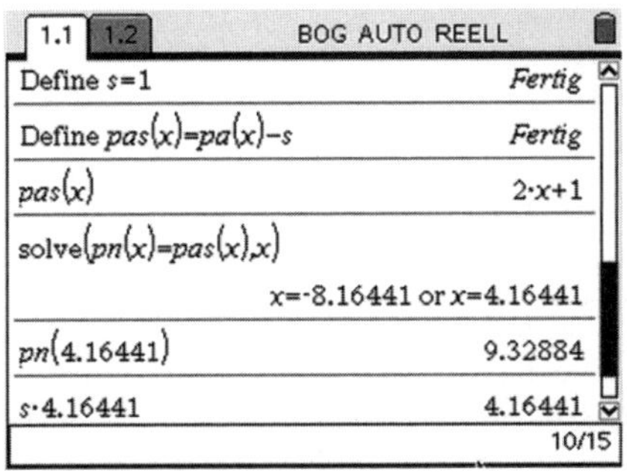

Subvention
Angebotsfunktion mit Subvention

x_G = 4,16441 ME neue Gleichgewichtsmenge

p_G = 9,32884 GE/ME neuer Gleichgewichtspreis
Gesamtsubvention

6 Elastizität ökonomischer Funktionen

1 a) $p(x) = -4x + 40$ $D = [0; 10]$

$\varepsilon_{x,p}(x) = \frac{p(x)}{p'(x) \cdot x}$

$\varepsilon_{x,p}(x) = \frac{-4x + 40}{-4x}$

$\varepsilon_{x,p}(x) = 1 - \frac{10}{x}$ $D =]0; 10]$

Preiselastizität für x = 4 ME:

$\varepsilon_{x,p}(4) = 1 - \frac{10}{4} = -1{,}5$

Bei einer Preiserhöhung um 1% sinkt die Nachfrage um 1,5%.

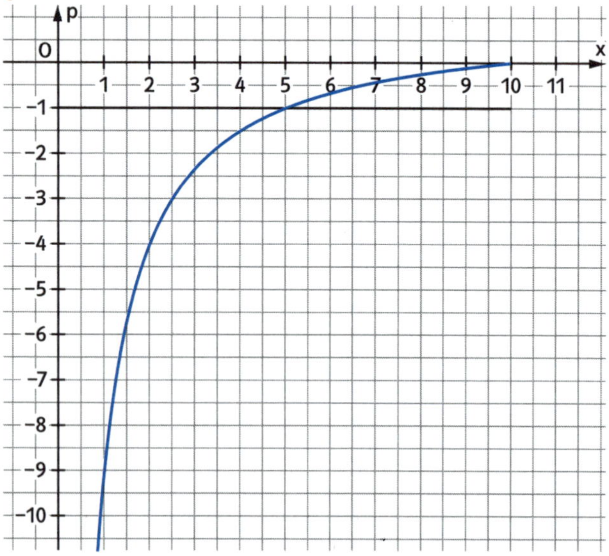

Preiselastizität für den Preis p = 10 GE:

Wir bestimmen zunächst den x-Wert

$10 = -4x + 40$

$x = 7{,}5$

und dann die Elastizität

$\varepsilon_{x,p}(7{,}5) = 1 - \frac{10}{7{,}5} = -\frac{1}{3}$

Bei einer Preiserhöhung um 1% sinkt die Nachfrage um 0,33%.

Elastizität = 1 (−1).

$-1 = 1 - \frac{10}{x}$

$-2x = -10$

$x = 5$

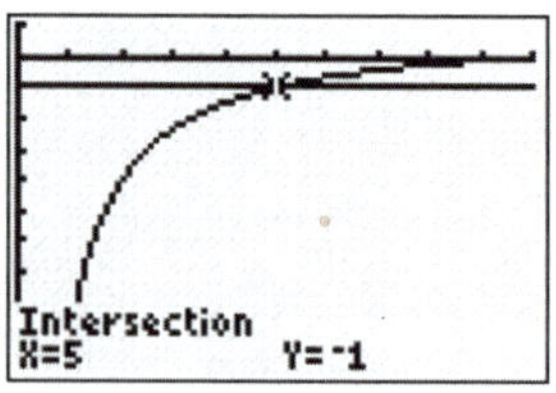

$p(5) = 20$ GE

Bei einem Preis von 20 GE/ME ist die Elastizität = 1 (−1).

b) $p(x) = 0{,}4x^2 - 8x + 40$ $D = [0; 10]$

$\varepsilon_{x,p}(x) = \frac{p(x)}{p'(x) \cdot x}$

$\varepsilon_{x,p}(x) = \frac{0{,}4x^2 - 8x + 40}{(0{,}8x - 8) \cdot x}$ $(0{,}8x - 8) \cdot x = 0 \Rightarrow$

$x = 0 \vee x = 10$

$E_{x,p}(x) = \frac{0{,}4(x - 10)^2}{0{,}8x(x - 10)} = \frac{x - 10}{2x}$ $D =]0; 10[$

Preiselastizität für x = 4 ME:

$\varepsilon_{x,p}(4) = \frac{4 - 10}{8} = -0{,}75$

Bei einer Preiserhöhung um 1% sinkt die Nachfrage um 0,75%.

Preiselastizität für den Preis p = 10 GE/ME:

Wir bestimmen zunächst den x-Wert

$10 = 0{,}4x^2 - 8x + 40$

$0{,}4x^2 - 8x + 30 = 0$

$x^2 - 20x + 75 = 0$

$x_1 = 15 \notin D \vee x_2 = 5$

und dann die Elastizität

$\varepsilon_{x,p}(5) = \frac{5 - 10}{5} = -0{,}5$

Bei einer Preiserhöhung um 1% sinkt die Nachfrage um 0,5%.

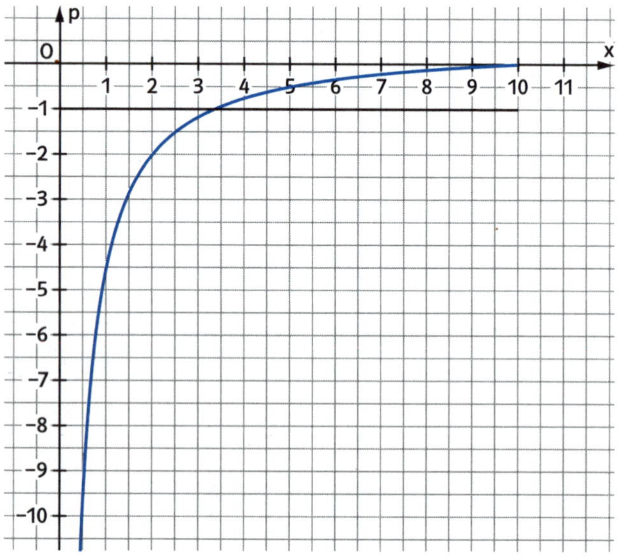

Elastizität = 1 (−1).

$-1 = \frac{x - 10}{2x}$

$-2x = x - 10$

$x = 3\frac{1}{3}$

$p\left(3\frac{1}{3}\right) = 17\frac{7}{9}$ GE

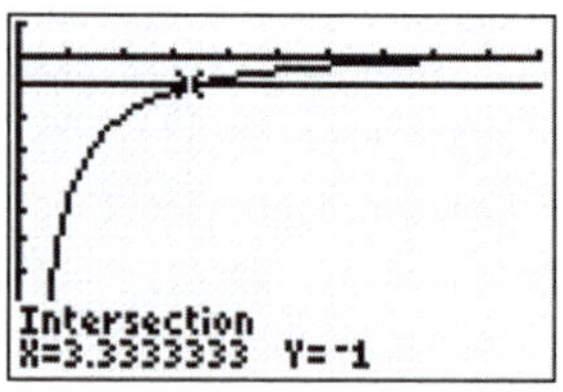

Bei einem Preis von 17,78 GE/ME ist die Elastizität = 1 (−1).

2 a) $p(x) = -5x + 40$; $x_{max} = 8$ ME

$\varepsilon_{x,p}(x) = \frac{p(x)}{p'(x) \cdot x}$

$\varepsilon_{x,p}(x) = \frac{-5x + 40}{-5x}$

$\varepsilon_{x,p}(x) = 1 - \frac{8}{x}$ D =]0; 8]

$|\varepsilon_{x,p}(2)| = |-3| = 3$

Die Nachfrage reagiert elastisch auf Preisänderungen.

b) Die 10%ige Preiserhöhung von 30 auf 33 GE würde zu einer 30%igen (3 · 10) Nachfragesenkung führen. Es ergäbe sich eine Nachfrage von 2 · 0,7 = 1,4 ME.

Kontrollrechnung über die PAF:

$33 = -5x + 40$

$x = 1{,}4$ ME

Die Ergebnisse stimmen überein.

3 a) $p(x) = -0{,}5x^2 + 50$; $x_{max} = 10$ ME

$\varepsilon_{x,p}(x) = \frac{p(x)}{p'(x) \cdot x}$

$\varepsilon_{x,p}(x) = \frac{-0{,}5x^2 + 50}{-x^2}$

$\varepsilon_{x,p}(x) = 0{,}5 - \frac{50}{x^2}$ D =]0; 10]

$|\varepsilon_{x,p}(5)| = |-1{,}5| = 1{,}5$

Die Nachfrage reagiert elastisch auf Preisänderungen.

b) Die 32%ige Preissenkung von 37,5 auf 25,5 GE/ME würde zu einer 48%igen (32 · 1,5) Nachfrageerhöhung führen. Es ergäbe sich eine Nachfrage von 5 · 1,48 = 7,4 ME.

Kontrollrechnung über die PAF:

$25{,}5 = -0{,}5x^2 + 50$

$x^2 = 49$

$x = 7$ ME

$x_2 = -7 \notin D_{ök}$

Die Berechnungen basieren auf der Punktelastizität und unterstellen infinitesimal kleine Änderungen. Hier führen die sehr großen Änderungen zu den Abweichungen. Da in Aufgabe 2 eine lineare PAF vorlag, gab es keine Abweichung (konstante Steigung der PAF).

4 a) $p(x) = -0{,}25x^2 + 6{,}25$; $x_{max} = 5$ ME

Zunächst wird x für $\varepsilon_{x,p}(x) = -1$ oder $|\varepsilon_{x,p}(x)|$ stimmt.

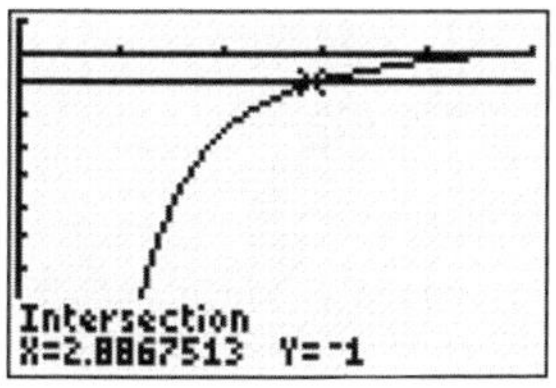

$\varepsilon_{x,p}(x) = \frac{p(x)}{p'(x) \cdot x}$

$\varepsilon_{x,p}(x) = \frac{-0{,}25x^2 + 6{,}25}{-0{,}5x^2}$

$\varepsilon_{x,p}(x) = 0{,}5 - \frac{12{,}5}{x^2}$ D =]0; 5]

$-1 = 0{,}5 - \frac{12{,}5}{x^2}$

$-x^2 = 0{,}5x^2 - 12{,}5$

$1{,}5x^2 = 12{,}5$

$x_1 \approx 2{,}89$

$x_2 \approx -2{,}89 \notin D$

Da $\varepsilon_{x,p}(x)$ im Intervall]0; 5] wegen $\varepsilon'_{x,p}(x) = \frac{25}{x^3}$ monoton steigend ist, folgt für die Preiselastizität:

]0; 2,89[– elastischer Bereich

2,89 – fließend

]2,89; 5[– unelastischer Bereich

b) $p(x) = \frac{40 - x}{x + 2}$; $x_{max} = 40$ ME

$p'(x) = \frac{-42}{(x + 2)^2}$

$\varepsilon_{x,p}(x) = \frac{p(x)}{p'(x) \cdot x}$

$\varepsilon_{x,p}(x) = \frac{\frac{40 - x}{x + 2}}{\frac{-42}{(x + 2)^2} \cdot x}$

$\varepsilon_{x,p}(x) = \frac{(40 - x)(x + 2)}{-42 \cdot x}$

$\varepsilon_{x,p}(x) = \frac{x^2 - 38x - 80}{42x}$ D =]0; 40]

$-1 = \frac{x^2 - 38x - 80}{42x}$

$-42x = x^2 - 38x - 80$

$x^2 + 4x - 80 = 0$

$x_1 \approx 7{,}17$

$x_2 = -11{,}17 \notin D$

Da $\varepsilon_{x,p}(x)$ im Intervall]0; 40] wegen $\varepsilon'_{x,p}(x) = \frac{x^2 + 80}{42x^2}$ monoton steigend ist, folgt für die Preiselastizität:

]0; 7,17[– elastischer Bereich

7,17 – fließend

]7,17; 40[– unelastischer Bereich

5 $p(x) = 20e^{1 - \frac{x}{2}}$

$p'(x) = -10e^{1 - \frac{x}{2}}$

$\varepsilon_{x,p}(x) = \frac{p(x)}{p'(x) \cdot x}$

$\varepsilon_{x,p}(x) = \frac{20e^{1 - \frac{x}{2}}}{-10xe^{1 - \frac{x}{2}}}$

$\varepsilon_{x,p}(x) = -\frac{2}{x}$

Für x = 2 ist $\varepsilon_{x,p}(2) = -\frac{2}{2} = -1$, d.h., die Nachfrageelastizität ist fließend.

6 a) b) $x(p) = \frac{100}{\sqrt{p}}$ $x'(x) = \frac{-50}{\sqrt{p^3}}$

$\varepsilon_{x,p}(p) = \frac{x'(p)}{x(p)} \cdot p$

$\varepsilon_{x,p}(p) = \frac{\frac{-50}{\sqrt{p^3}}}{\frac{100}{\sqrt{p}}} \cdot p$

$\varepsilon_{x,p}(p) = \frac{-50\sqrt{p}}{100\sqrt{p^3}} \cdot p = -\frac{1}{2}$

Die Nachfrage ist isoelastisch.

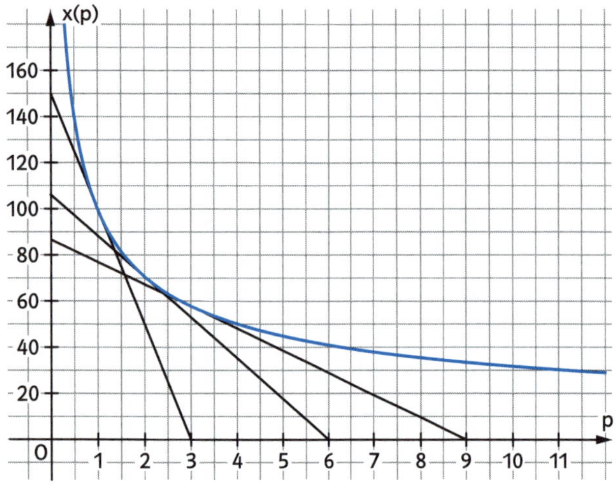

Alle Tangenten werden im Verhältnis 1:2 geteilt!

c) $x(p) = \frac{100}{\sqrt{p}}$

Umkehrfunktion: $p(x) = \left(\frac{100}{x}\right)^2$

$p'(x) = \frac{-20\,000}{x^3}$

$e_{x,p}(p) = \frac{\frac{10\,000}{x^2}}{x} \cdot \frac{1}{\frac{-20\,000}{x^3}}$

$e_{x,p}(p) = \frac{10\,000}{x^3} \cdot \frac{x^3}{-20\,000} = -\frac{1}{2}$

7 $K(x) = \frac{1}{4}x^3 - 4x^2 + 40x + 80;\ x \in [0; 20]$

$K'(x) = 0{,}75x^2 - 8x + 40$

$\varepsilon_{K,x}(x) = \frac{K'(x)}{K(x)} \cdot x$

$\varepsilon_{K,x}(x) = \frac{(0{,}75x^2 - 8x + 40) \cdot x}{0{,}25x^3 - 4x^2 + 40x + 80}$

$\varepsilon_{K,x}(8) = \frac{(0{,}75 \cdot 8^2 - 8 \cdot 8 + 40) \cdot 8}{0{,}25 \cdot 8^3 - 4 \cdot 8^2 + 40 \cdot 8 + 80} \approx 0{,}706$

Eine 1%ige Erhöhung der Ausbringungsmenge würde lediglich zu einer 0,706%igen Kostenerhöhung führen. Die Kosten steigen für x = 8 (Betriebsminimum) unterproportional, das Kostenoptimum ist noch nicht erreicht.

$1 = \frac{(0{,}75x^2 - 8x + 40) \cdot x}{0{,}25x^3 - 4x^2 + 40x + 80}$

$0{,}25x^3 - 4x^2 + 40x + 80 = (0{,}75x^2 - 8x + 40) \cdot x$

$-0{,}5x^3 + 4x^2 + 80 = 0$

$x^3 - 8x^2 - 160 = 0$

Ein geeignetes Näherungsverfahren liefert: $x \approx 9{,}7004\ldots$

Hier liegt das Betriebsoptimum.

Nachweis, dass für die betriebsoptimale Menge $\varepsilon = 1$ ist:

$\varepsilon_{K,x}(x) = \frac{K'(x)}{K(x)} \cdot x$

$1 = \frac{K'(x)}{K(x)} \cdot x$

$\frac{K(x)}{x} = K'(x)$

$k(x) = K'(x)$

Mit der Gleichheit von Stückkosten und Grenzkosten ist die Bedingung für das Betriebsoptimum erfüllt.

Definition der Kostenfunktion

Definition der Elastizitätsfunktion

Kontrolle der Elastizitätsfunktion

Kostenelastizität für x = 8

Lösung für $\varepsilon_{K,x}(x) = 1$

8 Der Reagibilitätsgrad entspricht der Kostenelastizität.

$\varepsilon_{K,x}(x) = \frac{K'(x)}{K(x)} \cdot x$

$\varepsilon_{K,x}(x) = \frac{10}{10x + 100} \cdot x$

$\varepsilon_{K,x}(x) = \frac{1}{1 + \frac{10}{x}}$

Da der Nenner für alle $x \in D$ größer als 1 ist, gilt $0 < \varepsilon < 1$ oder $0 < r < 1$.

Für $K_v(x) = 10x$ gilt:

$\varepsilon_{K,x}(x) = \frac{10}{10x} \cdot x = 1$

Für alle $x \in D$ ist r = 1, die variablen Kosten sind proportional.

9 $K(x) = 0{,}2x^3 - 2x^2 + 12x + 100$

$K_v(x) = 0{,}2x^3 - 2x^2 + 12x$

$K_f = 100$

Elastizitätsfunktionen:

$\varepsilon_{K,x}(x) = \frac{0{,}6x^2 - 4x + 12}{0{,}2x^3 - 2x^2 + 12x + 100} \cdot x$

$\varepsilon_{K_v,x}(x) = \frac{0{,}6x^2 - 4x + 12}{0{,}2x^3 - 2x^2 + 12x} \cdot x$

$\varepsilon_{Kf_v,x}(x) = 0$

Gesamtkostenelastizität = 1

$1 = \frac{0{,}6x^2 - 4x + 12}{0{,}2x^3 - 2x^2 + 12x + 100} \cdot x$

$0{,}2x^3 - 2x^2 + 12x + 100 = 0{,}6x^3 - 4x^2 + 12x$

$0{,}4x^3 - 2x^2 - 100 = 0$

Ein geeignetes Näherungsverfahren liefert $x \approx 8{,}48$.

Elastizität der variablen Kosten = 1

$$1 = \frac{0{,}6x^2 - 4x + 12}{0{,}2x^3 - 2x^2 + 12x} \cdot x \qquad D =]0; 15]$$

$0{,}2x^3 - 2x^2 + 12x = 0{,}6x^3 - 4x^2 + 12x$

$0{,}4x^3 - 2x^2 = 0$

$x^2(0{,}4x - 2) = 0$

$x_{1,2} = 0 \notin D$

$x_3 = 5$

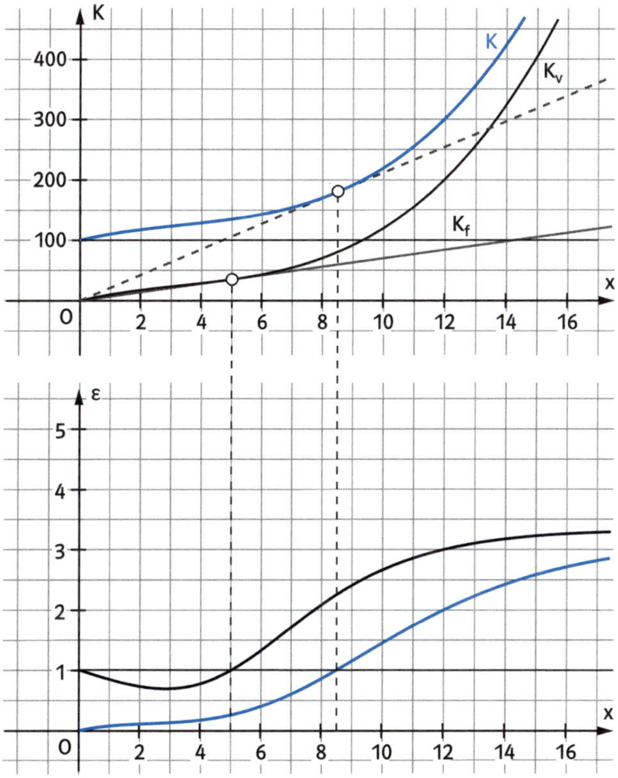

Die Gesamtkosten verlaufen bis zum Betriebsoptimum unterproportional ($0 < \varepsilon < 1$). Der Fahrstrahl wird hier zur Tangente. (DieTangente ist eine Ursprungsgerade.) Im Betriebsoptimum verhalten sich die Gesamtkosten proportional ($\varepsilon = 1$) und steigen danach überproportional ($\varepsilon > 1$).

Die variablen Kosten steigen bis zum Wendepunkt unterproportional ($0 < \varepsilon < 1$). Der Fahrstrahl wird hier zur Tangente. (Die Tangente ist eine Ursprungsgerade.) Im Wendepunkt verhalten sie sich proportional ($\varepsilon = 1$) und steigen danach überproportional ($\varepsilon > 1$).

Hinweis: Überwiegend wird für den Gesamtkostenverlauf der Wendepunkt als Übergang vom degressiven zum progressiven Kostenverhalten dargestellt. Streng genommen bezieht sich dies nur auf den Wechsel vom abnehmenden zum zunehmenden Kostenzuwachs.
Für die Fixkosten gilt $\varepsilon = 0$. Sie sind mengenunabhängig.

10 $K(x) = ax^2 + bx + c \qquad K'(x) = 2ax + b$

$\varepsilon_{K,x}(x) = \frac{K'(x)}{K(x)} \cdot x$

$\varepsilon_{K,x}(x) = \frac{2ax + b}{ax^2 + bx + c}$

$c = 10$ (Fixkosten)

$\varepsilon_{K,x}(10) = 1 = \frac{2a \cdot 10 + b}{a \cdot 10^2 + b \cdot 10 + 10} \cdot 10 \Rightarrow 100a + 10b + 10$

$= 200a + 10b \Rightarrow a = 0{,}1$

Wenn für $x = 10$ die Kostenelastizität = 1 ist, so liegt hier das Betriebsoptimum. Die Stückkosten entsprechen dem Wert der langfristigen Preisuntergrenze (4 GE/ME).

$k(x) = ax + b + \frac{c}{x}$

$k(10) = 4 = 0{,}1 \cdot 10 + b + \frac{10}{10}$

$4 = 1 + b + 1$

$b = 2$

$K(x) = 0{,}1x^2 + 2x + 10$

11 $K(x) = x^3 - 6x^2 + 17x + 50;\ \overline{p} = 32$

$E(x) = 32x$

$K'(x) = 3x^2 - 12x + 17$

$k(x) = x^2 - 6x + 17 + \frac{50}{x}$

a) $G(x) = E(x) - K(x)$

$G(x) = 32x - (x^3 - 6x^2 + 17x + 50)$

$G(x) = -x^3 + 6x^2 + 15x - 50$

$G'(x) = -3x^2 + 12x + 15$

$3x^2 - 12x - 15 = 0$

$x^2 - 4x - 5 = 0$

$x_1 = 2 + \sqrt{9} =$ ME

$x_2 = 2 - \sqrt{9} = -1 \notin D_{ök}$

gewinnmaximale Ausbringungsmenge

$G''(x) = -6x + 12$

$G''(5) = -18$

$G(5) = 50$ GE maximaler Gewinn

b) $\varepsilon_{K,x}(x) = \frac{K'(x)}{K(x)} \cdot x \Rightarrow \frac{K'(x)}{\frac{K(x)}{x}} = \frac{K'(x)}{k(x)}$

Die Elastizität lässt sich als Verhältnis $\frac{\text{Grenzkosten}}{\text{Stückkosten}}$ darstellen.

Im Gewinnmaximum gilt:

$K'(x) = E'(x)$

$k(x) \cdot \varepsilon_{K,x}(x) = E'(x)$

$\varepsilon_{K,x}(x) = \frac{E'(x)}{k(x)}$

$\varepsilon_{K,x}(5) = \frac{E(5)}{k(5)} = \frac{32}{22} = 1{,}\overline{45}\ldots$

7 Minimalkostenkombination, Haushaltsoptimum

1 Isokostengerade

$I_K(x) = -\frac{p_x}{p_y}x + \frac{K}{p_y}$

$I_K(x) = -\frac{3}{12}x + \frac{K}{12}$

Für die MKK gilt:

$I'_{20} = I'_K$

$-\frac{4}{(x-3)^2} = -\frac{3}{12}$

$16 = (x-3)^2$

$x_1 = 3 + 4 = 7$ ME $\vee$ $x_2 = 3 - 4 = -1 \notin D$

$y = \frac{4}{7-3} + 5 = 6$ ME

MKK(7 | 6)

Kosten

$6 = -\frac{3}{12} \cdot 7 + \frac{K}{12}$

K = 93 GE

Lösung mit dem GTR:

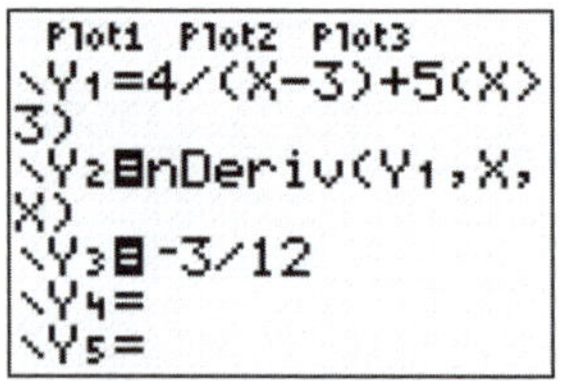

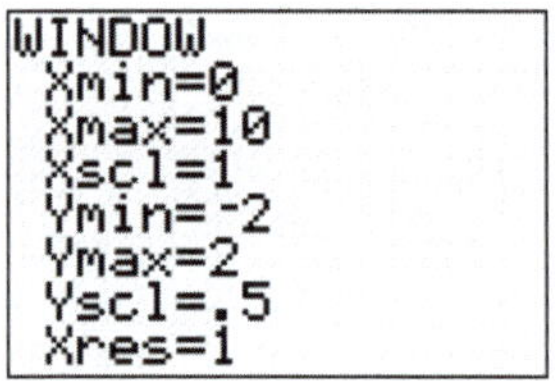

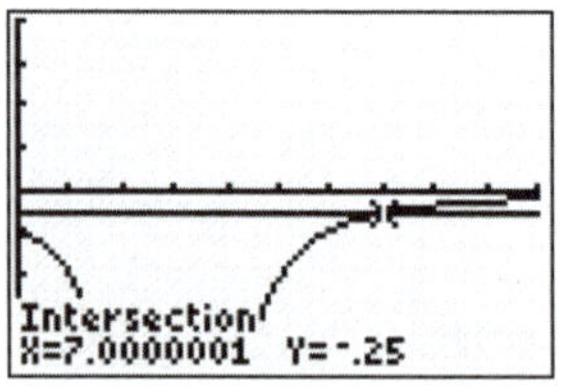

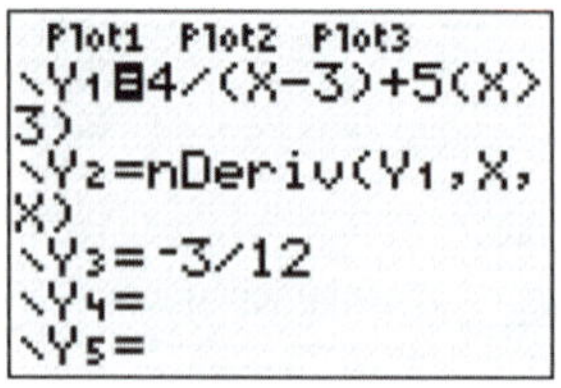

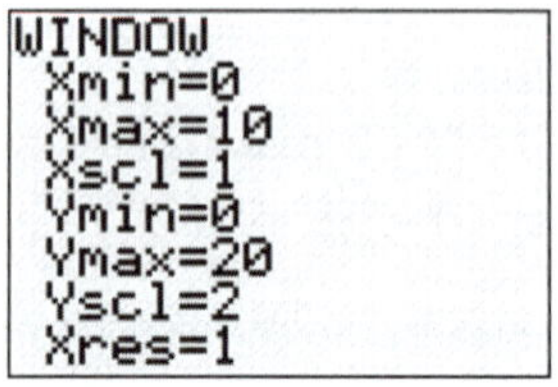

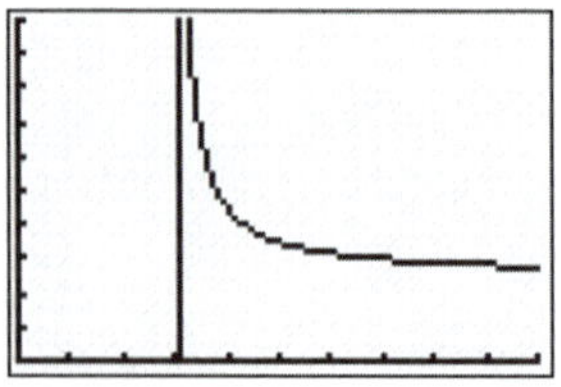

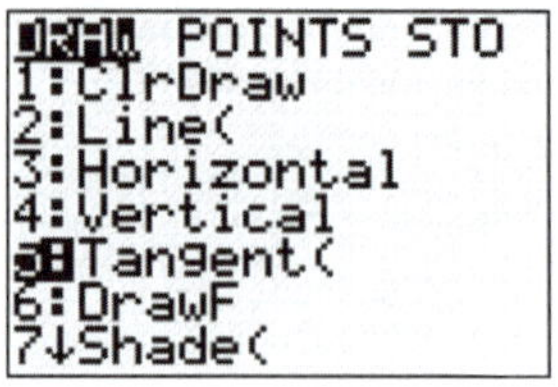

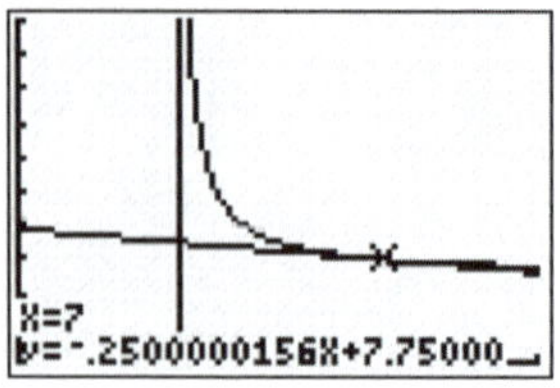

$\frac{K}{12} = 7{,}75$

K = 93

2 a) $D = \{x \mid x > 2\}_{\mathbb{R}}$ $W = \{y \mid y > 30\}_{\mathbb{R}}$

I_{200} ist für x > 2 definiert und besitzt keine Schnittstellen mit den Achsen, d.h., es sind mehr als 2 Einheiten von x erforderlich.

y = 30 ist Asymptote von I_{200}, d.h., es sind mehr als 30 Einheiten von y erforderlich.

b) $I_K(x) = -\frac{p_x}{p_y}x + \frac{K}{p_y}$

K = 1000: $I_K(x) = -10x + 100$

K = 900: $I_K(x) = -10x + 90$

K = 800: $I_K(x) = -10x + 80$

c) $K = p_x \cdot x + p_y \cdot y$

$y = -\frac{p_x}{p_y} \cdot x + \frac{K}{p_y}$

$x = 0: K = p_x \cdot 0 + p_y \cdot y$

$y = \frac{K}{p_y}$

$y = 0: K = p_x \cdot x + p_y \cdot 0$

$x = \frac{K}{p_x}$

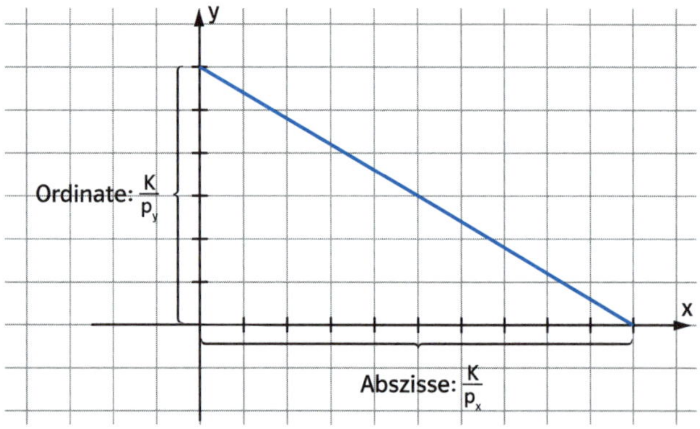

d) K = 1000: Es kann der Output 200 mit den Mengenkombinationen (3 | 70) oder (6 | 40) realisiert werden. Mit dem Kostenbudget könnte aber auch ein größerer Output hergestellt werden.

K = 900: Der Tangentialpunkt mit der Isoquante liefert die Minimalkostenkombination.

K = 800: Mit einem Kostenbudget von 800 GE ist der Output 200 nicht möglich.

e) $y' = -\frac{40}{(x-2)^2}$ $K' = -10$

$(x-2)^2 = 4$

$x - 2 = \pm 2$

$x_1 = 4 \vee x_2 = 0 \notin D_{ök}$

MKK (4 | 50) Minimalkostenkombination

Kostenbudget: $K = 4 \cdot 100 + 50 \cdot 10 = 900$

Das erforderliche Kostenbudget beträgt 900 GE.

f) $p_x = 10 \cdot 1{,}25 = 12{,}5$

Ohne Änderung der Kombination der Einsatzfaktoren ergäbe sich folgendes Kostenbudget:

$K = 4 \cdot 100 + 50 \cdot 12{,}5 = 1025$ GE

Zur Kostenoptimierung wird der sich verteuernde Einsatzfaktor durch den im Preis gleich gebliebenen Einsatzfaktor teilweise substituiert. Es ist die neue MKK zu bestimmen.

$K_{neu}: y = -\frac{100}{12{,}5}x + \frac{K}{12{,}5}$ $\quad (x-2)^2 = 5$ $\quad$ MKK(4,24 | 47,86)

$y' = -\frac{40}{(x-2)^2}K' = -8$ $\quad x - 2 = \pm\sqrt{5}$

$x_1 = 4{,}24,\ x_2 \notin D_{ök}$

$K = 4{,}24 \cdot 100 + 47{,}86 \cdot 12{,}5 = 1022{,}25$ $\quad$ 122,25 GE

Durch die neue MKK beträgt die notwendige Budgetsteigerung statt 125 GE nur 122,25 GE. Die Ersparnis resultiert aus der Substitution des Faktors y durch x.

3 $D = \{x \mid x > 1\}_{\mathbb{R}}$ $\quad W = \{y \mid y > 2\}_{\mathbb{R}}$

Budgetgerade

$l_B: y = -\frac{p_x}{p_y}x + \frac{B}{p_y}$

$l_B: y = -\frac{5}{15}x + \frac{B}{15}$

$l_B: y = -\frac{1}{3}x + \frac{B}{15}$

HOP

$l'_N = l'_B$

$-\frac{5}{(x-1)^2} = -\frac{1}{3}$

$15 = (x-1)^2$

$x_1 = 1 + \sqrt{15} = 4{,}87$ ME $\vee$ $x_2 = 1 - \sqrt{15} = -2{,}87 \notin D$

$y = \frac{5}{4{,}87 - 1} + 2 = 3{,}29$ ME

HOP(4,87 | 3,29)

Budget

$3{,}29 = -\frac{1}{3} \cdot 4{,}87 + \frac{B}{15}$

$B = 73{,}7$ GE

Lösung mit dem GTR:

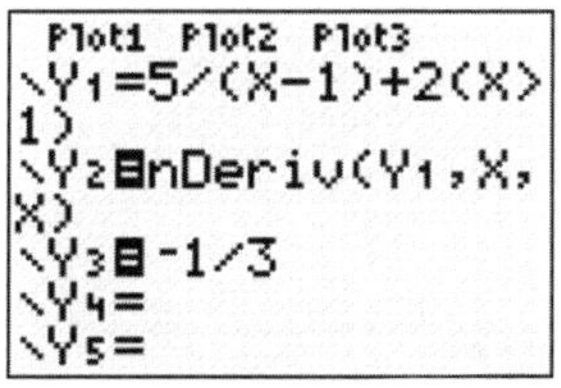

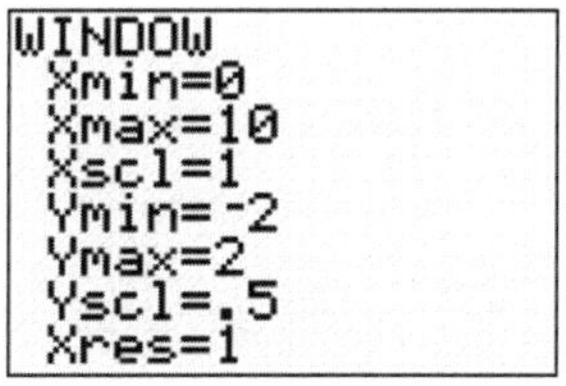

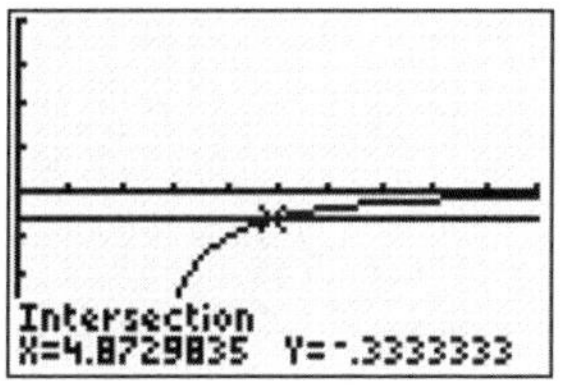

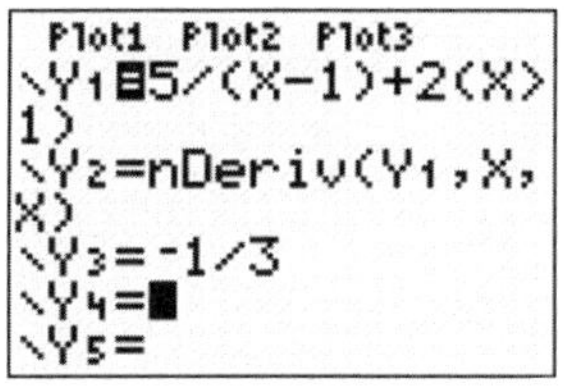

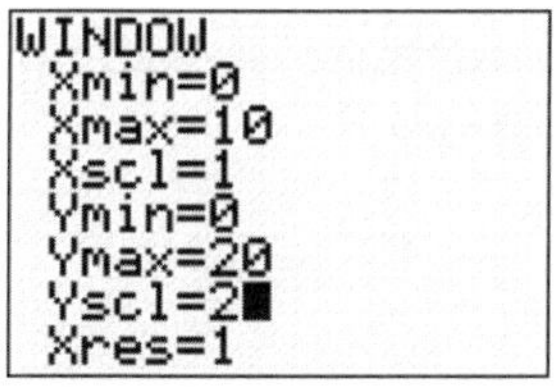

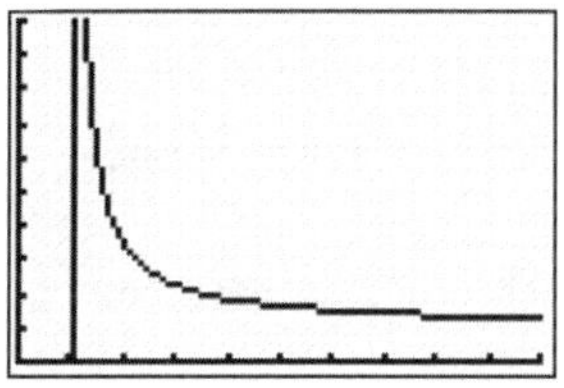

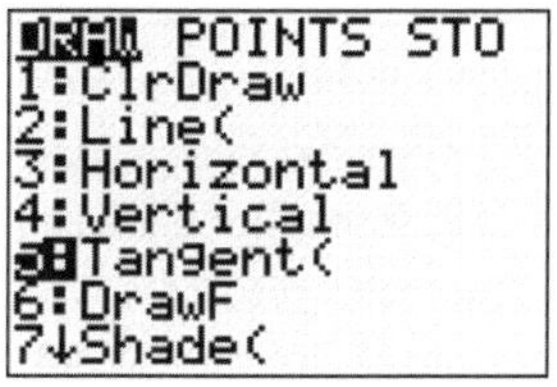

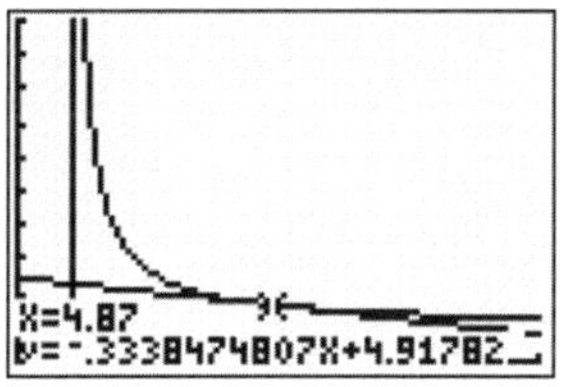

$\frac{B}{4{,}87} \approx 4{,}92$

$B \approx 73{,}8$

4 $D = \{x \mid x > 3\}_{\mathbb{R}}$ $\quad W = \{y \mid y > 4\}_{\mathbb{R}}$

a) (4 | 6) und (5 | 5) liegen auf der Indifferenzkurve I_{20} und werden vom Haushalt mit gleichem Nutzen bewertet.

(6 | 6) liegt oberhalb der Indifferenzkurve und stiftet also höheren Nutzen.

(4 | 4) stiftet geringeren Nutzen, da die Güterkombination unterhalb von I_{20} liegt.

b) $B = 10x + 20y$

$l_B: y = -\frac{1}{2}x + \frac{B}{20}$

$B = 150: y = -\frac{1}{2}x + 7{,}5$

c) $I'_{20}: y' = -\frac{2}{(x-3)^2}$

Für $x = 5$ ist der Grenznutzen $y' = \frac{2}{(5-3)^2} = -\frac{1}{2}$

Das Verhältnis der Güterpreise ist $-\frac{p_x}{p_y} = -\frac{10}{20} = -\frac{1}{2}$

Punktprobe: $5 = -\frac{1}{2} \cdot 5 + 7{,}5$

$5 = 5$ Die Steigung entspricht dem Grenznutzen.

Budget: $B = 10 \cdot 5 + 20 \cdot 5 = 150$ GE

d) Preiserhöhung um p% $\left(q = 1 + \frac{p}{100}\right)$ ergibt

$p_x^{neu} = p_x \cdot q$ und $p_y^{neu} = p_y \cdot q$ wir erhalten

$-\frac{p_x}{p_y} = \frac{p_x}{p_y}$, d.h. das Haushaltsoptimum verändert sich nicht.

5

a) Definitionsbereich	Wertebereich
$0 = a - 6\sqrt{x_1}$	
$\sqrt{x_1} = \frac{a}{6}$	$x_2 = a - 6\sqrt{0}$
$x_1 = \frac{a^2}{36}$	$x_2 = a$
$D = \left[0; \frac{a^2}{36}\right]$	$W = [0; a]$

konvexer Kurvenverlauf

$I_N'' > 0$

$I_N': x_2' = -\frac{3}{\sqrt{x_1}}$

$I_N'': x_2'' = \frac{3}{2\sqrt{x_1^3}}$

$I_N'' > 0$ für alle $x \in D$, die Indifferenzkurve verläuft konvex.

b) Ja. Die Indifferenzkurven schneiden beide Achsen.

Im Schnittpunkt mit der Hochachse verzichtet der Haushalt vollständig auf das Gut x_1.

Im Schnittpunkt mit der waagerechten Achse verzichtet der Haushalt vollständig auf das Gut x_2.

c) (1 | 12)

$12 = a - 6\sqrt{1}$

$a = 18$

$\Rightarrow x_2 = 18 - 6\sqrt{x_1}$

Probe für (4 | 6)

$6 = 18 - 6\sqrt{4}$

$6 = 6$

(1 | 12) und (4 | 6) sind indifferent mit dem Nutzenniveau N_1 (a = 18).

HOP $I_N': = -\frac{p_{x_1}}{p_{x_2}}$

$-\frac{3}{\sqrt{x_1}} = -\frac{3}{2}$

$\sqrt{x_1} = 2$

$x_1 = 4$ ME

$x_2 = 18 - 6\sqrt{4}$; $x_2 = 6$ ME

HOP(4 | 6)

Budget: $B = 4 \cdot 3 + 6 \cdot 2 = 24$

Das erforderliche Kostenbudget beträgt 24 GE.

d) Im HOP ist der Wert von x_1 unabhängig von a, da I_N' unabhängig von a ist. Für jede Indifferenzkurve der angegebenen Kurvenschar ist daher im HOP $x_1 = 4$.

$a = 24 \Rightarrow x_2 = 24 - 6\sqrt{4}$; $x_2 = 12$

HOP(4 | 12)

Budget: $B = 4 \cdot 3 + 12 \cdot 2 = 36$

Das erforderliche Budget beträgt 36 GE.

e) Es ergibt sich das Güterbündel (9 | 12).

Bestimmung der zugehörigen Indifferenzkurve.

$12 = a - 6\sqrt{9}$

$a = 30$

$I_N: x_2 = 30 - 6\sqrt{x_1}$

$B = 9 \cdot 3 + 12 \cdot 2 = 51$

Das erforderliche Budget beträgt 51 GE.

Sofern weiterhin alle Güterbündel dieser Indifferenzkurve als indifferent empfunden würden, läge keine optimale Situation vor. Diese ergäbe sich im zugehörigen Haushaltsoptimum (4 | 18) mit einem notwendigen Budget von 48 GE.

8 Wachstumsmodelle

1 a) Lineares Wachstum (Abnahme) mit:

Wachstumsrate: −10 je Einheit t

Anfangsbestand: 500

Wachstumsfunktion:

rekursiv: $B(t + 1) = B(t) - 10$

explizit: $B(t) = -10 \cdot t + 500$

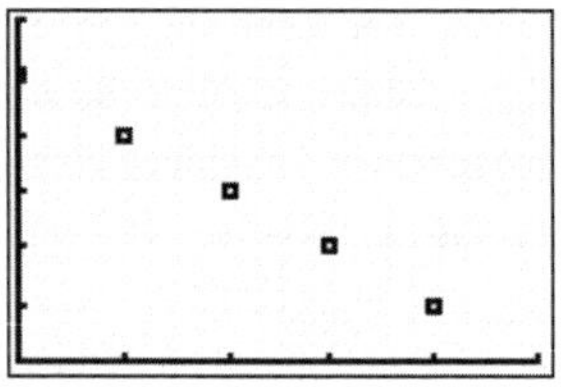

b) Exponentielles Wachstum (Abnahme) mit:

Wachstumsfaktor: $a = 0{,}8$

Anfangsbestand: 500

Wachstumsfunktion:

rekursiv: $B(t + 1) = B(t) \cdot 0{,}8$

explizit: $B(t) = 500 \cdot 0{,}8^t$

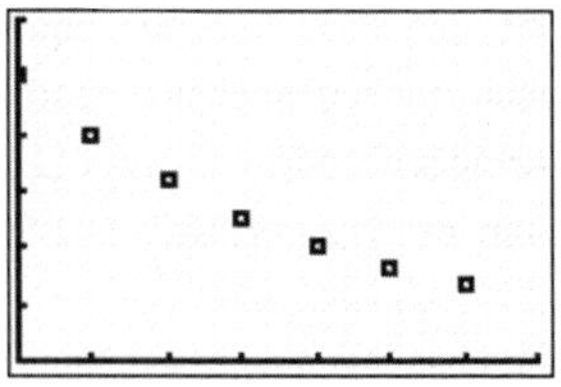

c) Beschränktes Wachstum mit:

Anfangsbestand: 100

Wachstumsfaktor:

$B(t + 1) = B(t) + a \cdot (S - B(t))$

$370 = 100 + a \cdot (S - 100)$

$\underline{559 = 370 + a \cdot (S - 370)}$

$270 = a \cdot S - 100a$

$\underline{189 = a \cdot S - 370a}$

$81 = 270a$

$a = 0{,}3$

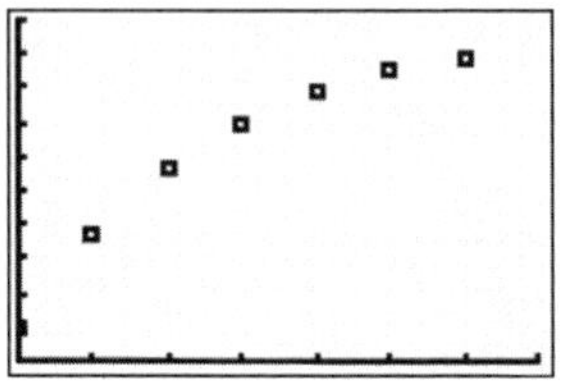

Sättigungsgrenze: $270 = 0{,}3 \cdot S - 100 \cdot 0{,}3$

$S = 1000$

Wachstumsfunktion:

rekursiv: $B(t + 1) = B(t) + 0{,}3 \cdot (1000 - B(t))$

explizit: $B(t) = 1000 - 900 \cdot 0{,}7^t$

d) Logistisches Wachstum mit:

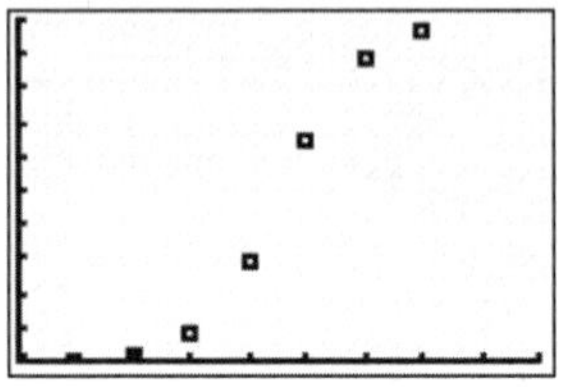

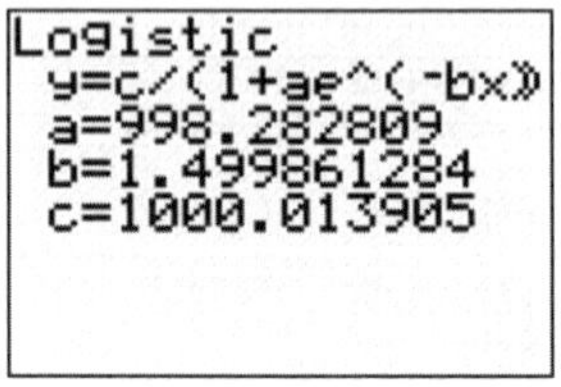

Wachstumsfunktion:

$B(t) = \frac{1000}{1 + 999e^{-1{,}5 \cdot t}}$

2 a) lineares Wachstum
$K_0 = 2500{,}00\,€$
$p = 3\,\%$
Zinsen: 75,00 €
$K_{10} = 2500 + 10 \cdot 75 = 3250{,}00\,€$
b) exponentielles Wachstum
$K_0 = 2500{,}00\,€$
$p = 3\,\%$
$K_{10} = 2500 \cdot 1{,}03^{10} = 3359{,}79\,€$

3 a) Beschränktes Wachstum (Abnahme) mit:
Anfangsbestand: 1200
Abnahmefaktor: 0,2
Sättigungsgrenze: S = 400
Wachstumsfunktion:
rekursiv: $B(t+1) = B(t) - 0{,}2 \cdot (1200 - B(t))$
explizit: $B(t) = 400 + 800 \cdot 0{,}8^t$

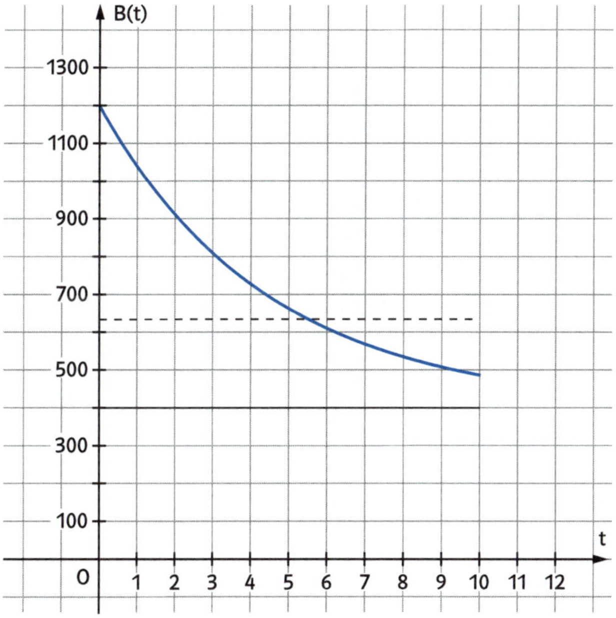

b) $600 = 400 + 800 \cdot 0{,}8^t$

$\frac{200}{800} = 0{,}8^t$

$t = \frac{\ln(0{,}25)}{\ln 0{,}8} = 6{,}21$

Erstmals am Ende des 7. Jahres beträgt die Einwohnerzahl weniger als 600 Einwohner (Hälfte).
c) $B(5) - S = 400 + 800 \cdot 0{,}8^5 - 400 = 262$

4 a) $B(t) = b \cdot a^t$

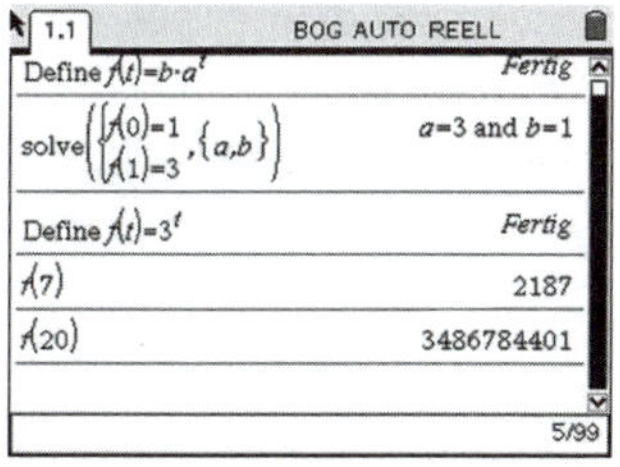

$B(0) = 1 \Rightarrow b = 1$
$B(t) = b \cdot a^t$
$3 = 1 \cdot a$
$a = 3$
$B(t) = 3^t$
Man erkennt leicht, dass sich mit dieser exponentiellen Wachstumsfunktion der Absatz nur bis zur dritten Woche exakt modellieren lässt. Danach kommt es erst zu geringen und dann zu größeren Abweichungen.
$B(7) = 3^7 = 2187$
$B(20) = 3^{20} = 3\,486\,784\,401$
Diese Werte machen deutlich, dass exponentielles Wachstum nur in der Anfangsphase vorliegt. Danach schwächen sich die Wachstumsraten ab und der Absatz wird sich gegen eine Wachstumsgrenze bewegen.
b) Aus den in a) genannten Gründen ist ein logistisches Wachstum realistischer.

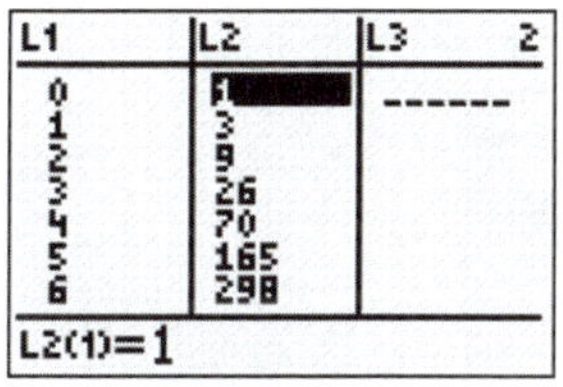

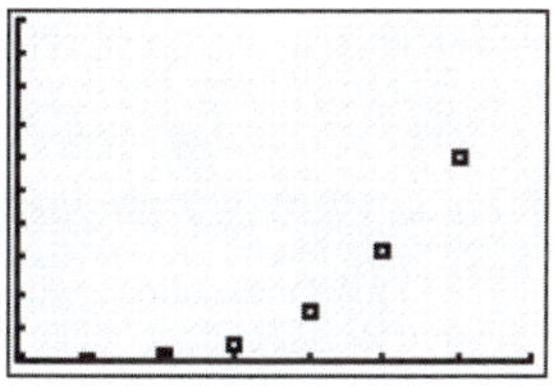

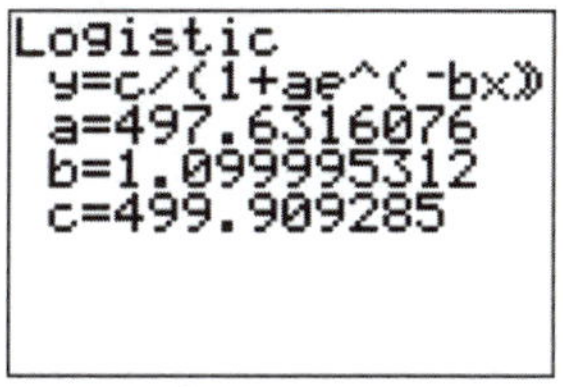

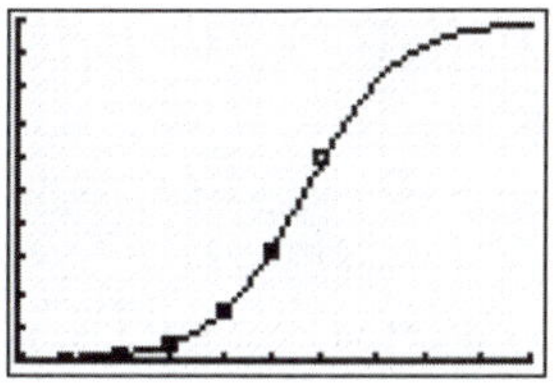

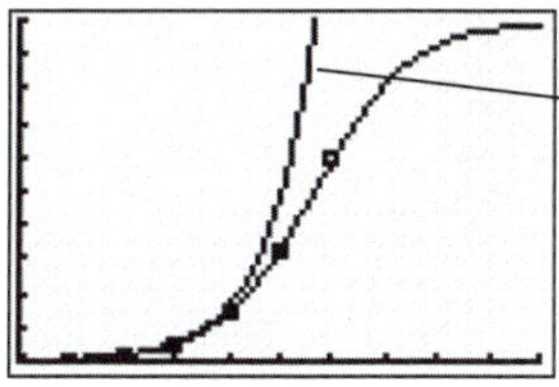

Exponentielles Wachstum Funktion aus a)

$B(t) = \frac{500}{1 + 498 \cdot e^{-1{,}1 \cdot t}}$

$\lim_{x \to \infty} B(t) = 500$

Die maximale Absatzmenge entspricht der Sättigungsgrenze und beträgt 500 000 Stück.

Lösung mit dem CAS-Rechner (TI-Nspire)

Daten in Listen eingeben

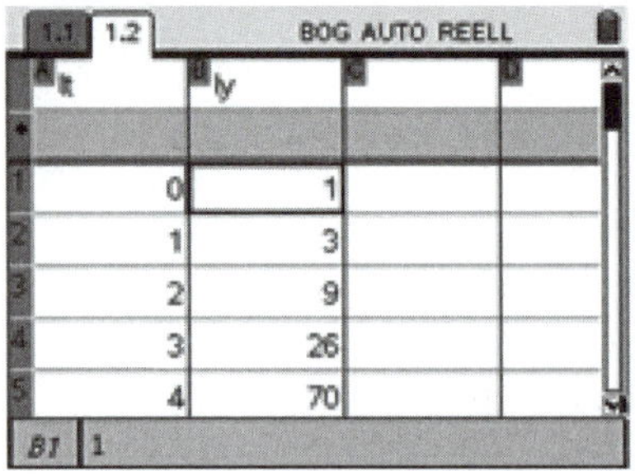

Logistische Regression durchführen

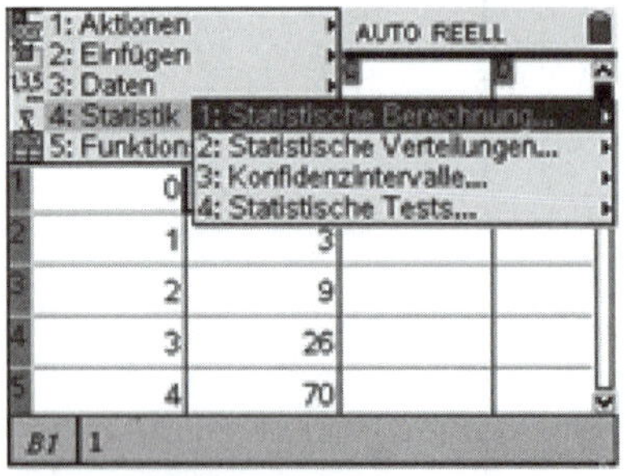

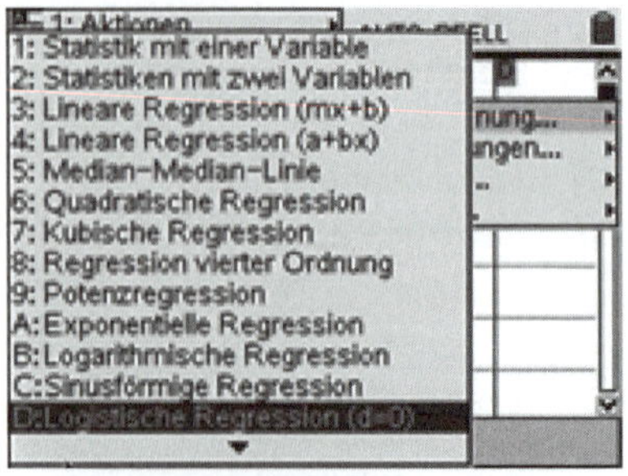

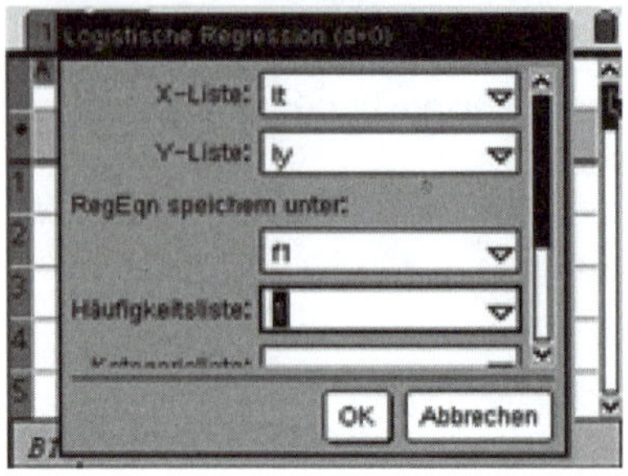

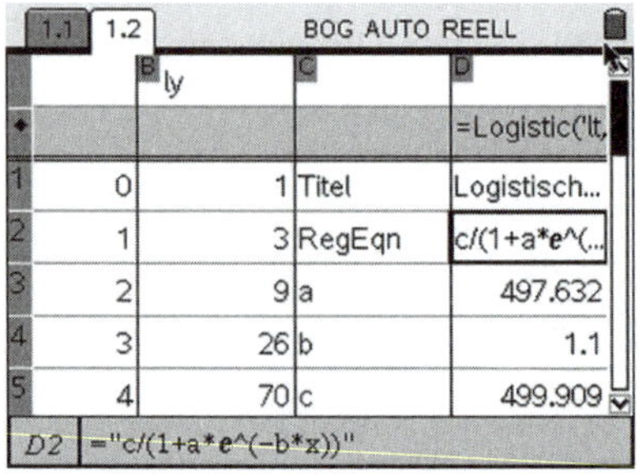

Die Funktion wurde als f1(x) im Grafikfenster übernommen.

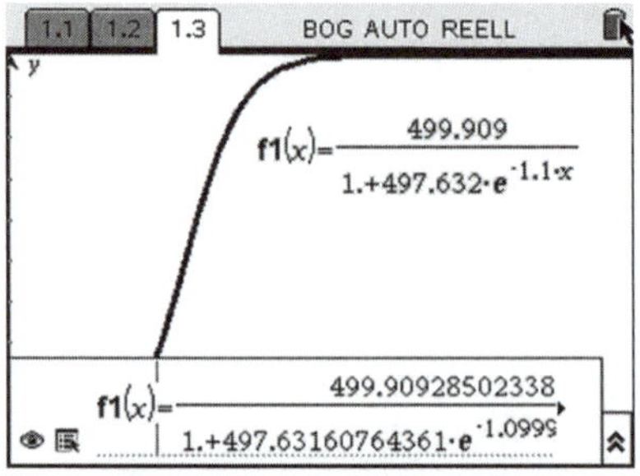

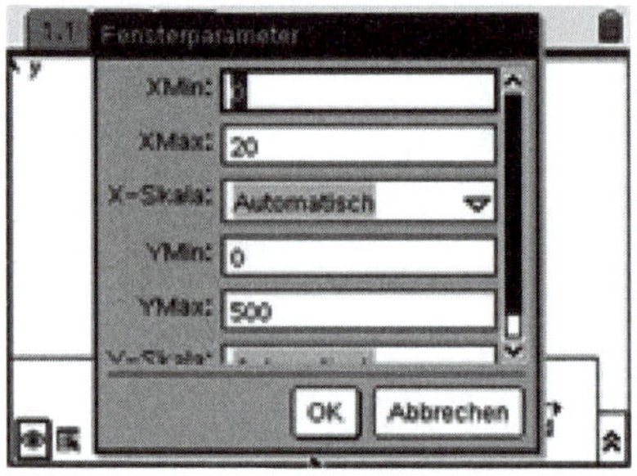

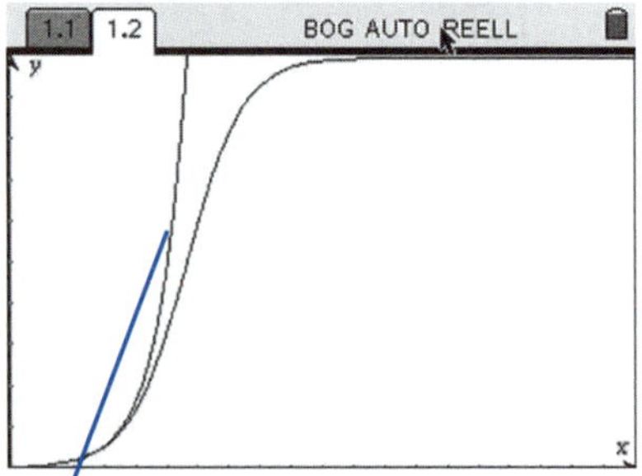

Exponentielles Wachstum

Funktion aus a)

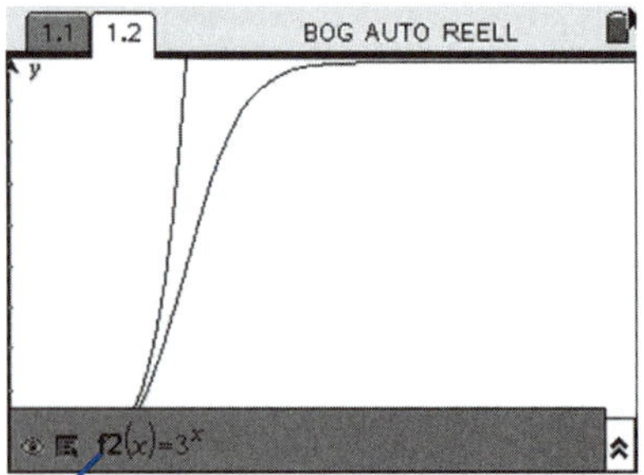

Exponentielles Wachstum

Funktion aus a)

5 Der Kurvenlauf lässt für die Jahre bis einschließlich 2004 auf ein logistisches Wachstum schließen.
Zur Modellierung führen wir die logistische Regression mit dem GTR durch.
Die Werte wurden auf Tsd. gerundet eingegeben.

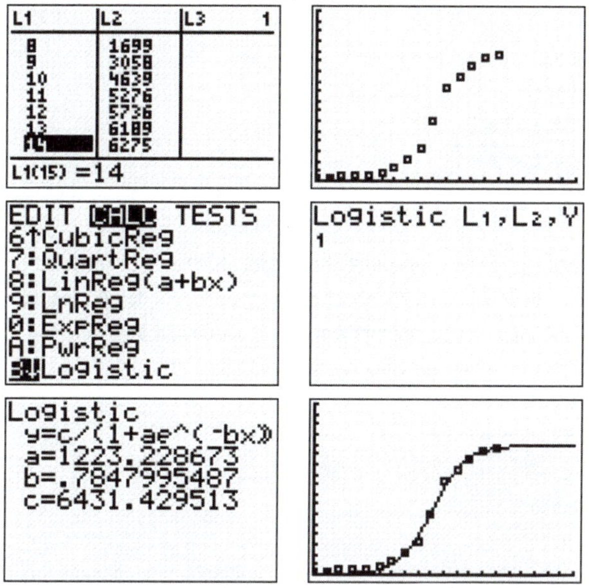

$B(t) = \frac{6431}{1 + 1223 \cdot e^{-0{,}785 \cdot t}}$

Aufgrund der Wachstumsfunktion hätte man das bevorstehende Erreichen der Marksättigung (6.431.000 Mobilfunkteilnehmer) prognostiziert.
Tatsächlich wurde dieser Wert in den Folgejahren aber überschritten.
Unter Berücksichtigung dieser Jahre ergäbe sich folgende Wachstumsfunktion:

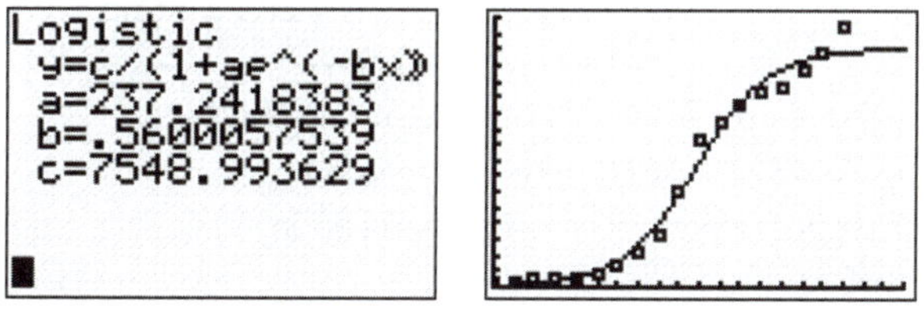

$B(t) = \frac{7548}{1 + 237 \cdot e^{-0{,}56 \cdot t}}$

Es zeigt sich, dass diese Modellierung weniger sinnvoll ist, da die dann vermutete Sättigungsgrenze (7548000 Mobilfunkteilnehmer) bereits wieder überschritten wurde. Offensichtlich wurde durch Innovationen oder gezielte Werbung im Jahr 2004 ein neues Wachstum generiert.

9 Produktlebenszyklus

1 a) LGS

$$\begin{aligned} 5100 &= a + b + c \\ 10400 &= 2a + 4b + 8c \\ 15000 &= 3a + 9b + 27c \\ \hline 200 &= 2b + 6c \\ -300 &= 6b + 24c \\ \hline -900 &= 6c \\ c &= -150 \\ b &= 550 \quad a = 4700 \end{aligned}$$

GTR

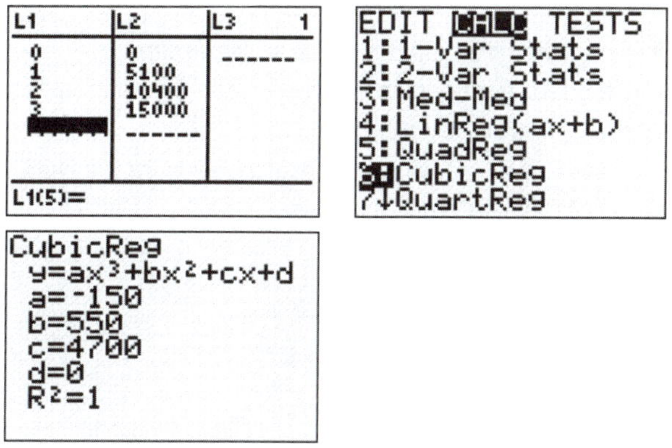

Funktionsgleichung für den Produktlebenszyklus:
$A(t) = 4700t + 550t^2 - 250t^3$
Absatz für 2010 (t = 4):
$A(4) = 4700 \cdot 4 + 550 \cdot 4^2 - 150 \cdot 4^3 = 18\,000$
b) Phasen: Einführung; Reife; Wachstum; Sättigung; Rückgang

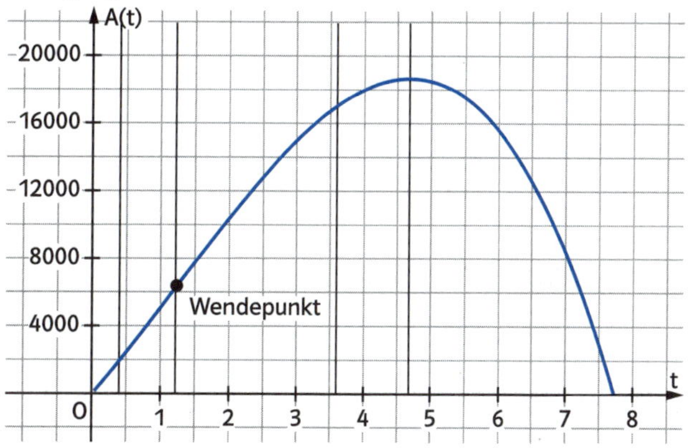

c) Ableitungen:
$A'(t) = 4700 + 1100t - 450t^2$
$A''(t) = 1100 - 900t$
$A'''(t) = -900$

Der Rückgang des Wachstums beginnt im Wendepunkt.

$A''(t) = 1100 - 900t$

$1100 - 900t = 0$

$t \approx 1{,}22$

Im Jahr 2 muss mit der Planung der Produktvariation begonnen werden.

Ein Absatzrückgang erfolgt nach dem maximalen Absatz.

$A'(t) = 4700 + 1100t - 450t^2$

$450t^2 - 1100t - 4700 = 0$

$t^2 - \frac{22}{9}t - \frac{94}{9} = 0$

$t_{1,2} = \frac{11}{9} \pm \sqrt{\frac{121}{81} + \frac{94}{9}}$

$t_1 \approx 4{,}68$

$t_2 \approx -2{,}23 \notin D$

$A''(4{,}68) = 1100 - 900 \cdot 4{,}68 = -3112 \Rightarrow$ *Maximum*

Im fünften Jahr geht der Absatz zurück. Die Zeitspanne für die Planung beträgt ca. drei Jahre.

Zur Errechnung der maximalen Absatzdauer wird die Nullstelle von A(t) bestimmt.

$4700t + 550t^2 - 150t^3 = 0$

$t(4700 + 550t - 150t^2) = 0$

$t_1 = 0$

$4700 + 550t - 150t^2 = 0$

$t^2 - \frac{11}{3}t - \frac{94}{3} = 0$

$t_{2,3} = \frac{11}{6} \pm \sqrt{\frac{121}{36} + \frac{94}{3}}$

$t_2 \approx 7{,}72$

$t_3 \approx = -4{,}06 \notin D$

Bis ins achte Jahr kann die Motorssäge abgesetzt werden.

2 a) $U(t) = 500t^b e^{ct}$

$t = 1$: $184 = 500 \cdot 1^b e^{c \cdot t}$

$184 = 500 \cdot e^c$

$e^c = \frac{184}{500}$

$c = \ln\left[\frac{184}{500}\right]$

$c = -0{,}999672\ldots$

$c = -1$

$t = 2$: $1083 = 500 \cdot 2^b e^{-2}$

$2^b = \frac{1083}{500} \cdot e^2$

$2^b \approx 16{,}0047$

$b \cdot \ln(2) = \ln(16{,}0047)$

$b = \frac{\ln(16{,}0047)}{\ln(2)}$

$b = 4{,}000423\ldots$

$b \approx 4$

Funktionsterm der Produktlebenskurve: $U(t) = 500t^4e^{-t}$

Für $t = 3$ ist $U(3) = 500 \cdot 3^4e^{-3} = 2016{,}376\ldots$

Der Umsatz im Folgejahr steigt auf über 2 Mio. GE.

b) Ableitungen:

$U'(t) = 500t^3(4 - t)e^{-t}$

$U''(t) = 500t^2(t^2 - 8t + 12)e^{-t}$

$U'''(t) = -500t(t^3 - 12t^2 + 36t - 24)e^{-t}$

Der Rückgang des Wachstums beginnt im Wendepunkt.

$U''(t) = 0$

$500t^2(t^2 - 8t + 12)e^{-t} = 0$

$t_1 = 0 \notin D$

$t^2 - 8t + 12 = 0$

$t_{2,3} = 4 \pm \sqrt{16 - 12}$

$t_2 = 6$ $\quad U'''(6) \neq 0$

$t_3 = 2$ $\quad U'''(2) \neq 0$

Es gibt zwei Wendepunkte. Im ersten für t = 2 nimmt die Stärke des Wachstums ab und im zweiten für t = 6 nimmt die Stärke des Rückgangs ab. Die Aussage ist korrekt.

c) Bestimmung des Maximums.

$U'(t) = 0$

$500t^3(4 - t)e^{-t} = 0$

$t_1 = 0 \notin D$

$4 - t = 0$

$t_2 = 4$

$U''(4) = 500 \cdot 4^2(4^2 - 8 \cdot 4 + 12)e^{-4} = -586{,}1\ldots \Rightarrow$ *Maximum*

Die Sättigungsphase endet mit dem fünftenm Jahr.

d) Millionengrenze heißt 1000 Tsd.

$1000 = 500t^4e^{-t}$

$1000 - 500t^4e^{-t} = 0$

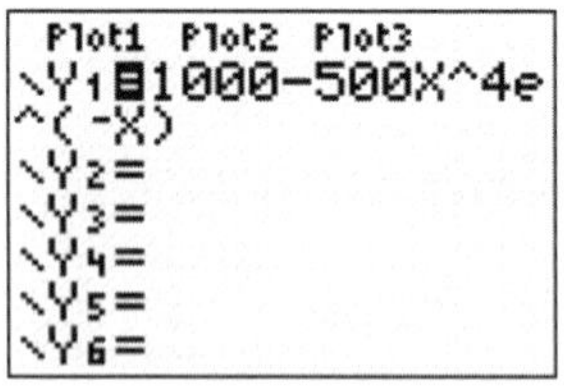

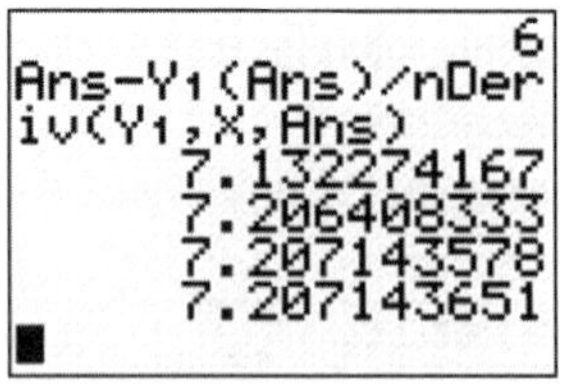

Im 8. Jahr wird die Millionengrenze unterschritten.

Es verbleiben 6 Jahre für die Entwicklung.

e) Es ist der Gewinn für t = 7 zu berechnen.

$U(7) = 500 \cdot 7^4e^{-7} = 1094{,}7143$

Der Umsatz beträgt 1094 714,30 GE. Abzüglich der Gesamtkosten in Höhe von 990.000 GE verbleibt ein Gewinn von 104 714,30 GE.

Komplexe Aufgaben zur Vorbereitung auf das Zentralabitur

1 a) $K_t(x) = \frac{1}{2}x^3 - 8x^2 + 8tx + 140;\ x \in [0; 14]$

$K_t'(x) = \frac{3}{2}x^2 - 16x + 8t$

$\frac{3}{2}x^2 - 16x + 8t = 0$

$x^2 - \frac{32}{3}x + \frac{16}{3}t = 0$

$x_{1,2} = \frac{16}{3} \pm \sqrt{\frac{256 - 48t}{9}}$

Es gibt keine Extremstellen, wenn der Radikand negativ wird.

$256 - 48t < 0$

$-48t < -256$

$t > 5\frac{1}{3}$

Für $t > 5\frac{1}{3}$ besitzt die Funktion keine Extremstellen.

Überprüfung auf Wendestellen.

$K_t''(x) = 3x - 16$

$3x - 16 = 0$

$x_w = 5\frac{1}{3}$

Unabhängig von t besitzt die Funktion immer Wendestellen.

Damit sind für $t > 5\frac{1}{3}$ zwei wesentliche Kriterien für einen s-förmigen Verlauf der Kostenfunktion gegeben.

Da für alle $x_1 < x_2$ $K(x_1) < K(x_2)$ gilt, ist die Funktion zudem monoton wachsend.

b) $G(x) = \int G'(x) \cdot dx$

$G(x) = \int(-1{,}5x^2 - 16x + 224 - 8t)\,dx$

$G(x) = -0{,}5x^3 - 8x^2 + 224x - 8tx + C$ mit $C = -K_f$

$G(x) = -0{,}5x^3 - 8x^2 + 224x - 8tx - 140$

$276 = -0{,}5 \cdot 4^3 - 8 \cdot 4^2 + 224 \cdot 4 - 8t \cdot 4 - 140$

$276 = -32 - 128 + 896 - 32t - 140$

$-320 = -32t$

$t = 10$

c) Grenzgewinne

$G'(x) = -1{,}5x^2 - 16x + 144$

Für maximale Grenzgewinne gilt $G''(x) = 0$.

$G''(x) = -3x - 16$

$-3x - 16 = 0$

Es gibt kein lokales Maximum der Grenzgewinne.

$x = -\frac{16}{3} \notin D_{Ök}$

Der maximale Grenzgewinn liegt am Rande des Definitionsbereichs und beträgt $G'(0) = 144$.

Maximaler Gewinn:

$G'(x) = 0$

$-1{,}5x^2 - 16x + 144 = 0$

$x^2 + \frac{32}{3}x - 96 = 0$

$x_{1,2} = -\frac{16}{3} \pm \sqrt{\frac{256}{9} + 96}$

$x_1 \approx 5{,}82$

$x_2 \approx -16{,}48 \in D$

$G(x) = -0{,}5x^3 - 8x^2 + 144x - 140$

$G(5{,}82) \approx 328{,}5$ GE

Der maximale Gewinn beträgt 328,5 GE.

Absatz für p = 144 GE/ME bestimmen:

$G(x) = E(x) - K(x)$

$E(x) = G(x) + K(x)$

$E(x) = -0{,}5x^3 - 8x^2 + 144x - 140 + 0{,}5x^3 - 8x^2 + 80x + 140$

$E(x) = -16x^2 + 224x$

$p(x) = -16x + 224$

$144 = -16x + 224$

$x = 5$

Gewinn berechnen:

$G(5) = -0{,}5 \cdot 5^3 - 8 \cdot 5^2 + 144 \cdot 5 - 140$

$G(5) \approx 317{,}5$ GE

d) $K'(x) = \frac{3}{2}x^2 - 16x + 80$

$k(x) = \frac{1}{2}x^2 - 8x + 80 + \frac{140}{x}$

$k_v(x) = \frac{1}{2}x^2 - 8x + 80$

Betriebsminimum:

$k_v(x) \rightarrow$ *Min*

$k_v'(x) = x - 8$

$x - 8 = 0$

$x_{BM} = 8$

$k_v(8) = 48$

Bei x = 5 ME liegt das Betriebsminimum und die kurzfristige Preisuntergrenze beträgt 48 GE/ME.

Betriebsoptimum:

$k(x) \rightarrow$ *Min*

$k'(x) = x - 8 - \frac{140}{x^2}$

$x^3 - 8x^2 - 140 = 0$

$x_{BO} \approx 9{,}54$ (*Näherungsverfahren*)

$k(9{,}54) \approx 63{,}86$

Bei x = 9,54 ME liegt das Betriebsoptimum und die langfristige Preisuntergrenze beträgt 63,86 GE/ME.

Nutzenschwelle und Nutzengrenze:

$G(x) = -0{,}5x^3 - 8x^2 + 144x - 140$

$-0{,}5x^3 - 8x^2 + 144x - 140 = 0$

$x^3 + 16x^2 - 288x + 280 = 0$

$x_1 = 10$ (durch Probieren)

Polynomdivision:

$(x^3 + 16x^2 - 288x + 280) : (x - 10) = x^2 + 26x - 28$

$x^2 + 26x - 28 = 0$

$x_{2,3} = -13 \pm \sqrt{169 + 28}$

$x_2 \approx 1{,}04$

$x_3 \approx -27{,}04 \notin D$

Die Nutzenschwelle (BEP) liegt bei x = 1,04 ME und die Nutzengrenze bei x = 10 ME.

2 a)

$K(x) = ax^3 + bx^2 + cx + d$ $\qquad k_v(x) = ax^2 + bx + c$

$K'(x) = 3ax^2 + 2bx + c$ $\qquad k_v'(x) = 2ax + b$

$395 = a + b + c + d$

$145 = 3a + 2b + c$

$90 = 16a + 4b + c$

$0 = 12a + b$

$K(x) = 5x^3 - 60x^2 + 250x + 200$

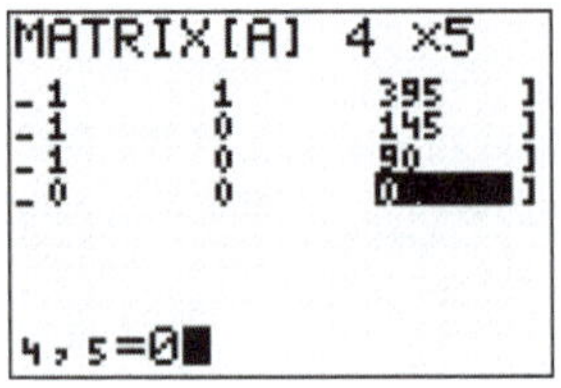

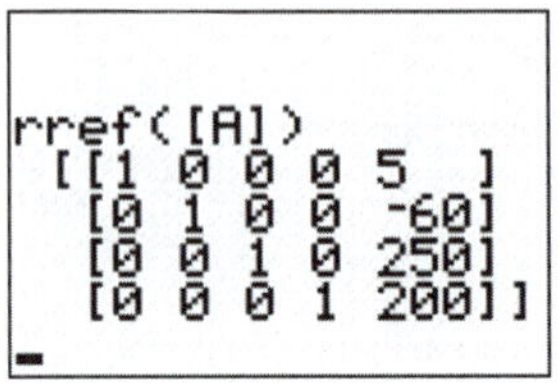

b) Da für x = 6 die variablen Stückkosten minimal sind, liegt hier das Betriebsminimum.

$x_{BM} = 6$ ME $\qquad$ kurzfr. PU: $k_v(6) = 70$ GE/ME

Das Betriebsoptimum liegt für den Schnittpunkt der Graphen K′ und k vor.

$x_{BO} = 6{,}48$ ME $\qquad$ langfr. PU: $k(6{,}48) = 102{,}02$ GE/ME

$e_{K,x} = \frac{K'(x) \cdot x}{K(x)}$

$e_{K,x} = \frac{15x^3 - 120x^2 + 250x}{5x^3 - 60x^2 + 250x + 200}$ $\qquad$ für x = 6,48 wird $e_{K,x} \approx 1$

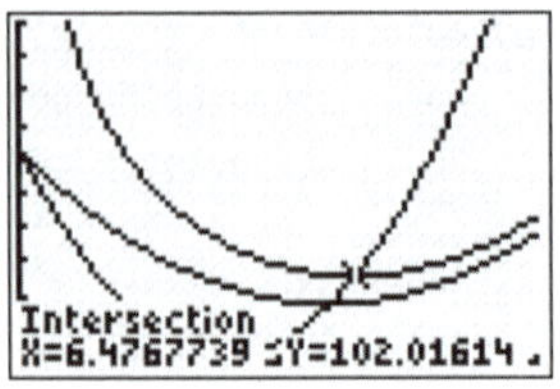

c) $p(x) = -\frac{125}{4}x + \frac{625}{2} \Rightarrow E(x) = -\frac{125}{4}x^2 + \frac{625}{2}x$

Punktproben:

x = 2: E(2) = 500 GE $\quad$ K(2) = 500 GE $\quad$ G(2) = 0 GE

x = 4: E(4) = 750 GE $\quad$ K(4) = 560 GE $\quad$ G(4) = 190 GE

p(4) = 187,50 GE/ME

Preiselastizität

$e(x) = \frac{p(x)}{x} \cdot \frac{1}{-p'(x)}$

$e(x) = \frac{\frac{-\frac{125}{4}x + \frac{625}{2}}{x} \cdot 4}{125}$

$e(x) = -1 + \frac{10}{x}$

$e(4) = 1{,}5$

Die Nachfrager reagieren elastisch auf Preisänderungen.

d) K′ = E′

$K'(x) = 15x^2 - 120x + 250 \qquad E'(x) = -62{,}5x + 312{,}5$

$15x^2 - 120x + 250 = -62{,}5x + 312{,}5$

$15x^2 - 57{,}5x - 62{,}5 = 0$

$x^2 - \frac{23}{6}x - \frac{26}{6} = 0$

$x_C = 4{,}72$ ME; $p_C = 165{,}1$ GE; $G(x_C) = 209{,}73$ GE

Der Gewinn kann auf 209,73 GE erhöht werden.

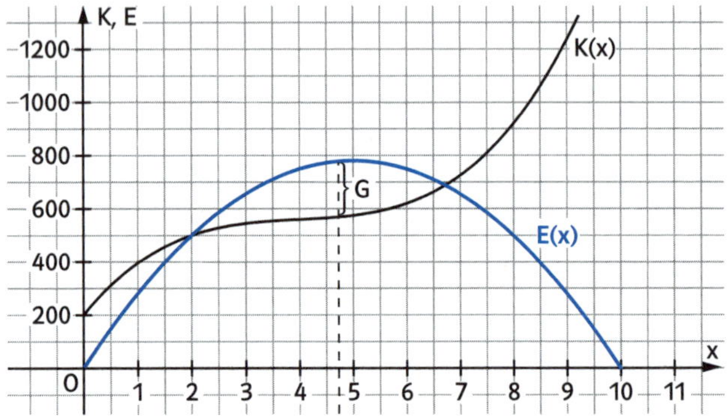

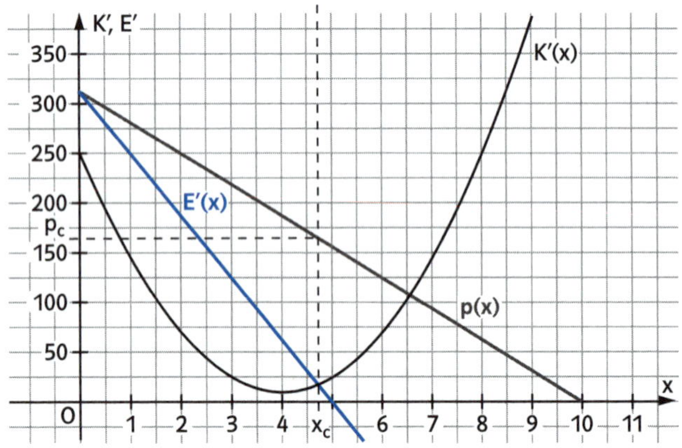

3 a) $K_a'(x) = 3x^2 - 24x + (50 + a)$

$3x^2 - 24x + (50 + a) = 0$

$x^2 - 8x + \frac{50 + a}{3} = 0$

$x_{1,2} = 4 \pm \sqrt{16 - \frac{50 + a}{3}}$

Es existieren keine Extremstellen, wenn $16 - \frac{50 + a}{3} < 0$ ist.

$16 - \frac{50 + a}{3} < 0$

$48 < 50 + a$

$a > -2$

Für a > −2 hat die Funktion keine Extremstellen. Kostenfunktionen können im Normalfall keine Extremstellen aufweisen, da sie im gesamten Definitionsbereich monoton steigend sein müssen.

b) $k_a(x) = x^2 - 12x + (50 + a) + \frac{98}{x}$

Veränderungen von a führen zu Parallelverschiebungen der Stückkostenfunktion, d.h. die Stückkosten steigen/sinken um den Wert von a.

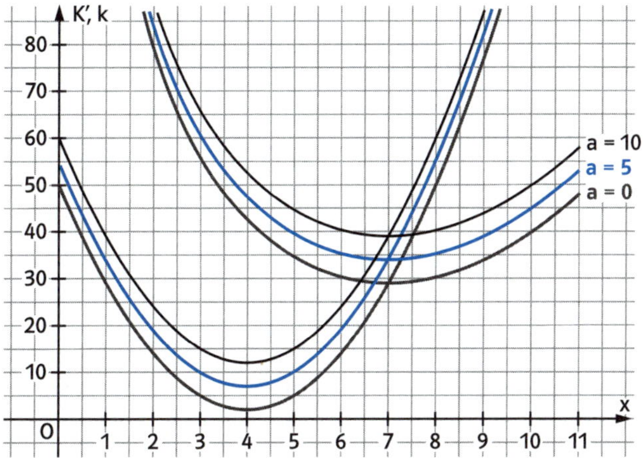

$k_a(x) \to \text{Min}$

$k'_a(x) = 2x - 12 - \frac{98}{x^2}$

$2x - 12 - \frac{98}{x^2} = 0$ $\qquad k''_a(x) = 2 + \frac{196}{x^3}$

$2x^3 - 12x^2 - 98 = 0$ $\qquad k''_a(7) = 2{,}57 > 0$

$x^3 - 6x^2 - 49 = 0$

$x_1 = 7$

Polynomdivision

$(x^3 - 6x^2 - 49) : (x - 7) = x^2 + x + 7$

$x^2 + x + 7 = 0$

$x_{2,3} = -0{,}5 \pm \sqrt{0{,}25 - 7} \notin \mathbb{R}$

Das Betrieboptimum liegt unabhängig von a bei 7 ME.

$k_a(7) = 7^2 - 12 \cdot 7 + (50 + a) + \frac{98}{7} = 29 + a$

Die langfristige Preisuntergrenze beträgt für a = 0 29 GE/ME, für a = 5 34 GE/ME und für a = 10 39 GE/ME.

c) Bestimmung des maximalen Gewinns

$G_a(x) = (35 + a)x - (x^3 - 12x^2 + (50 + a)x + 98)$

$G_a(x) = 35x + ax - x^3 + 12x^2 - 50x - ax - 98$

$G_a(x) = -x^3 + 12x^2 - 15x - 98$

$G'_a(x) = -3x^2 + 24x - 15$ $\qquad G''_a(x) = -6x + 24$

$-3x^2 + 24x - 15 = 0$

$x^2 - 8x + 5 = 0$

$x_{1,2} = 4 \pm \sqrt{16 - 5}$

$x_1 = 7{,}32 \to$ *Maximum*, da $G''(7{,}32) = -19{,}92$

$x_2 = 0{,}68 \to$ *Minimum*, da $G''(0{,}68) = 19{,}92$

Unabhängig von a ist die gewinnmaximale Menge $x_c = 7{,}32$ ME und der maximale Gewinn $G(x_c) = 42{,}97$ GE.

4 a) $D = \mathbb{R} \setminus \{-8\}$

$0{,}4x + 0{,}4 + \frac{t}{x + 8} = 0$

$0{,}4x^2 + 3{,}2x + 0{,}4x + 3{,}2 + t = 0$

$x^2 + 9x + 8 + 2{,}5t = 0$

$x_{1,2} = -\frac{9}{2} \pm \sqrt{\frac{81}{4} - 8 - 2{,}5t}$

$\frac{81}{4} - 8 - 2{,}5t \geqq 0$

$t \leqq 4{,}9$

b) $f_{24}(x) = 0{,}4x + 0{,}4 + \frac{24}{x + 8}$

Die Funktion hat keine Schnittstelle mit der Abszisse.

$f(0) = 0{,}4 + \frac{24}{8} = 3{,}4$

$\lim_{|x| \to \infty} 0{,}4x + 0{,}4 + \frac{24}{x + 8} = 0{,}4x + 0{,}4$

$y = 0{,}4x + 0{,}4$ ist schiefe Asymptote.

An der Stelle x = −8 liegt eine Polstelle mit Vorzeichenwechsel vor.

$f'(x) = 0{,}4 - \frac{24}{(x + 8)^2}$

$0{,}4 - \frac{24}{(x + 8)^2} = 0$ $\qquad f''(x) = \frac{48}{(x + 8)^2}$

$(x + 8)^2 = 60$ $\qquad f''(-0{,}25) = 0{,}103 \Rightarrow$ *Minimum*

$x_{1,2} = -8 \pm \sqrt{60}$ $\qquad f''(-15{,}75) = -0{,}102 \Rightarrow$ *Maximum*

$x_1 = -0{,}25 \vee x_2 = -15{,}75$

$y_1 = 3{,}4 \qquad y_2 = -9$

c) $A = \int_0^5 \left(0{,}4x + 0{,}4 + \frac{24}{x + 8} - 0{,}4x - 0{,}4\right) dx$

$A = [24 \ln(x + 8)]_0^5 = 11{,}65$

d) $f_t(0) = 0{,}4 + \frac{t}{8} = 3{,}4$

$t = 24$

e) $K'(x) = 0{,}4 - \frac{24}{(x + 8)^2}$

$0{,}4 - \frac{24}{(x + 8)^2} > 0$

$(x + 8)^2 > 0$

Gilt für alle $x \geqq 0$.

f) $K_v(x) = K(x) - K_f$

$K_v(x) = 0{,}4x + 0{,}4 + \frac{24}{x + 8} - 3{,}4$

$K_v(x) = 0{,}4x - 3 + \frac{24}{x + 8}$

$k_v(x) = 0{,}4 - \frac{3}{x} + \frac{24}{(x + 8)x}$

$D =]0; 20]$

Betriebsminimum

$K'(x) = k_v(x)$

$0{,}4 - \frac{24}{(x+8)^2} = 0{,}4 - \frac{3}{x} + \frac{24}{(x+8)x}$

$\frac{24}{(x+8)^2} = \frac{3}{x} - \frac{24}{(x+8)x} \qquad | \cdot (x+8)^2 x \text{ für } x \neq 0$

$24x = 3(x+8)^2 - 24(x+8)$

$3x^2 + 48x + 192 - 24x - 192 - 24x = 0$

$3x^2 = 0$

$x = 0 \notin D$

Keine Lösungen im Definitionsbereich.

g) $G(x) = E(x) - K(x)$

$G(x) = -0{,}1x^2 + 2x - 0{,}4x - 0{,}4 - \frac{24}{x+8}$

$G(x) = -0{,}1x^2 + 1{,}6x - 0{,}4 - \frac{24}{x+8}$

$G(2) = -0{,}4 + 3{,}2 - 0{,}4 - 2{,}4 \qquad G(2) = 0$

$-0{,}1x^2 + 2x - 0{,}4x - 0{,}4 - \frac{24}{(x+8)} = 0$

$x^2 - 16x + 4 + \frac{240}{x+8} = 0$

$x^3 - 8x^2 - 124x + 272 = 0$

$(x^3 - 8x^2 - 124x + 272):(x-2) = x^2 - 6x - 136$

$x_2 = 15{,}04$ Gewinngrenze

$x_3 = -9{,}04$ nicht definiert

5 a) $f_a(0) = 10e^0 - 2 \cdot 0 = 10$

Der Schnittpunkt mit der Ordinate ist unabhängig von a $S_y(0|10)$.

Ableitungen

$f'_a(x) = 10ae^{ax} - 2$

$f''_a(x) = 10a^2e^{ax}$

Extrema

$10ae^{ax} - 2 = 0$

$10ae^{ax} = 2$

$e^{ax} = \frac{1}{5a}$

$a \cdot \ln(e^x) = \ln\left(\frac{1}{5a}\right)$

$x_E = \frac{\ln\left(\frac{1}{5a}\right)}{a}$

$f''_a\left(\frac{\ln\left(\frac{1}{5a}\right)}{a}\right) = 10a^2e^{\ln\left(\frac{1}{5a}\right)} = \frac{10a^2}{5a} = 2a > 0.$

Es liegt ein Minimum vor.

$f_a\left(\frac{\ln\left(\frac{1}{5a}\right)}{a}\right) = 10e^{a \cdot \frac{\ln\left(\frac{1}{5a}\right)}{a}} - 2\,\frac{\ln\left(\frac{1}{5a}\right)}{a} = \frac{2}{a} - \frac{2}{a}\ln\left(\frac{1}{5a}\right) = \frac{2}{a}\left(1 - \ln\frac{1}{5a}\right)$

$\left(\frac{\ln\left(\frac{1}{5a}\right)}{a} \middle| \frac{2}{a}\left(1 - \ln\frac{1}{5a}\right)\right)$ ist Minimum der Funktion.

Extrempunkt auf der Ordinate

$x_E = \frac{\ln\left(\frac{1}{5a}\right)}{a}$

$0 = \frac{\ln\left(\frac{1}{5a}\right)}{a}$

$\ln\left(\frac{1}{5a}\right) = 0$

$e^{\ln\left(\frac{1}{5a}\right)} = e^0$

$\frac{1}{5a} = 1$

$a = 0{,}2$

Stammfunktion

$F_a(x) = \frac{10}{a}e^{ax} - x^2 + C$

$F_{0,2}(x) = 50e^{0,2x} - x^2 + C$

Flächenberechnung:

$A = F_{0,2}(1) - F_{0,2}(0) = 50e^{0,2} - 1 - 50 \approx 10{,}07$

b) $K(x) = 10e^{0,2x} - 2x$

totale Stückkosten: $k(x) = \frac{10}{x}e^{0,2x} - 2$

Grenzkosten: $K'(x) = 2e^{0,2x} - 2$

Betriebsoptimum:

$k(x) = K'(x)$

$\frac{10}{x}e^{0,2x} - 2 = 2e^{0,2x} - 2$

$\frac{10}{x}e^{0,2x} = 2e^{0,2x}$

$\left(\frac{10}{x} - 2\right)e^{0,2x} = 0$

$x_{BO} = 5$

Das Betriebsoptimum liegt bei einer Ausbringungsmenge von 5 ME.

langfristige Preisuntergrenze

$k(5) = \frac{10}{5}e^{0,2 \cdot 5} - 2 \approx 3{,}44$

Die langfristige Preisuntergrenze beträgt 3,44 GE/ME.

c) $G(x) = E(x) - K(x)$

$G(x) = 6x - (10e^{0,2x} - 2x)$

$G(x) = 8x - 10e^{0,2x}$

Gewinnschwelle

$8x - 10e^{0,2x} = 0$

Näherungsverfahren

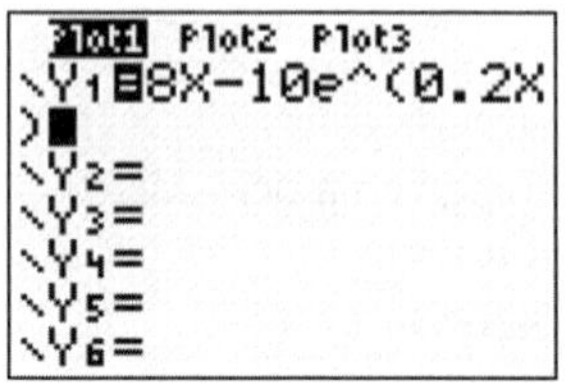

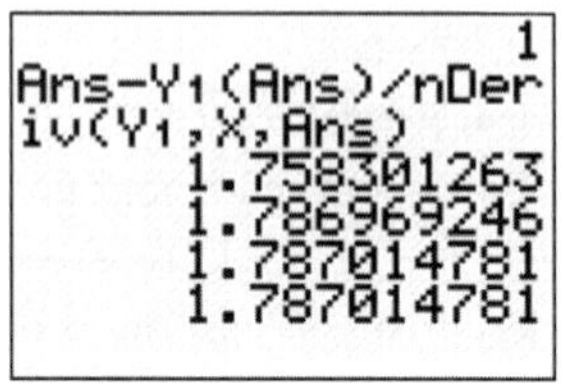

Die Gewinnschwelle liegt bei $x \approx 1{,}79$ ME.

Maximaler Gewinn

$G'(x) = 8 - 2e^{0,2x}$

$8 - 2e^{0,2x} = 0$

$e^{0,2x} = 4$

$x = \frac{\ln(4)}{0{,}2}$

$x \approx 6{,}93$ GE

$G(6{,}93) \approx 15{,}45$ GE

Bei einer Ausbringung von $x \approx 6{,}93$ ME wird ein maximaler Gewinn von 15,45 GE erzielt.

d) $G(x) = tx - (0{,}4x^2 + 0{,}8x + 10)$

$G(x) = tx - 0{,}4x^2 - 0{,}8x - 10$

$G(x) = -0{,}4x^2 + (t - 0{,}8)x - 10$. Mit $G(x) = 0$ ist

$-0{,}4x^2 + (t - 0{,}8)x - 10 = 0$

$x^2 - \frac{t - 0{,}8}{0{,}4}x + 25 = 0$

$x_{1,2} = \frac{t - 0{,}8}{0{,}8} \pm \sqrt{\left(\frac{t - 0{,}8}{0{,}8}\right)^2 - 25}$

$\left(\frac{t - 0{,}8}{0{,}8}\right)^2 - 25 < 0$

$\left(\frac{t - 0{,}8}{0{,}8}\right)^2 < 25$

$\left|\frac{t - 0{,}8}{0{,}8}\right| < \sqrt{25}$

$t < 4{,}8 \vee t > -3{,}2 \notin D_{Ök}$

Bei einem Preis unter 4,8 GE/ME ist eine verlustfreie Produktion **nicht** möglich.

6 a) $K(x) = k_v \cdot x + K_f$

$k_v = 6$ $\quad K_f = 21$

$K(x) = 6x + 21$

$E(x) = ax^2 + bx + c$

$E'(x) = 2ax + b$

$(0|0) \rightarrow c = 0$ $\qquad K(1) = 6 \cdot 1 + 21 = 27$

$(1|27) \rightarrow 27 = a + b$ $\qquad$ Im BEP ist $K = E$

$E'(5) = 0 \rightarrow 0 = 10a + b$ $\qquad K(1) = E(1) \Rightarrow E(1) = 27$

$-27 = 9a$

$a = -3 \qquad b = 30$

$E(x) = -3x^2 + 30x$

$G(x) = E(x) - K(x)$

$G(x) = -3x^2 + 30x - (6x + 21)$

$G(x) = -3x^2 + 24x - 21$

b)

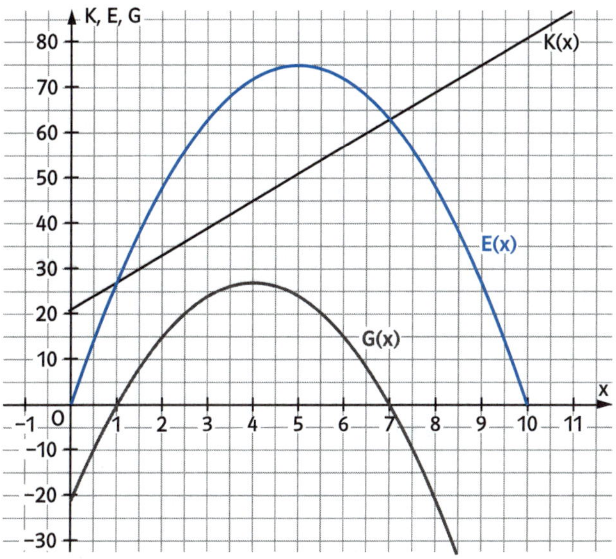

c) $-3x^2 + 24x - 21 = 0$

$x^2 - 8x + 7 = 0$

$x_{1,2} = 4 \pm \sqrt{16 - 7}$

$x_1 = 7 \qquad x_2 = 1$

Die Gewinnschwelle liegt bei 1 ME und die Gewinngrenze bei 7 ME.

d)

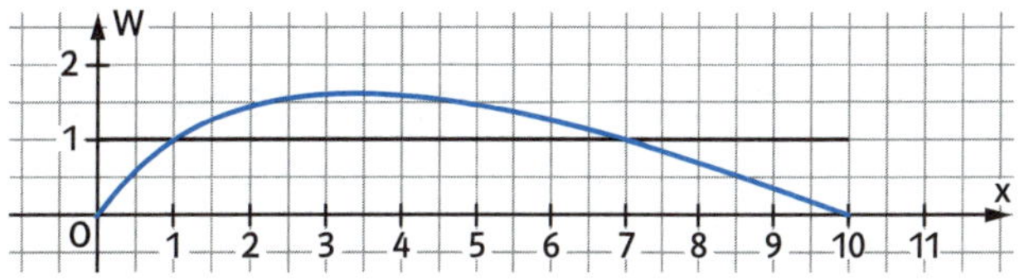

e) $W(x) = \frac{-3x^2 + 30x}{6x + 21} = \frac{-x^2 + 10x}{2x + 7}$

$1 = \frac{-x^2 + 10x}{2x + 7}$

$2x + 7 = -x^2 + 10x$

$x^2 - 8x + 7 = 0$

$x_1 = 1 \quad x_2 = 7$

Die Wirtschaftlichkeit ist dort 1, wo der Gewinn null ist (Gewinnschwelle, Gewinngrenze). Sofern die Wirtschaftlichkeit größer als 1 ist, werden Gewinne erzielt.

f) $W(x) = \frac{-x^2 + 10x}{2x + 7}$

$W'(x) = \frac{(-2x + 10)(2x + 7) - 2(-x^2 + 10x)}{(2x + 7)^2}$

$W'(x) = \frac{-4x^2 - 14x + 20x + 70 + 2x^2 - 20x}{(2x + 7)^2}$

$W'(x) = \frac{-4x^2 - 14x + 20x + 70 + 2x^2 - 20x}{(2x + 7)^2}$

$W'(x) = \frac{-2x^2 - 14x + 70}{(2x + 7)^2}$

$x^2 + 7x - 35 = 0$ $\qquad W''(x) = -\frac{378}{(2 + 7)^3}$

$x_1 = 3{,}37 \quad x_2 = -10{,}37 \notin D$ $\qquad W''(x) < 0$ für alle $x \in D$

Für 3,37 ME ist die Wirtschaftlichkeit maximal. (Wegen der ökonomischen Zusammenhänge kann auf die hinreichende Bedingung verzichtet werden)

$G'(x) = -6x + 24$ $\qquad G''(x) = -6$

$-6x + 24 = 0$

$x = 4$

Das Gewinnmaximum stellt sich erst nach dem Überschreiten der maximalen Wirtschaftlichkeit ein.

7 a) Gewinnfunktion

$G(x) = E(x) - K(x)$

$G(x) = 12x - (0{,}3x^3 - 2{,}4x^2 + 9x + 24)$

$G(x) = -0{,}3x^3 + 2{,}4x^2 + 3x - 24$

Gewinnzone

$-0{,}3x^3 + 2{,}4x^2 + 3x - 24 = 0$

$x^3 - 8x^2 - 10x + 80 = 0$

$x_1 = 8$

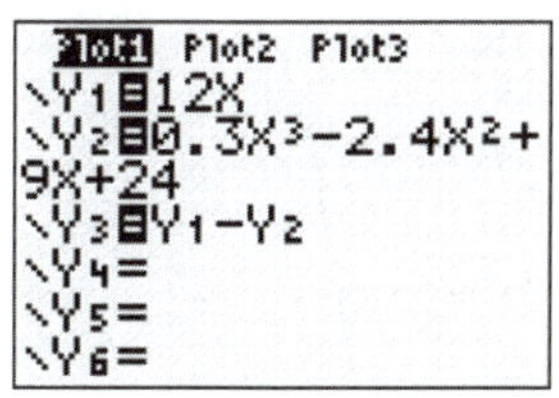

$(x^3 - 8x^2 - 10x + 80):(x - 8) = x^2 - 10$

$x^2 - 10 = 0$

$x_2 = \sqrt{10} \approx 3{,}16$

$x_3 \approx -3{,}16 \notin D$

[3,16; 8] ist die Gewinnzone

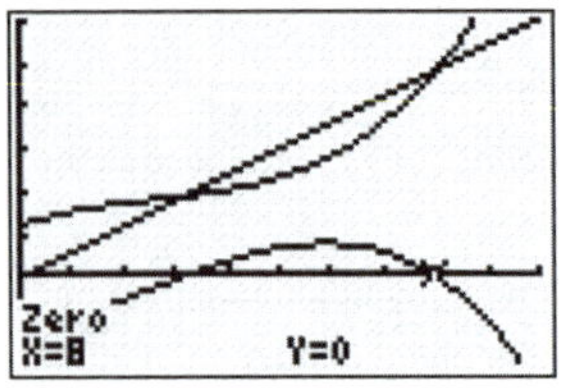

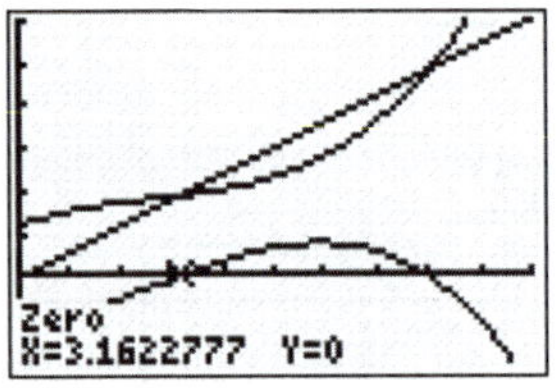

Gewinnmaximum

$G'(x) = -0{,}9x^2 + 4{,}8x + 3$ $\qquad$ $G''(x) = -1{,}8x + 4{,}8$

$-0{,}9x^2 + 4{,}8x + 3 = 0$

$x^2 - \frac{16}{3}x - \frac{10}{3} = 0$

$x_{1,2} = \frac{8}{3} \pm \sqrt{\frac{64}{9} + \frac{10}{3}}$

$x_1 = 5{,}898$

$x_2 = -0{,}565 \notin D_{ök}$ $\qquad$ $G''(5{,}898) \approx -5{,}8164$

$G(5{,}898) \approx 15{,}63$

Für x ≈ 5,9 ME wird ein maximaler Gewinn von ca. 15,6 GE erzielt.

b) Umsatzrentabilität

$R(x) = \frac{G(x)}{U(x)}$

$R(x) = \frac{-0{,}3x^3 + 2{,}4x^2 + 3x - 24}{12x}$

$\frac{-0{,}3x^3 + 2{,}4x^2 + 3x - 24}{12x} > 0$

$-0{,}3x^3 + 2{,}4x^2 + 3x - 24 > 0$

Da die Umsätze (Erlöse) immer positiv sind, muss für eine positive Umsatzrentabilität die Gewinnfunktion positiv sein. Der Bereich positiver Umsatzrentabilität entspricht daher der Gewinnzone!

Umsatzrentabilität

$R(2) = \frac{-0{,}3 \cdot 2^3 + 2{,}4 \cdot 2^2 + 3 \cdot 2 - 24}{12 \cdot 2} = -0{,}45$ $\qquad$ D =]0; 10]

$R(4) = \frac{-0{,}3 \cdot 4^3 + 2{,}4 \cdot 4^2 + 3 \cdot 4 - 24}{12 \cdot 4} = 0{,}15$

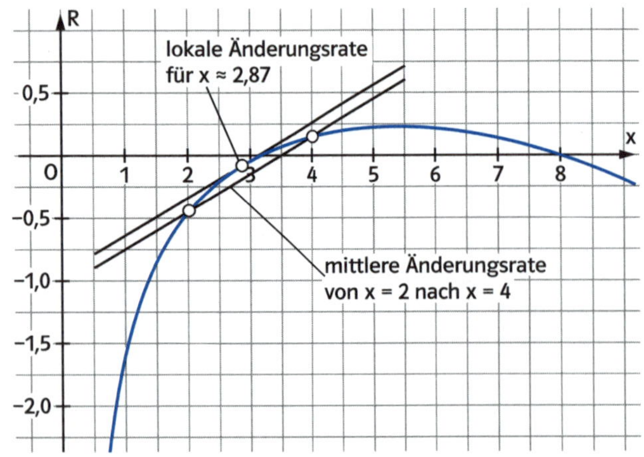

mittlere Änderungsrate der Umsatzrentabilität von x = 2 auf x = 4:

$\frac{\Delta R}{\Delta x} = \frac{0{,}15 - (-0{,}45)}{4 - 2} = 0{,}3$

lokale Änderungsrate der Umsatzrentabilität für x = 2

$R'(x) = \frac{-0{,}05(x^3 - 4x^2 - 40)}{x^2}$

$R'(2) = \frac{-0{,}05(2^3 - 4 \cdot 2^2 - 40)}{2^2} = 0{,}6$

Mittlere und lokale Änderungsrate 0,3

$R'(x) = 0{,}3$

$\frac{-0{,}05(x^3 - 4x^2 - 40)}{x^2} = 0{,}3$

$-0{,}05x^3 + 0{,}2x^2 + 2 = 0{,}3x^2$

$-0{,}05x^3 - 0{,}1x^2 + 2 = 0$

Näherungsverfahren

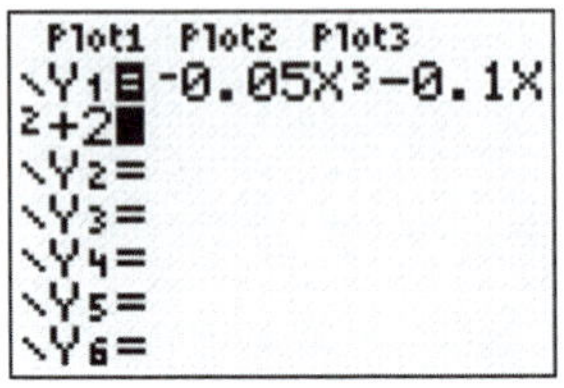

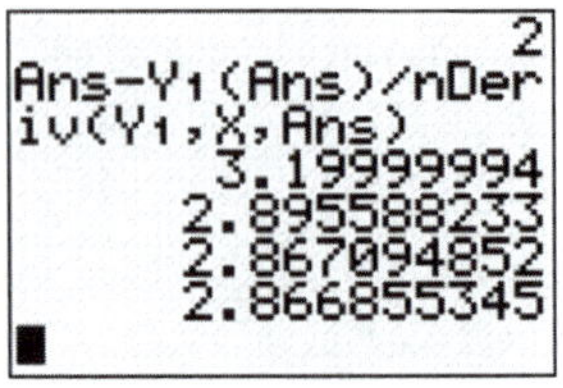

Für x ≈ 2,87 sind mittlere und lokale Änderungsrate 0,3.

Maximale Umsatzrentabilität

$R'(x) = 0$

$\frac{-0{,}05(x^3 - 4x^2 - 40)}{x^2} = 0$

$-0{,}05x^3 + 0{,}2x^2 + 2 = 0$

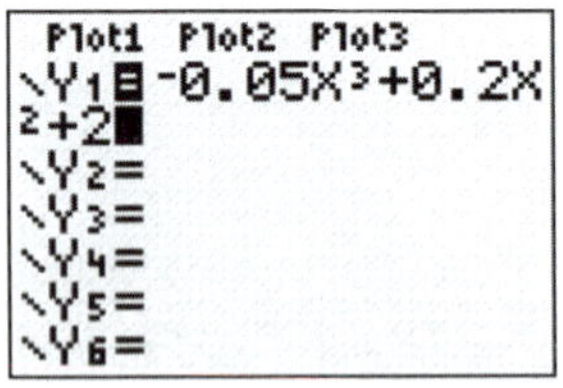

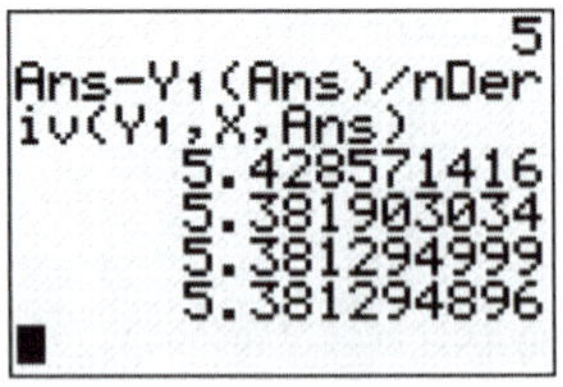

Für x ≈ 5,38 wird die Umsatzrentabilität maximal.
Obwohl die Umsatzrentabilität maximal ist, wird noch kein maximaler Gewinn erzielt. Dieser wird erst bei einer Ausbringungsmenge von 5,898 ME erzielt.

8 a) Bestimmung der Kostenfunktion

$K(x) = ax^3 + bx^2 + cx + d$

$K'(x) = 3ax^2 + 2bx + c$

$d = 200$

$K(5) = 337{,}5$ $\qquad \rightarrow 337{,}5 = 125a + 25b + 5c + 200$

$K(9) = 337{,}5 + 4 \cdot 9{,}5 = 375{,}5$

$\qquad \rightarrow 375{,}5 = 729a + 81b + 9c + 200$

$K'(5) = 7{,}5$ $\qquad \rightarrow 7{,}5 = 75a + 10b + c$

LGS

$125a + 25b + 5c = 137{,}5$

$729a + 81b + 9c = 175{,}5$

$75a + 10b + c = 7{,}5$

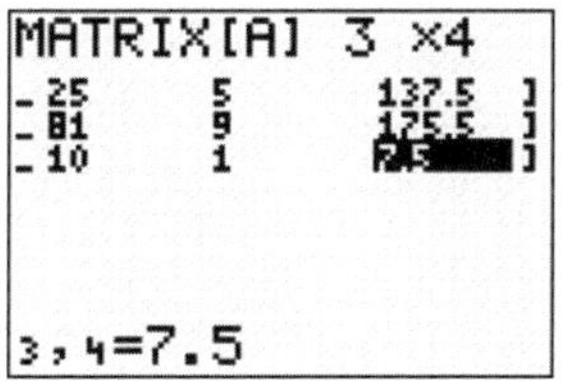

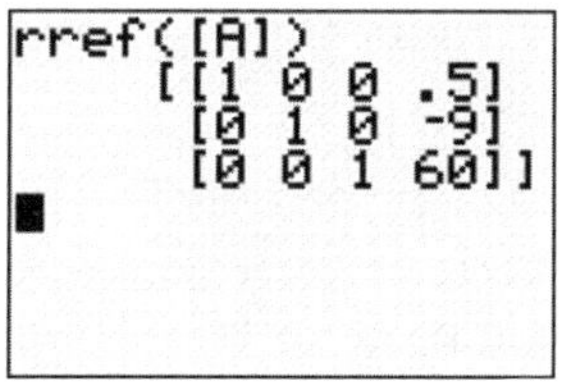

$K(x) = 0{,}5x^3 - 9x^2 + 60x + 200$

Betriebsoptimum und langfristige PU

$k(x) = 0{,}5x^2 - 9x + 60 + \frac{200}{x}$

$k'(x) = x - 9 - \frac{200}{x^2}$

$x - 9 - \frac{200}{x^2} = 0$

$x^3 - 9x^2 - 200 = 0$

Newton-Verfahren

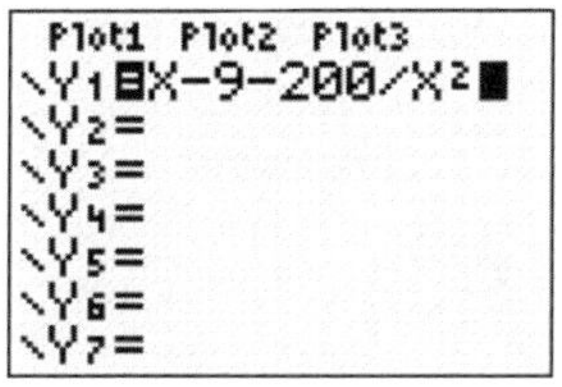

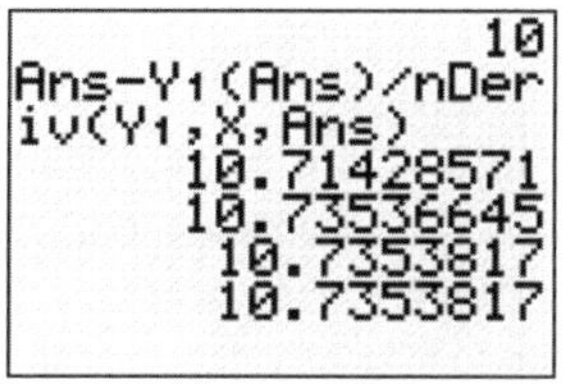

Das Betriebsoptimum liegt bei x = 10,74 ME und die langfristige PU beträgt k(10,74) = 39,64 GE/ME.

b) $G(x) = E(x) - K(x)$

$E(x) = G(x) + K(x)$

$E(5) = 72{,}5 + 337{,}5 = 410$

Es muss sich um eine lineare Erlösfunktion handeln, da die mittlere und momentane Änderungsrate gleich sind.

$E(x) = p \cdot x$

$E(5) = p \cdot 5$

$410 = p \cdot 5$

p = 82 GE/ME

$E(x) = 82x$

$G(x) = 82x - (0{,}5^3 - 9x^2 + 60x + 200)$

$G(x) = -0{,}5x^3 + 9x^2 + 22x - 200$

$G(9) = -0{,}5 \cdot 9^3 + 9 \cdot 9^2 + 22 \cdot 9 - 200 = 362{,}5$ GE

Bei einer Produktions- und Absatzmenge von 9 ME entsteht ein Gewinn von 362,5 GE.

Bestimmung des maximalen Gewinns:

$G'(x) = -1{,}5x^2 + 18x + 22$

$-1{,}5x^2 + 18x + 22 = 0$

$x^2 - 12x - \frac{44}{3} = 0$

$x_1 \approx 13{,}12$

$x_2 = -1{,}118\ldots \notin D_{\text{Ök}}$

Hinreichende Bedingung prüfen

$G''(x) = -3x + 18$

$G''(13{,}12) \approx -21{,}36 \Rightarrow$ *Maximum*

$G(13{,}12) = -0{,}5 \cdot 13{,}12^3 + 9 \cdot 13{,}12^2 + 22 \cdot 13{,}12 - 200 = 508{,}65$

Bei einer Produktions- und Absatzmenge von 13,12 ME wird ein maximaler Gewinn von 508,65 GE erzielt.

c) Wirtschaftlich arbeitet ein Unternehmen, wenn die erzielten Erlöse größer als die anfallenden Kosten sind, d.h. $G(x) > 0$ oder $W(x) > 1$ ist.

Zur Lösung können alternativ die Nullstellen der Gewinnfunktion bestimmt oder $W(x) = 1$ gelöst werden.

$W(x) = \frac{82x}{0{,}5x^3 - 9x^2 + 60x + 200}$

$\frac{82x}{0{,}5x^3 - 9x^2 + 60x + 200} = 1$

$82x = 0{,}5x^3 - 9x^2 + 60x + 200$

$0{,}5x^3 - 9x^2 - 22x + 200 = 0$

Probieren ergibt $x_1 = 4$

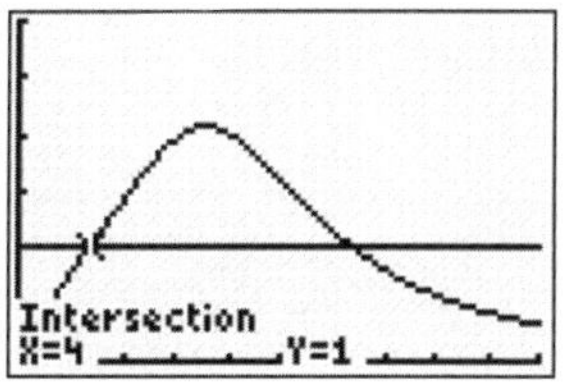

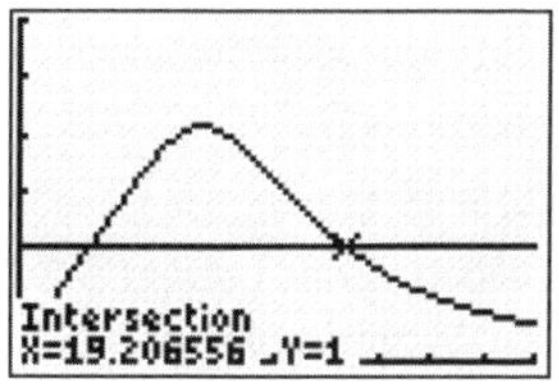

Polynomdivision

$(0{,}5x^3 - 9x^2 - 22x + 200) : (x - 4) = 0{,}5x^2 - 7x - 50$

$0{,}5x^2 - 7x - 50 = 0$

$x^2 - 14x - 100 = 0$

$x_2 = 7 + \sqrt{49 + 100} = 19{,}2065\ldots$

$x_3 = -5{,}206 \notin D_{\text{Ök}}$

Maximale Wirtschaftlichkeit berechnen:

(Grundsätzlich sind alle Werkzeugebenen zulässig, insbesondere die numerische Ebene beim GTR/CAS und die algebraische Ebene beim CAS.)

Lösung mit GTR

Die maximale Wirtschaftlichkeit beträgt 2,07. Für einen Euro Aufwand beträgt der erzielte Ertrag 2,07 Euro. Der erzielbare Gewinn ist

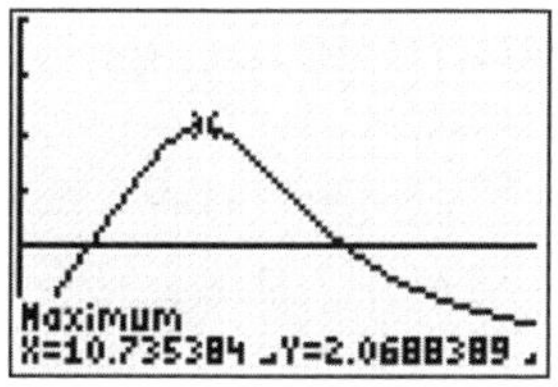

$G(10{,}74) = -0{,}5 \cdot 10{,}74^3 + 9 \cdot 10{,}74^2 + 22 \cdot 10{,}74 - 200 = 454{,}99$

Bei gewinnmaximaler Ausbringungsmenge ist die Wirtschaftlichkeit $W(13{,}12) \approx 1{,}9$.

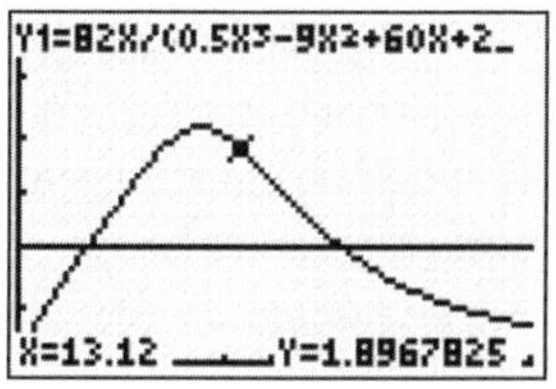

Bei maximaler Wirtschaftlichkeit erhält man für 425,69 GE [K(10,74)] Kosten den 2,07-fachen Erlös 881,18 GE und erzielt einen Gewinn von 455,49 GE. Bei gewinnmaximaler Menge erhält man für 567,19 GE [K(13,12)] den 1,9-fachen Erlös 1077,66 GE und erzielt einen Gewinn von 510,47 GE.

9 a) $15 - x = 0$

$x = 15$

$D = [0;\ 15]$

$p_N'(x) = \frac{-(3 + x) - (15 - x)}{(3 + x)^2}$

$p_N'(x) = \frac{-18}{(3 + x)^2} < 0$ für alle $x \in D$

p_N ist streng monoton fallend.

$p_N''(x) = \frac{36}{(3 + x)^3} > 0$ für alle $x \in D$

p_N ist linksgekrümmt.

Sättigungsmenge

$15 - x = 0$

$x = 15$

Die Sättigungsmenge beträgt 15 ME.

Höchstpreis

$p_N(0) = \frac{15 - x}{3 + x} = 5$

Der Höchstpreis beträgt 5 GE/ME.

b) $\frac{15 - x}{3 + 3} = 0{,}2x + 0{,}25$

$15 - x = 0{,}6x + 0{,}2x^2 + 0{,}75 + 0{,}25x$

$x^2 + 9{,}25x - 71{,}25 = 0$

$x_1 = 5 \quad x_2 = -14{,}25 \notin D$

$x_G = 5$ ME

$p_G = 1{,}25$ GE

$p_R = (1{,}25 - 0{,}25) \cdot 5 : 2 = 2{,}5$

Die Produzentenrente beträgt 2,5 GE.

Viele Anbieter (Produzenten) wären bereit gewesen, das Gut auch für einen geringeren Preis als den Gleichgewichtspreis anzubieten. Der dadurch erzielbare Gesamtnutzen beträgt 2,5 GE.

$K_R = \int_0^5 \frac{15 - x}{x + 3}\,dx - 5 \cdot 1{,}25$

NR: $(-x + 15) : (x + 3) = -1 + \frac{18}{x + 3}$

$K_R = \int_0^5 \left(-1 + \frac{18}{x + 3}\right) dx - 6{,}25$

$K_R = [-x + 18\ln(x + 3)]_0^5 - 6{,}25$

$K_R = 12{,}65 - 6{,}25 = 6{,}4$

Die Konsumentenrente beträgt 6,4 GE.

Viele Konsumenten wären bereit gewesen, das Gut auch für einen höheren Preis als den Gleichgewichtspreis nachzufragen. Der dadurch auf dem Markt erzielbare Gesamtnutzen beträgt 6,4 GE.

$2 = 0{,}2x + 0{,}25 \qquad 2 = \frac{15 - x}{3 + x}$

$x_A = 8{,}75 \qquad x_N = 3$

Angebotsüberhang = 5,75 ME

c) neues Gleichgewicht

$\frac{15 - x}{3 + x} = 0{,}2x + 1{,}4$

$x_G = 3 \qquad p_G = 2$

$R = 3 \cdot 1{,}15 = 3{,}45$ GE

10 a) $p_A(x) = p_N(x)$

$0{,}5e^{0{,}5x} = 8e^{-0{,}25x}$

$e^{0{,}75x} = 16$

$0{,}75x = \ln(16)$

$x = \frac{\ln(16)}{0{,}75}$

$x_G \approx 3{,}7$ ME

$p_G = 0{,}5e^{\frac{\ln(16)}{0{,}75} \cdot 0{,}5}$

$p_G \approx 3{,}17$

$x_G = 3{,}7$ ME $\quad p_G = 3{,}17$ GE/ME

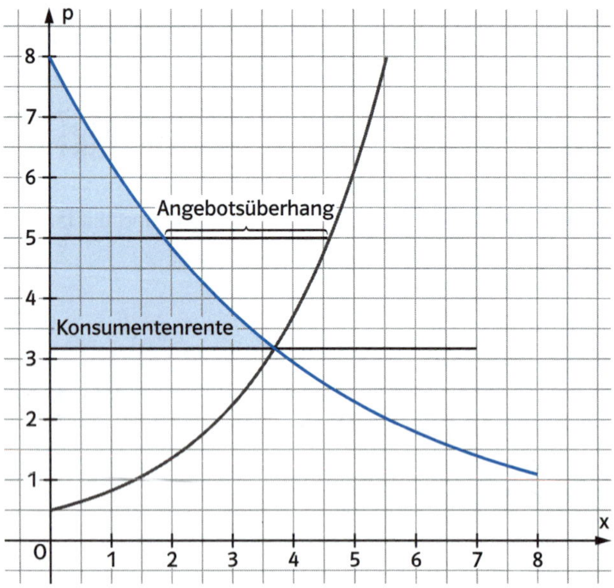

Konsumentenrente

$K_R = \int_0^{3{,}7} (8 \cdot e^{-0{,}25x} - 3{,}17)\,dx = [-32e^{-0{,}25x} - 3{,}17x]_0^{3{,}7} = 7{,}58$

Die Konsumentenrente beträgt 7,58 GE.

b) Angebot

$5 = 0{,}5e^{0{,}5x}$

$e^{0{,}5x} = 10$

$0{,}5x = \ln(10)$

$x = 2 \cdot \ln(10)$

$x_A \approx 4{,}61$

Nachfrage

$5 = 8e^{-0{,}25x}$

$e^{-0{,}25x} = \frac{5}{8}$

$-0{,}25x = \ln\left(\frac{5}{8}\right)$

$x = -4 \cdot \ln\left(\frac{5}{8}\right)$

$x_N \approx 1{,}88$

Angebotsüberhang = 2,73 ME

c) (1) $\lim\limits_{x \to \infty} (x - t) \cdot e^{-0{,}25x} = 0$

$\lim\limits_{x \to -\infty} (x - t) \cdot e^{-0{,}25x} = -\infty$

(2) Nullstellen: $N(t|0)$

Ableitungen

$f_t'(x) = (1 - 0{,}25x + 0{,}25t)e^{-0{,}25x}$

$f_t''(x) = (-0{,}5 - 0{,}0625x - 0{,}0625t)e^{-0{,}25x}$

Extrema:

$f_t'(x) = 0$

$(1 - 0{,}25x + 0{,}25t)e^{-0{,}25x} = 0$

$1 - 0{,}25x + 0{,}25t = 0$

$x = 4 + t$

$f_t(4 + t) = (4 + t - t)e^{-0{,}25(4+t)}$

$f_t(4 + t) = 4e^{-1-0{,}25t} = \frac{4}{e^{1+0{,}25t}}$

Begründung für das Vorliegen eines Hochpunktes: Die erste Ableitung ist ein Produkt aus einer linearen Funktion (mit negativer Steigung) und einer Exponentialfunktion. Die Exponentialfunktion kann keinen Vorzeichenwechsel beeinflussen, da sie immer positiv ist. Die lineare Funktion hat negative Steigung und hat bei 4 + t für jedes t einen Vorzeichenwechsel von + nach −.

$f_t''(4 + t) = (-0{,}5 - 0{,}0625(4 + t) - 0{,}0625t)e^{-0{,}25(4+t)}$

$f_t''(4 + t) = -0{,}25e^{-1-0{,}25t} < 0 \Rightarrow$ *Maximum*

$H\left(4 + t \middle| \frac{4}{e^{1+0{,}25t}}\right)$ Hochpunkt

Ortskurve:

$x = 4 + t$

$t = x - 4$

$y = \frac{4}{e^{1+0{,}25(x-4)}}$

$y = \frac{4}{e^{0{,}25x}}$ ist Ortskurve der Hochpunkte.

(3) Partielle Integration

$\int f'(x) \cdot g(x) \cdot dx = f(x) \cdot g(x) - \int g'(x) \cdot f(x) \cdot dx$

$\int e^{-0{,}25x} \cdot (x - t) \cdot dx = -4e^{-0{,}25x} \cdot (x - t) + 4\int e^{-0{,}25x} \cdot dx$

$= -4(x - t)e^{-0{,}25x} - 16e^{-0{,}25x}$

$= (-4x + 4t - 16) \cdot e^{-0{,}25x}$

$F_t(x) = (-4x + 4t - 16) \cdot e^{-0{,}25x}$

$F_0(x) = (4x - 16) \cdot e^{-0{,}25x}$

$A_0(3) = F_0(3) - F_0(0)$

$A_0(3) = -28e^{-0{,}75} - (-16) = 2{,}77$

$\lim\limits_{z \to \infty} A_0(z) = [(-4z - 16)e^{-0{,}25z}]_0^{\infty} = 0 - (-16) = 16$

11 a) $D = \mathbb{R}\setminus\{4\}$

$\frac{a}{x - 4} + a = 0$

$\frac{a}{x - 4} = -a$

$a = -ax + 4a$

$x = 3$

$S_x(3|0)$

$S_y\left(0 \middle| \frac{3a}{4}\right)$

b) $\lim\limits_{\substack{x \to 4 \\ x < 4}} \frac{a}{x - 4} + a = -\infty$ $\lim\limits_{\substack{x \to 4 \\ x > 4}} \frac{a}{x - 4} + a = \infty$

An der Stelle x = 4 liegt eine Polstelle mit Vorzeichenwechsel vor.

$f_a'(x) = -\frac{a}{(x - 4)^2}$ $f_a'(x) \neq 0$; für alle $x \in D$

Es existieren keine Extrema.

$\lim\limits_{|x| \to \infty} \frac{a}{x - 4} + a = a$ y = a ist Asymptote.

c) $A = \int_0^3 \left(\frac{30}{x - 4} + 30\right)dx$

$A = [30\ln|x - 4| + 30x]_0^3 = 90 - 30\ln 4 \approx 48{,}411\ldots$ FE

d) $60 = \frac{a}{5 - 4} + a$

$a = 30$

Bestätigung für (9|36)

$36 = \frac{30}{9 - 4} + 30$

$36 = 6 + 30$

e) $D = \{x | x > 4\}_{\mathbb{R}}$ $W = \{y | y > 30\}_{\mathbb{R}}$

$f_{30}'(x) = -\frac{30}{(x - 4)^2} < 0$ für alle $x \in D$ negative Steigungen

$f_{30}''(x) = \frac{60}{(x - 4)^3} > 0$ für alle $x \in D$ Linkskrümmung (konvex)

f) K: $y = ax + b$

$60 = 5a + b$

$36 = 9a + b$

$-24 = 4a$

$a = -6$

$b = 90$

$b = \frac{K}{p_y}$ $a = -\frac{p_x}{p_y}$

$90 = \frac{900}{p_y}$ $-6 = -\frac{p_x}{10}$

$p_y = 10$ $p_x = 60$

MKK

$-\frac{30}{(x - 4)^2} = -6$

$(x - 4)^2 = 5$

$x - 4 = \pm\sqrt{5}$

$x_1 = 6{,}23 \vee x_2 = 1{,}76 \notin D$

$y_1 = 43{,}42$

Die Minimalkostenkombination liegt bei (6,23|43,42). Die Kosten betragen K = 60 · 6,23 + 10 · 43,42 = 808 GE.

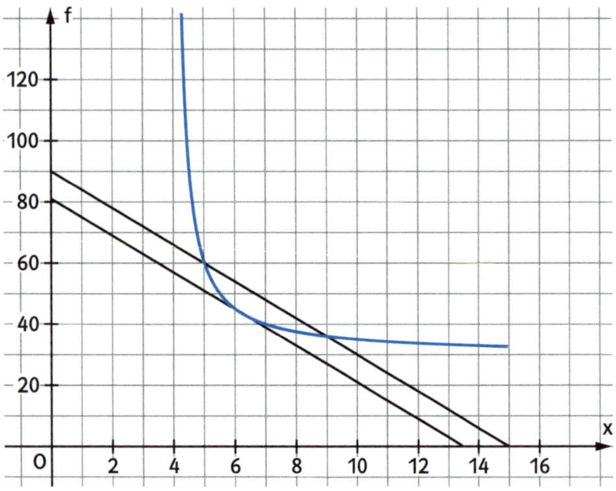

d)

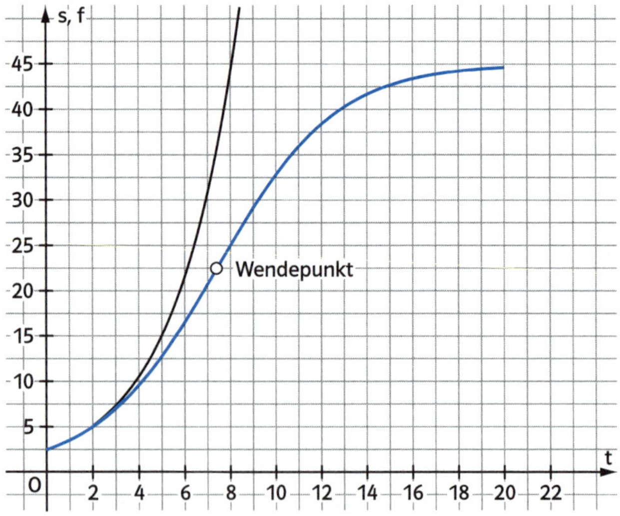

12 a) $s(t) = b \cdot q^t$

$s(0) = b$

$2{,}5 = b$

$s(1) = 2{,}5 \cdot q^t$

$3{,}58 = 2{,}5 \cdot q$

$q = 1{,}432$

$s(t) = 2{,}5 \cdot 1{,}432^t$

b) $10 = 2{,}5 \cdot 1{,}432^t$

$4 = 1{,}432^t$

$t \cdot \log(1{,}432) = \log(4)$

$t = \frac{\log(4)}{\log(1{,}432)} \approx 3{,}8607\ldots$

Ab der 4. Woche wird die Fläche von 10 cm² überschritten.

c) $f(t) = \frac{S}{1 + B \cdot e^{-k \cdot t}}$

$S = 45$

$f(0) = 2{,}5$

$2{,}5 = \frac{45}{1 + B \cdot e^0}$

$2{,}5 = \frac{45}{1 + B}$

$2{,}5 + 2{,}5B = 45$

$B = \frac{45 - 2{,}5}{2{,}5} = 17$

$f(1) = 3{,}58$

$3{,}58 = \frac{45}{1 + 17 \cdot e^{-k}}$

$3{,}58 \cdot (1 + 17 \cdot e^{-k}) = 45$

$17 \cdot 3{,}58 \cdot e^{-k} = 45 - 3{,}58$

$e^{-k} = \frac{41{,}42}{17 \cdot 3{,}58}$

$-k = \ln \frac{41{,}42}{17 \cdot 3{,}58}$

$-k = -0{,}38481228\ldots$

$k = 0{,}3848$

$f(t) = \frac{45}{1 + 17 \cdot e^{-0{,}3848t}}$

e) $10 = \frac{45}{1 + 17 \cdot e^{-0{,}3848t}}$

$10 + 170 \cdot e^{-0{,}3848t} = 45$

$e^{-0{,}3848t} = \frac{35}{170}$

$-0{,}3848t = \ln\left(\frac{35}{170}\right)$

$t = \frac{\ln\left(\frac{35}{170}\right)}{-0{,}3848}$

$t = 4{,}10719\ldots$

Ab der 5. Woche wird die Fläche von 10 cm² überschritten.

f) Das Sättigungsmanko (SM) in der 8. Woche ist $S - f(8)$.

$SM = 45 - \frac{45}{1 + 17 \cdot e^{-0{,}3848 \cdot 8}}$

$SM = 45 - 25{,}245 = 19{,}755\,cm^2$

Die Differenz zur maximalen Fläche (Sättigungsgrenze) beträgt noch 19,755 cm². Das Wachstum der Kultur hat also die Hälfte bereits überschritten.

g) $\overline{f(t)} = \frac{\Delta f}{\Delta t}$

$\overline{f(t)} = \frac{f(6) - f(5)}{6 - 5}$

$\overline{f(t)} = \frac{16{,}732 - 12{,}922}{1}$

$\overline{f(t)} = 3{,}81$

Die mittlere Änderungsrate gibt die durchschnittliche Änderung für die Zeitspanne einer Woche an, während die momentane Änderungsrate auf den Moment bezogen ist. Da die fünfte Woche in der Phase steigender Wachstumsraten (Linkskrümmung der Kurve) liegt, ist die mittlere Änderungsrate größer als die momentane.

h) In der Graphik ist der Wendepunkt zu kennzeichnen. Mit dem GTR ist das Maximum der Ableitungsfunktion zu bestimmen.

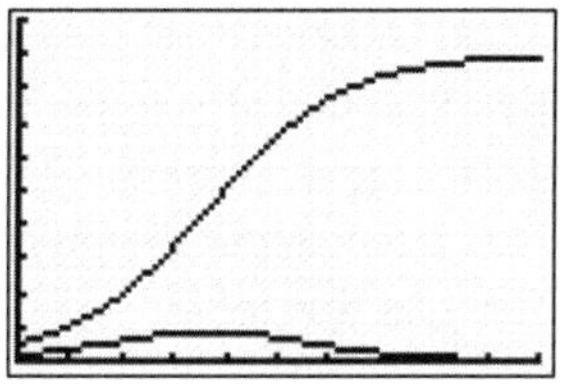

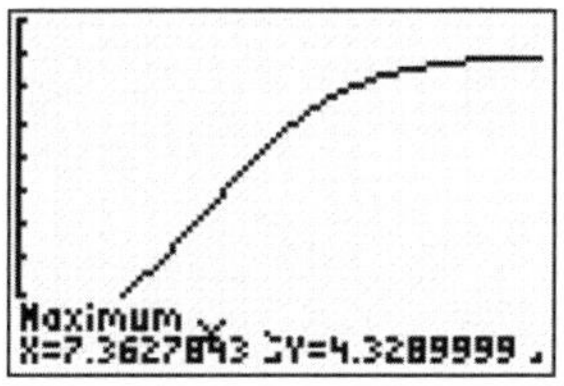

Die maximale Wachstumsrate liegt für t = 7,3627… vor.

13 a) $D = \mathbb{R}$

$\lim\limits_{|x| \to \infty} \frac{5ae^{-x}}{(1 + ae^{-x})^2} = \frac{0}{1} = 0$

Die Abszisse ist Asymptote der Funktion. $f_a(x)$ nähert sich von oben der x-Achse.

b) $f_a(x) = \frac{5ae^{-x}}{(1 + ae^{-x})^2}$

Ableitung mit Quotientenregel.

$fa(x) = \frac{u(x)}{v(x)}$ $\qquad f'_a(x) = \frac{u'(x)v(x) - v'(x)u(x)}{(v(x))^2}$

$u'(x) = -5ae^{-x}$ $\qquad v'(x) = -2ae^{-x}(1 + ae^{-x})$

$f'_a(x) = \frac{-5ae^{-x}(1 + ae^{-x}) + 2ae^{-x} \cdot (1 + ae^{-x}) \cdot 5ae^{-x}}{(1 + ae^{-x})^4}$

$f'_a(x) = \frac{-5ae^{-x}(1 + ae^{-x}) + 2ae^{-x} \cdot 5ae^{-x}}{(1 + ae^{-x})^3}$

$f'_a(x) = \frac{-5ae^{-x}(1 + ae^{-x} - 2ae^{-x})}{(1 + ae^{-x})^3}$

$f'_a(x) = \frac{-5ae^{-x}(1 - ae^{-x})}{(1 + ae^{-x})^3}$

$f'_a(x) = \frac{5ae^{-x}(ae^{-x} - 1)}{(1 + ae^{-x})^3}$

Bestimmung der Extremstellen:

$f'_a(x) = 0$

$\frac{5ae^{-x}(ae^{-x} - 1)}{(1 + ae^{-x})^3} = 0$

$ae^{-x} - 1 = 0$

$e^{-x} = \frac{1}{a}$

$-x = \ln\left(\frac{1}{a}\right)$

$x = -\ln\left(\frac{1}{a}\right)$

$f_a\left(-\ln\left(\frac{1}{a}\right)\right) = \frac{5a \cdot \frac{1}{a}}{\left(1 + a \cdot \frac{1}{a}\right)^2} = \frac{5}{4}$

Da sich die Funktion von oben der Abszisse asymptotisch nähert, muss $E_a\left(-\ln\left(\frac{1}{a}\right) \middle| \frac{5}{4}\right)$ ein Maximum sein.

Für wachsende a verschiebt sich der Extrempunkt nach rechts. Der Funktionswert der Extrema bleibt für alle $a \in \mathbb{R}^*_+$ gleich, da er unanbhängig von a ist.
Die Funktion wird horizontal gestreckt.

c) $f_4(x) = \frac{20e^{-x}}{(1 + 4e^{-x})^2}$

Der Bestand für x = 0 kann durch das Integral $\int_{-\infty}^{0} \frac{20e^{-x}}{(1 + 4e^{-x})^2}dx$ bestimmt werden.

Lösung mit dem GTR:

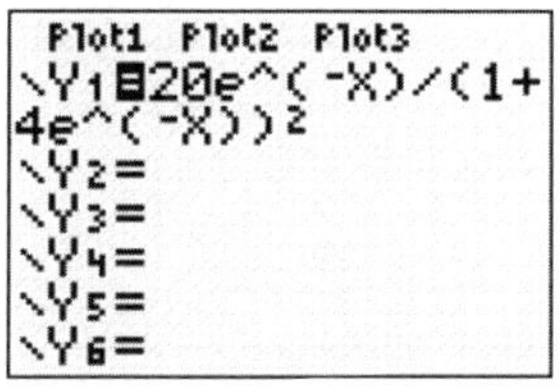

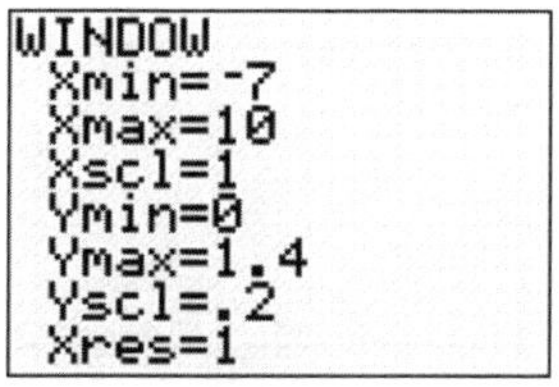

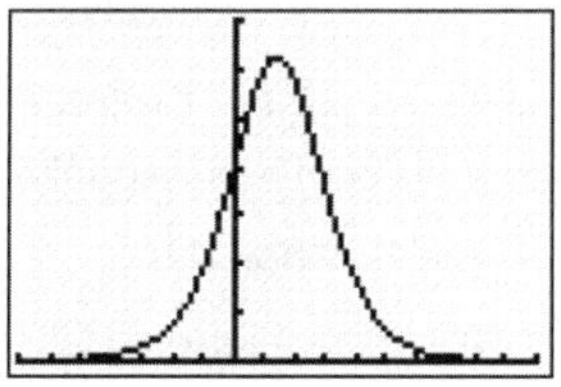

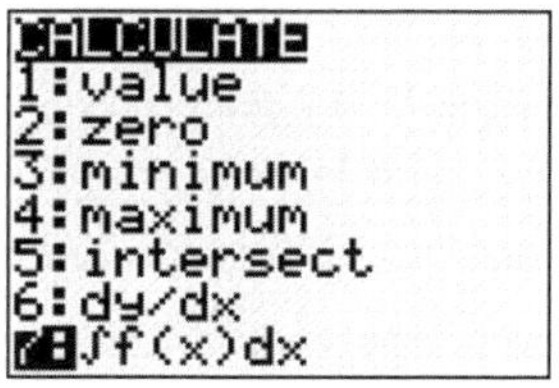

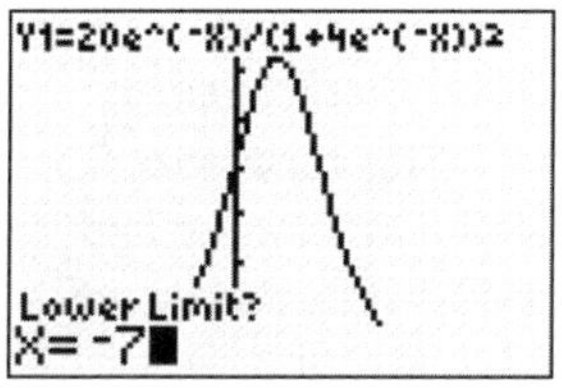

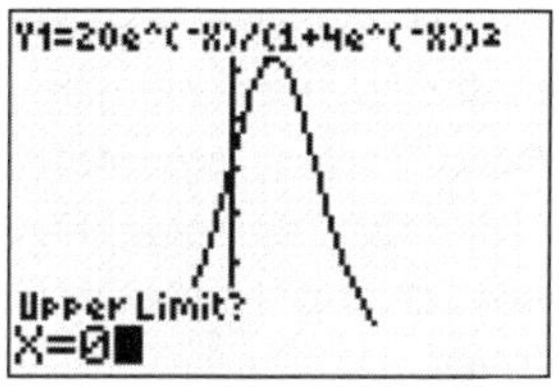

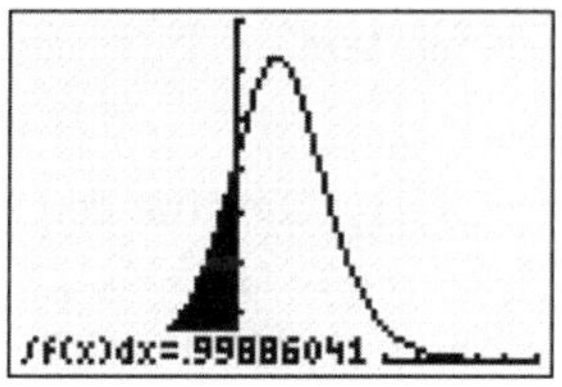

$B(0) \approx 1 \Rightarrow c = 0$

Zum Start wurde ein Betrag von 1 Millionen Euro eingezahlt.

Die obere Schranke ergibt sich als Gesamtbestand, also

für $x \to \infty$: $\int_{-\infty}^{\infty} \frac{20e^{-x}}{(1 + 4e^{-x})^2}dx$

Lösung mit dem GTR:

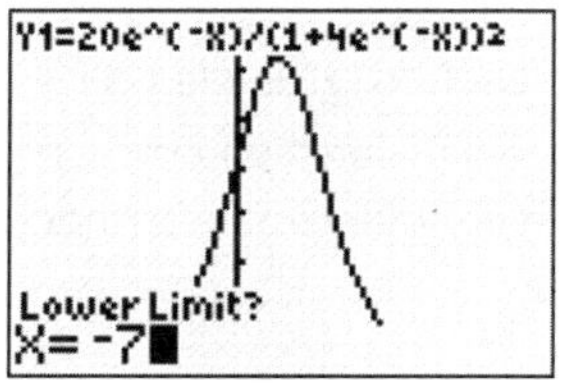

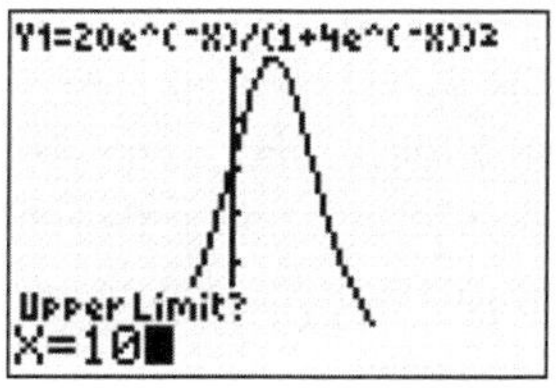

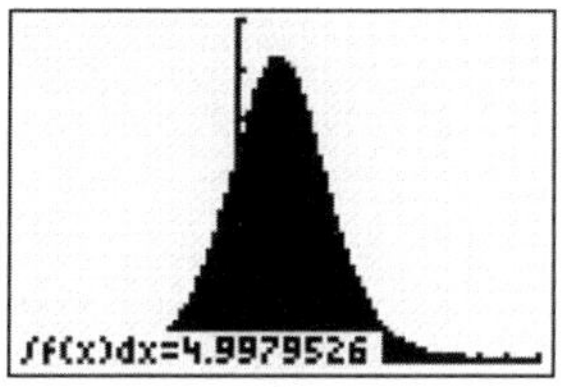

Die obere Schranke ist S = 5.

Es kann mit einem Spendenaufkommen von maximal 5 Millionen Euro gerechnet werden.

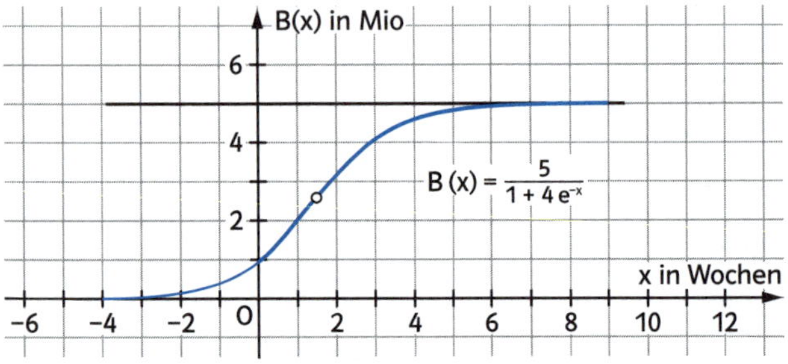

Die Funktion beginnt mit dem Startwert 1 auf der Ordinate und verläuft in einer Linkskrümmung bis zum Wendepunkt $W\left(-\ln\left(\frac{1}{a}\right)\middle|2{,}5\right)$. Dieser liegt dort, wo die Funktion der Änderungsraten ihr Maximum hat. B (x) muss hier die Hälfte des Sättigungswertes erreichen.

Nach dem Wendepunkt nähert sich der Graph in einer Rechtskrümmung asymptotisch der Sättigungsgrenze 5.

Der s-förmige (sigmoide) Kurvenverlauf mit unterer und oberer Schranke ist für logistische Wachstumsfunktionen typisch.

Werte für die allgemeine Wachstumsfunktion $B(x) = \frac{x}{c + (S - c)e^{-x}}$:

S ist die obere Schranke. $S = \lim\limits_{x\to\infty} \frac{S}{c + (S - c)e^{-x}}$ und hat den Wert 5.

C entspricht beim logistischen Wachstum dem Start wert B(0). In dieser Aufgabe gilt also c = 1.

Damit ergibt sich $B(x) = \frac{5}{1 + 4e^{-x}}$ als Wachstumsfunktion.

Differenziation von $B(x) = \frac{5}{1 + 4e^{-x}}$.

Nach Umformung ist $B(x) = 5 \cdot (1 + 4e^{-x})^{-1}$. Nun kann mit der Kettenregel die Ableitung bestimmt werden.

$B'(x) -5 \cdot (1 + 4e^{-x})^{-2} \cdot (-4e^{-x})$

$B'(x) = \frac{20e^{-x}}{(1 + 4e^{-x})^2}$

Damit gilt: $B'(x) = f_4(x)$

d) Die Berechnung ist eigentlich überflüssig, da die Hälfte dann erreicht wird, wenn die Wachstumsfunktion eine Wendestelle hat oder die Funktion der momentanen Änderungsraten ihr Maximum aufweist.

$B(x) = \frac{5}{1 + 4e^{-x}}$

$2{,}5 = \frac{5}{1 + 4e^{-x}}$

$2{,}5 + 10e^{-x} = 5$

$10e^{-x} = 2{,}5$

$e^{-x} = 0{,}25$

$x = -\ln(0{,}25)$

$x \approx 1{,}386\ldots$

Nach ca. 1,4 Wochen ist die Hälfte des insgesamt zu erwartenden Spendenaufkommens eingegangen.

Bestimmung von a für x = 2 Wochen:

Die Wendestelle der Wachtumsfunktiuon liegt bei $x = -\ln\frac{1}{a}$. Daraus folgt:

$2 = -\ln\frac{1}{a}$

$-2 = \ln\frac{1}{a}$

$e^{-2} = \frac{1}{a}$

$a = \frac{1}{e^{-2}} = 7{,}389\ldots$

14 a) $D = \mathbb{R}$

$\lim\limits_{x\to-\infty} ax^2e^{-\frac{a}{2}x} = \infty$

Nach der Regel von L'Hospital ist

$\lim\limits_{x\to\infty} ax^2e^{-\frac{a}{2}x} = \lim\limits_{x\to\infty}(2ax)\left(-\frac{a}{2}e^{-\frac{a}{2}x}\right) = \lim\limits_{x\to\infty}(2a)\left(\frac{a^2}{4}e^{-\frac{a}{2}x}\right) = 0$

Für große positive x-Werte ist y = 0 Asymptote der Funktion.

Extrema

Ableitungen

$f'_a(x) = \left(2a - \frac{a^2}{2}x\right) \cdot x \cdot e^{-\frac{a}{2}x}$

$f''_a(x) = \left(2a - 2a^2x + \frac{a^3}{4}x^2\right)e^{-\frac{a}{2}x}$

1. Ableitung null setzen

$\left(2a - \frac{a^2}{2}x\right) \cdot x \cdot e^{-\frac{a}{2}x} = 0$

$x_1 = 0$

$2a - \frac{a^2}{2}x = 0$

$x_2 = \frac{4}{a}$

$f'_a(0) = 2a \Rightarrow$ *Minimum*

$f''_a\left(\frac{4}{a}\right) = \left(2a - 2a^2\frac{4}{a} + \frac{a^3 \cdot 16}{4 \cdot a^2}\right)e^{-\frac{a}{2}\cdot\frac{4}{a}}$

$f''_a\left(\frac{4}{a}\right) = -2ae^{-2}$

Für a > 0 sind die Stellen $x = \frac{4}{a}$ Maxima.

Bestimmung des Funktionswertes:

$f_a\left(\frac{4}{a}\right) = a \cdot \frac{16}{a^2}e^{-2} = \frac{16}{a}e^{-2}$

$H\left(\frac{4}{a}\middle|\frac{16}{a}e^{-2}\right)$

Bestimmung der Ortskurve:

$x = \frac{4}{a}$ $\quad y = \frac{16}{a}e^{-2}$

$a = \frac{4}{x}$ $\quad y = \frac{16}{\frac{4}{x}}e^{-2} = 4xe^{-2}$

b) Da der x-Wert der Maxima $x = \frac{4}{a}$ ist, führen größere Werte von a zu einer kürzeren Zeitspanne bis zum Ende der Sättigungsphase. Eine Verdopplung führt zu einer Halbierung dieses Zeitraumes. Steigende a-Werte stehen offensichtlich für höheren Innovationsdruck und kürzere Lebensdauer des Produktes.

Maximale Änderungsraten liegen in den Wendepunkten vor.

$f''_4(x) = (4 - 8x + 2x^2)e^{-x}$

$(4 - 8x + 2x)^2 e^{-x} = 0$

$2x^2 - 8x + 4 = 0$

$x^2 - 4x + 2 = 0$

$x_{1,2} = 2 \pm \sqrt{4 - 2}$

$x_1 \approx 0{,}59$

$x_2 \approx 3{,}41$

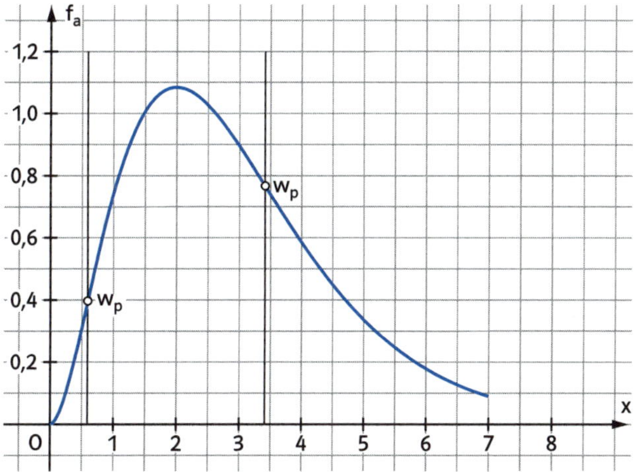

Der Bereich [0; 0,59] kann als Einführungs- und Wachstumsphase betrachtet werden. Ab der Wendestelle (x = 0,59) nimmt das Wachstum ab, die Reifephase beginnt. Für x = 2 ist das Ende des Wachstums erreicht, der Umsatz fällt und das Ende der Sättigungsphase naht. Ab der zweiten Wendestelle (x = 3,41) schwächt sich der Umsatzrückgang ab.

c) Die Millionengrenze wird unterschritten, wenn $f_2(x) < 0{,}5$ wird.

$2x^2 e^{-x} = 0{,}5$

Lösung mit dem GTR

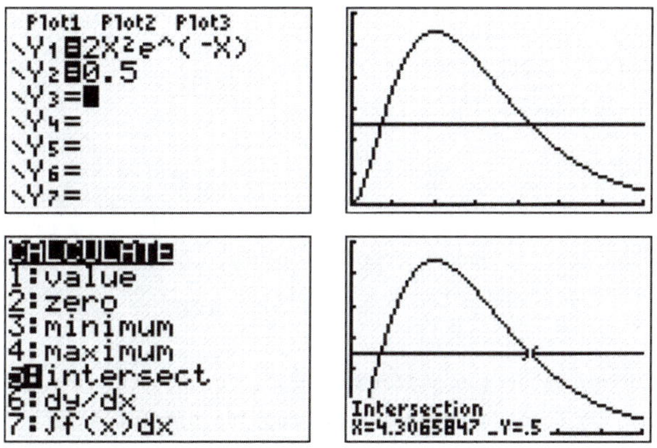

Ab dem Zeitpunkt x = 4,3 wird die Umsatzgrenze von 500 000 GE unterschritten.

15 a) Definitionsbereich

$N(x) = 0$

$i + 2 = 0$

$i = -2$

Definitionslücke bei $x = -2$

$D = \mathbb{R}\setminus\{-2\}$

Verhalten an den Rändern des Definitionsbereichs:

Polynomdivision

$(i^2 - 2ai + a^2):(i + 2) = i - 2(a + 1) + \frac{a^2 + 4a + 4}{i + 2}$

$y = i - 2(a + 1)$ ist Asymptote

Schnittstellen mit der x-Achse

$\frac{(i - a)^2}{i + 2} = 0$

$(i + a)^2 = 0$

$i = a$

Schnittstelle mit der y-Achse

$I_a(0) = \frac{(0 - a)^2}{0 + 2} = \frac{a^2}{2}$

Extremstellen

Ableitungen mit Quotientenregel.

$f_a(x) = \frac{u(x)}{v(x)}$ $\qquad f'_a(x) = \frac{u'(x)v(x) - v'(x)u(x)}{(v(x))^2}$

1. Ableitung

$I'_a(i) = \frac{2(i - a)(i + 2) - (i - a)^2}{(i + 2)^2}$ $\qquad u' = 2(i - a) \quad v' = 1$

$I'_a(i) = \frac{(i - a)(i + a + 4)}{(i + 2)^2}$

2. Ableitung

$I''_a(i) = \frac{(2i + 4)(i + 2)^2 - 2(i + 2)(i - a)(i + a + 4)}{(i + 2)^4}$ $\qquad u' = 2i + 4$

$I''_a(i) = \frac{(2i + 4)(i + 2) - 2(i - a)(i + a + 4)}{(i + 2)^3}$ $\qquad v' = 2(i + 2)$

$I''_a(i) = \frac{2i^2 + 4i + 4i + 8 - 2i^2 - 8i + 2a^2 + 8a}{(i + 1)^3}$

$I''_a(i) = \frac{2a^2 + 8a + 8}{(i + 1)^3}$

$I''_a(i) = \frac{2(a + 2)^2}{(i + 2)^3}$

1. Ableitung null setzen

$\frac{(i - a)(i + a + 4)}{(i + 2)^2} = 0$

$(i - a)(i + a + 4) = 0$

$i_1 = a$

$I''_a(a) = \frac{2(a + 2)^2}{(a + 2)^3} = \frac{2}{a + 2} > 0,$ da $a \in \mathbb{R}^*_+$

$I_a(a) = \frac{(a - a)^2}{a + 2} = 0$

$(a \mid 0)$ ist ein Minimum.

$\vee\ i_2 = -a - 4$

$I''_a(a) = \frac{2(a + 2)^2}{(-a - 2)^3} = -\frac{2}{a + 2} < 0,$ da $a \in \mathbb{R}^*_+$

$I_a(a) = \frac{(-a - 4 - a^3)}{-a - 4 + 2} = \frac{4(a + 2)^2}{-(a + 2)} = -4(a + 2)$

$(-a - 4 \mid -4(a + 2))$ ist ein Maximum.

b) $I_{15}(i) = \frac{(1-15)^2}{i+2}$

Realistisch wird der geringste Zinssatz mit 0% angenommen. Da die Funktion für i = 15 eine Nulstelle hat, ist der maximale Zinssatz 15%. $D_{Ök} = [0; 15]$

Die Schnittstelle mit der y-Achse liegt bei $\frac{a^2}{2}$. Damit ergibt sich als Wertebereich $W_{Ök} = [0; 112{,}5]$.

Untersuchung der Monotonie:

$I'_{15}(i) = \frac{(i-15)(i+19)}{(i+2)^2}$

Wegen $0 < i < 15$ ist $i - 15 < 0$, $i + 19 > 0$ und $(i+2)^2 > 0$.

Damit ist $\frac{(i-15)(i+19)}{(i+2)^2} < 0$.

Der Graph ist im ökonomischen Definitionsbereich monoton fallend.

Krümmungsverhalten

$I''_{15}(i) = \frac{578}{(i+2)^3} > 0$ für alle $i \in D_{Ök}$

Der Graph weist im ökonomischen Definitionsbereich eine Linkskrümmung auf. Das bedeutet, dass mit steigenden Zinssätzen die Steigung immer mehr zunimmt (oder weniger abnimmt, da sie negativ ist). Die Investitionsabnahme wird also mit steigendem Zinssatz immer geringer.

c) Lokale Änderungsraten

$I'_{15}(4) = \frac{(4-15)(4+19)}{(4+2)^2} \approx -7{,}03$

$I'_{15}(5) = \frac{(5-15)(5+19)}{(5+2)^2} \approx -4{,}9$

Mit steigenden Zinssätzen nimmt die lokale Änderungsrate zu (vgl. b).

Elastizitzät der Investitionen

$\varepsilon_{f,x}(x) = \frac{f'(x)}{f(x)} \cdot x$

$\varepsilon_{I,i}(i) = \frac{(i-15)(i+19)}{(i+2)^2} \cdot \frac{i+2}{(i-15)^2} \cdot i$

$\varepsilon_{I,i}(i) = \frac{(i+19) \cdot i}{(i+2)(i-15)}$

$-1 = \frac{(i+19) \cdot i}{(i+2)(i-15)}$

$-i^2 + 13 + 30 = i^2 + 19i$

$2i^2 + 6i - 30 = 0$

$i^2 + 3i - 15 = 0$

$i_{1,2} = -1{,}5 \pm \sqrt{2{,}25 + 15}$

$i_1 \approx 2{,}65$

$i_2 \approx -5{,}65 \notin D_{Ök}$

Für $x > 2{,}65$ ist $|\varepsilon_{I,i}(i)| > 1$ und damit reagieren die Investitionen elastisch auf Zinssatzänderungen.

d) $\frac{(i-15)^2}{i+2} = 20$

$i^2 - 30i + 225 = 20i + 40$

$i^2 - 50i + 185 = 0$

$i_{1,2} = 25 \pm \sqrt{625 - 185}$

$i_1 \approx 45{,}98 \notin D_{Ök}$

$i_2 \approx 4{,}02$

Der Zinssatz darf höchstens 4,02% betragen.

Berechnung für a = 20:

$\frac{(i-20)^2}{i+2} = 20$

$i^2 - 40i + 400 = 20i + 40$

$i^2 - 60i + 360 = 0$

$i_{1,2} = 30 \pm \sqrt{900 - 360}$

$i_1 \approx 53{,}24 \notin D_{Ök}$

$i_2 \approx 676$

Bei einem besseren Investitionsklima würde das gleiche Investitionsvolumen noch bei einem Zinssatz von 6,76% erreicht.

Register